现代测井理论与实践

——以页岩气储层评价为例

周　扬　高　波　李兴文　编著

中国石化出版社
·北京·

内 容 提 要

本书从基础理论出发，结合最新的研究成果和实际案例，全面系统地介绍了页岩气水平井的测井技术与应用，内容主要包括：现代测井技术在页岩气勘探开发中的应用背景和意义；目标区域的地质构造、沉积环境及其对页岩气储层分布的影响；如何通过测井数据建立精确的储层岩性识别模型；利用测井资料估算页岩中有机质含量的方法；如何基于测井信息构建孔隙度模型，评估储层物性；两种页岩气在确定含气量方面的适用性和准确性；地层裂缝与地应力之间的关系；如何通过测井资料评价岩石的脆性和可压裂性；水平井测井过程中可能遇到的环境影响因素及相应的校正方法；如何根据测井资料进行储层质量的分段分级评价及优化开发方案等。本书还介绍了专门针对页岩气水平井测井数据处理和解释的软件工具的开发和应用实例，通过深入浅出的理论讲解与丰富的实践案例，帮助读者更好地理解和掌握现代测井技术在页岩气水平井中的应用，推动页岩气资源的高效开发。

本书不仅适用于石油工程、地质科学和地球物理学领域的研究人员和学生，也适合从事页岩气勘探开发的工程师和技术管理人员阅读参考。

图书在版编目(CIP)数据

现代测井理论与实践：以页岩气储层评价为例／周扬，高波，李兴文编著．—北京：中国石化出版社，2024.12. — ISBN 978-7-5114-7738-5

Ⅰ.TE151

中国国家版本馆 CIP 数据核字第 2024GY5299 号

中国石化出版社出版发行

地址：北京市东城区安定门外大街 58 号

邮编：100011　电话：(010)57512500

发行部电话：(010)57512575

http://www.sinopec-press.com

E-mail：press@sinopec.com

北京科信印刷有限公司印刷

全国各地新华书店经销

*

787 毫米×1092 毫米 16 开本 13 印张 271 千字

2024 年 12 月第 1 版　2024 年 12 月第 1 次印刷

定价：80.00 元

编 委 会

主　　编　周　扬　高　波　李兴文

副 主 编　罗菊兰　谢　刚　李玉宁

编写人员　王红彬　张亚洲　程　飞　扈　勇

姚海林　崔丽香　牛林林　李宜浓

冀本豪　王亚东　张　健　韩巧珍

王　琪　马明哲　吴文建　关　浩

解辽博　袁莎莎　张　晨　王　超

孙佳伟　孔垂广

目录 CONTENTS

第1章　概述

1.1　国内外页岩气储层的测井解释评价研究现状

1.1.1　页岩气勘探开发现状

全球页岩气的勘探开发中，以美国最为成功。美国于1821年钻成第一口页岩气井，1914年发现第一个页岩气田Big Sandy。进入21世纪，美国页岩气资源实现了大规模的商业开发，并引领了第三次能源革命，且第一次成功实现了能源的对外输出。

2005年美国页岩气探明储量不足$0.5\times10^{12}m^3$，2013年则达到了$9.0\times10^{12}m^3$，探明地质储量增加了17倍。同时随着水平井钻完井和体积压裂技术的推广，页岩气的产能也呈爆发式增长。2000年北美地区页岩气年产量首次超过$100\times10^8m^3$，2010年达到了$1647.23\times10^8m^3$，2013年达到了$3368.63\times10^8m^3$，占美国天然气总年产量的40%。美国的页岩气革命，不仅改变了美国的能源结构和能源战略，同时也影响了世界的政治格局。据EIA预测，未来20年美国页岩气储量和产量仍会快速发展，预计2040年北美页岩气产能将达到$5607\times10^8m^3$，占美国天然气总年产量的53%。

我国的页岩气勘探开发起步较晚，2006年开始页岩气资源的调查研究。在十多年的发展中，尽管遇到了一系列的困难，但我国页岩气产业仍然获得较快发展。中国海相页岩气资源主要分布在南方古生界、华北地区下古生界、塔里木盆地的寒武-奥陶系，陆相页岩气资源主要分布在准噶尔盆地的中下侏罗统、吐哈盆地的中下侏罗统、鄂尔多斯盆地的上三叠统。四川盆地志留系的龙马溪组以及寒武系的筇竹寺组页岩气为典型的海相页岩气，其有机质成熟度高，资源量大，具有较高的开发价值(邹才能等，2010)。我国最早的页岩气井为四川的威5井，目的层段为寒武系的筇竹寺组。2008年长宁地区的长芯1井为我国第一口页岩气地质井，2010年四川盆地威201井在寒武系和志留系页岩中实现了我国页岩气的首次工业化突破，获得了可观的工业气流(邹才能等，2010)。2011年，国家能源局提出页岩气“十二五”规划；2013年，国家能源局将页岩气开发纳入国家战略性新兴产业。2014年之后，受国际油价持续下跌的影响，页岩气的发展速度不如从前。目前我国页岩气产量占总产气量的比重还比较低，EIA预测到2040年我国页岩气产量将达到天然气总产量的

50%，成为仅次于美国的页岩气生产国。但现阶段中国页岩气开采与北美地区相比还存在一些差距，相关条件还不甚成熟，需要开展针对性的研究。

1.1.2 页岩储层矿物组分研究现状

一般将页岩气储层矿物组分大致分为两大类：一类为脆性矿物，另一类为黏土矿物；其中脆性矿物主要包括石英、长石和方解石以及部分重矿物，黏土矿物主要包括高岭石、蒙脱石和伊利石等矿物(郭洪志，2014)。基于不同环境形成页岩气储层矿物组分不同，导致页岩储层条件及后期压裂改造条件也不同(张琴等，2015)，所以对于页岩气来说，研究其页岩储层矿物组分是非常重要的。

国内外学者针对页岩矿物组分含量预测方法开展了诸多研究。目前，页岩矿物含量计算方法有：元素俘获能谱测井、高精度岩性扫描测井、自然伽马能谱测井、三孔隙度法、统计分析法和多矿物模型最优化法等。

张晋言、孙建孟(2012)利用声波、密度以及中子测井曲线建立了砂质和灰质含量计算模型；赵铭海等(2012)利用常规测井曲线构建了钙质含量、石英含量和泥质含量矿物组分测井解释模型；赵培强、毛志强(2014)运用改进的体积物理模型，即页岩气储层双孔隙体积物理模型，进行了矿物含量评价并取得较好效果；李亚男(2014)在考虑了优势矿物、特殊矿物、孔隙流体的基础上，将有机质作为岩石骨架的一部分，设计了改进的岩石物理体积模型，对页岩储层的脆性矿物含量进行计算；黄新等(2016)利用多测井参数回归法和多矿物模型法，对该区核三上段页岩层矿物进行预测，多矿物模型预测精度更高；谢慧卓(2019)利用多矿物组分最优化模型对页岩矿物含量进行评价，取得较好效果；王玥天等(2023)构建卷积神经网络模型对矿物组分含量进行评价，计算精度较多元回归模型明显提高；陈文安等(2022)利用敏感测井曲线对黏土、碳酸盐含量进行了计算，结果较为可靠；赖富强等(2022)提出了基于“双骨架”的矿物组分计算模型，以实验结果为约束，利用最优化反演方法计算矿物组分含量。此外，元素俘获能谱测井等特殊测井技术计算储层矿物成分已逐渐成熟。龚劲松(2014)运用ECS测井技术计算不同矿物含量，计算结果与实验分析结果误差较小。廖东良(2015)利用优化反演算法反演矿物及其含量，预测结果精度较高。赵军等(2015)运用ECS测井技术，将硫元素、钙元素作为石膏、方解石的指示元素，建立了石膏与方解石含量的快速评价模型，计算结果与岩心分析结果一致。史鹏宇等(2019)结合元素俘获能谱测井法，利用多矿物模型计算矿物含量。

1.1.3 页岩气储层计算TOC含量研究现状

总有机碳(TOC)含量表征烃源岩的有机质丰度，可评价烃源岩生烃潜力。目前总有机碳含量计算方法主要有：$\Delta \lg R$法及其改进法、体积物理模型法、数理统计分析法、元素俘获能谱测井法等，数理统计分析法包括相关性分析法和智能学习算法等。

Schmoker(1981)运用密度曲线计算了 TOC 含量。之后又研究发现 TOC 含量与自然伽马曲线有较高的关联性，并通过其计算 TOC 含量；Fertle(1988)建立了有关 TOC 含量的数学表达式；Passey 等(1990)提出 Δlg*R* 法计算 TOC 含量，利用 *AC* 曲线和 *RT* 曲线在有机质段交叉来估算 TOC，这是目前使用最广 TOC 计算方法。朱光有等(2003)提出利用 *AC*、*DEN*、*RT* 曲线计算 TOC 的方法；Khoshnoodkia 等(2011)使用测井曲线和模糊逻辑技术构建的神经网络，来估算 TOC 含量；谢灏辰等(2013)在 Δlg*R* 法基础上，利用自然伽马和电阻率曲线建立 TOC 模型，计算效果较好。刘超等(2014)提出变系数 Δlg*R* 法开展总有机碳含量评价，收到很好的效果。熊镭等(2014)优选了 BP 神经网络法计算总有机碳含量。孟召平等(2015)以敏感测井曲线作为输入特征建立了 BP 神经网络模型，对 TOC 进行较好的评价；陶小锋(2016)等利用铀曲线与 TOC 建立相关关系进行 TOC 计算；秦晓燕(2016)等利用有机碳总量与敏感测井曲线建立回归分析模型来估算 TOC 含量；胡曦等(2016)优选了密度-铀回归法计算总有机质含量，精度较高；罗意淳等(2021)分别对电阻率及声波时差曲线进行校正，建立了改进的 *C*Δlg*R* 模型，提高了总有机碳质量的预测精度。毕臣臣等(2023)以各弹性参数为样本集，利用深度学习算法进行 TOC 含量预测。

1.1.4 页岩储层物性研究现状

页岩油储层物性参数主要包括有效孔隙度和渗透率两个参数。泥页岩储层具有低孔、低渗特征，孔隙度、渗透率受控于多种影响因素，准确评价储层孔隙度、渗透率对泥页岩储层评价具有重要意义。

(1) 孔隙度

李军等(2014)改进了页岩体积物理模型，分别对总孔隙度、有机孔隙度、微裂缝孔隙度和黏土孔隙度进行了计算；金吉能(2015)在三孔隙度测井基础上进行了岩石骨架参数的孔隙度校正，建立了页岩孔隙度计算模型；Khan Q. J. 等(2016)、刘璐等(2017)、张冲等(2017)、淮银超等(2018)利用密度测井数据计算孔隙度并进行有机质和黏土矿物等影响因素校正，建立了孔隙度计算模型；姚艳斌等(2018)利用核磁共振技术对页岩孔隙度进行了评价；谢菁等(2021)建立了页岩基质孔隙度与测井数据相对值的多元回归计算模型，效果较好；韩双彪等(2022)将元素俘获能谱测井与页岩体积模型相结合，对页岩储层孔隙度进行计算，并与核磁计算的孔隙度进行对比，结果显示前者计算精度较高；高丽军等(2022)针对不同类型泥页岩，应用多元回归算法建立了孔隙度计算模型，与岩心测试值吻合度较高；张少龙等(2023)利用随机森林算法对岩石物理相进行识别，在此基础上建立了页岩孔隙度解释模型，计算精度较高。

(2) 渗透率

页岩气储层较为致密，渗透率极低，其定量评价较为困难。页岩渗透率可以通过脉冲衰减法等实验室测定获得。前人针对渗透率的测量计算方法也做了大量工作。

单敬福等(2007)通过对测井数据进行样本筛选，以自然电位、电阻率和声波时差比值作为输入结点，利用神经网络技术建立了渗透率计算模型并取得较好效果；李治平等(2012)基于页岩孔隙结构特性，通过研究气体在微孔中的渗透特征，建立了渗透率解释模型；丁娱娇(2014)通过分析储层渗透率控制因素，基于核磁共振 T_2 谱分别建立了孔隙型储层和裂缝型储层的渗透率计算模型；石萍等(2014)利用遗传算法建立了渗透率预测模型，与岩心分析渗透率结果吻合度较高；张鹏等(2017)在储层渗透率影响因素分析基础上，分岩性建立了渗透率与敏感测井响应间的多元回归模型，计算效果较好；王迪等(2019)在利用孔隙度对孔喉半径进行区间分类的基础上，建立了孔喉半径与岩心渗透率回归模型，提高了渗透率的计算精度；曹成等(2022)考虑了吸附气赋存对基质渗透率的影响，分别针对有机质和无机质孔建立了渗透率计算模型，最终得到符合页岩特性的综合渗透率计算模型；谭锋奇等(2022)利用数据挖掘技术进行测井曲线筛选，在此基础上进行了基于多因素的渗透率预测；张娜等(2023)在分析泥页岩渗透率影响因素基础上，利用核磁共振(NMR)实验进行了渗透率评价。

1.1.5 页岩气储层含气性研究现状

就赋存状态而言，页岩气是介于致密砂岩气和煤层气之间的一种气体类型，其成藏状态主要有吸附、游离、溶解三种形式。其中吸附气指由于物理、化学等吸附作用而附着在有机物和岩石颗粒表面的天然气，游离气指在岩石孔裂隙中可自由运移的天然气，溶解气含量相对少。

Lewis 等(2004)认为 langmuir 方程就能很好地完成页岩气层吸附气的测定。Crain 等(2011)指出利用 Simandoux 公式来评估页岩气层中的含水饱和度，从而测定游离气体。Ramirez 等(2011)则给出了三个页岩气体评估方案：第一是采用矿石化学模拟的方式，根据深入研究各种矿石对页岩气体吸收能力差异而形成的方程式，求得吸收气体浓度；第二是利用非常规的页岩气体岩石物理评估方案；第三是聚类学分析方式，利用研究含气量和其他影响因子间的相互关联而构建方程。聂海宽等(2012)通过分析页岩含气量的内外部因素，构建了含气量的多元线性回归计算模型，取得较好效果；曾维特等(2014)基于总有机碳含量与吸附气含量的相关性，建立了吸附气含量计算模型，取得较好效果；冯俊贵(2015)建立了总有机碳含量与总含气量的回归方程，利用 KIM 方程计算吸附气含量；石文睿等(2015)通过岩性密度法评价 TOC 含量，进而利用 TOC 值计算吸附气含量，结合游离气计算公式，得到页岩总含气量值；陈康等(2016)基于吸附气含量与总有机碳含量的回归关系建立了吸附气含量计算模型，取得较好效果；张宝莹等(2017)以总有机碳含量、镜质体反射率、矿物组分及孔隙度作为输入特征，利用 RBF 神经网络计算页岩含气量，计算精度较高；赵金洲等(2017)基于页岩储层特性，对兰格缪尔模型进行矿物组分修正，对体积模型进行有机质修正，建立了吸附气量和游离气量预测模型；柳筠等(2021)通过遴选页岩含气性影响参数，运用灰色关联法建立了含气性评价指数，应用实例验证含气性评价结果与实际试气结果吻合；温康等(2022)以微孔充填理论和D-A方程为基础，结合影响要素分析，构建了吸附气含量计算公式；基于改进S_g算法建立了游离气含量计算模型。

1.1.6 地应力对页岩气储层开发的影响研究现状

地应力的测量和评价，贯穿于油气田勘探开发的全过程，尤其是在页岩气储层这类依赖压裂增产的非常规油气藏开发中，地应力与储层评价、井壁稳定性评价、破裂/坍塌压力计算、压裂方案设计等工作密切相关，是一项测井、钻井、地质等多领域交叉的综合性研究工作(么勃卫，2019)。数十年来，国内外研究人员在地应力评价中积累了大量宝贵经验，为页岩气储层的勘探开发及相关研究奠定了基础(Xiaoming N等，2019)。

张金才等(2020)对美国科罗拉多州Piceance盆地、俄克拉何马州伍德福德页岩气田、Barnett页岩气田等地区的地应力分布规律及水力压裂数据进行了综合研究，分析了地应力大小的主控因素及地应力大小、方向对裂缝起裂、扩展的影响，并给出了四川盆地的地应力研究与页岩气储层开发建议。张金才的研究表明，地应力的大小取决于岩性、地层孔隙压力、地质构造与沉积环境等多重因素；地层的破裂压力与最小水平主应力密切相关，即裂缝更易在最小水平主应力较小的地层中起裂，地应力的层间差异会限制或诱导压裂裂缝在水平主应力较小的地层中扩展(WeiY，等，2016；Hongyu Y等，2019)；同时地层中的最大与最小水平主应力差值很大时，水力压裂容易形成沿最小水平主应力方向的简单平面裂缝，相反，水平主应力差较小时则会形成方向性差的复杂裂缝(P. L P W，2017)。对比美国Marcellus页岩储层，四川盆地受构造应力影响更大，最小水平主应力数值较高，为垂向主应力的0.95~1倍(Marcellus页岩为0.84倍左右)(张金才等，2020)，同时因为地质构造复杂，不同区域水平主应力的差异很大，须家河地区发育逆断层-走滑断层应力类型，最大、最小水平主应力比值约为1.42，威远地区最大、最小水平主应力比值1.25~1.3，而涪陵地区最大、最小水平主应力比值仅1.1左右(Zhengyu X等，2020)。这些因素导致四川地区的页岩气储层破裂压力较高，压裂施工易产生高度较小、方向性较差的复杂裂缝。因此开展岩石力学研究，根据地应力与岩性分析，优化水平井布设方位与层位，提高靶体钻遇率是四川盆地页岩气高效开发的关键(ZhangL等，2020)。廉萃豪等以涪陵页岩气井为例，建立基于多重分形谱识别页岩气优质储层测井综合评价的方法(廉萃豪等，2024)。

1.1.7 岩石力学参数计算研究现状

岩石力学参数反映了岩石在外力载荷下的形变规律及破坏规律，对研究储层性质及设计压裂计划有着很重要的研究意义，通常主要采用泊松比、三模量(杨氏模量、剪切模量、体积模量)、三强度(抗压强度、抗拉强度、抗剪强度)、体积压缩系数、骨架压缩系数、Biot系数及脆性等参数来表征。

针对页岩气储层岩石力学性质，国内外学者以海相页岩储层为研究目标，进行了大量相关研究，形成了以岩石力学实验和测井数据相结合的岩石力学性质评价方法。2005 年，Gatens 以 Appalachian 盆地的声波测井数据为基础，研究了该盆地页岩气储层岩石力学参数及最大、最小水平主应力的计算方法。Gale 等对巴奈特页岩岩心的天然裂缝进行了方向、大小及封闭性表征，引入了亚临界裂缝指数对该页岩储层的岩石力学性质及裂缝模式的评价。此后，Rickman、John. H 等又对 Barnett 页岩的岩石力学性质做了进一步的研究。潘仁芳等(2010)分析了页岩气储层常规测井曲线响应特征，初步研究了利用常规测井资料进行页岩气储层测井评价的方法；齐宝权等(2011)采用电成像技术对四川盆地南部页岩气储层裂缝有效性进行了评价，探索出了针对页岩气岩石力学参数的测井评价模型；罗蓉等(2011)分析了 Mx 井页岩气层测井识别评价工作，总结出利用声波测井、中子密度测井等测井资料综合计算岩石弹性参数的方法；秦晓艳等(2016)通过实验甄别脆性矿物类型，基于岩石物理模型建立了矿物组分脆性评价模型；余涛等(2019)基于 H-B 准则建立了岩石弹性模量及泊松比评价模型，在未引入横波时差的情况下对岩石弹性模量进行了合理预测；闫萍等(2022)利用泊松比和杨氏模量计算公式计算页岩的脆性指数；韩双彪等(2022)优选了岩石力学参数法计算页岩脆性指数，计算结果与岩心实测脆性指数吻合度较高。

1.1.8 地层压力及可压性研究现状

地层压力通常是指地层孔隙流体中的压力。通常情况下，孔隙压力等于静水压力。低压异常是指地层压力低于静水压力，高压异常是指地层压力高于静水压力。在页岩气的形成中，经常存在异常高压。地层异常高压会给油气勘探开发带来困难。如果不能准确确定地层压力，则很容易发生井涌、井喷和其他事故，因此，准确预测地层压力非常重要。

伊顿法、等效深度法和有效应力法通常用于测井中的地层压力预测，主要是利用异常高压地层和测井信息的相应特征建立地层压力预测模型。目前，现有地层压力预测模型主要基于测井曲线中的声波时差曲线。1965 年，外国学者 Hottmann 和 Johnson 利用声波时差在泥岩和深度之间建立了一条正常的压实趋势线，基于该标准，当声波时差偏离正常压实趋势线时，地层压力显示异常，并根据压力梯度和偏差大小之间的关系计算地层压力。Gardner 等(2012)进一步深化了 Hottmann 和 Johnson 的计算方法，根据异常地层压力数据，直接建立声波时差与地层压力之间的关系，以此来预测地层压力。1975 年，伊顿从数据分析中得出，相对于正常压实的泥岩地层，欠压实地层的电阻率值降低，声时差值增加，考虑到上覆压力对地层孔隙压力的影响，基于测井资料(声波时差，电阻率)、钻井数据和地层压力实验数据给出了预测模型，该方法适用于欠压实所引起的异常高压情况(Eaton，1972；Eaton，1994)。Bowers 于 1995 年提出了有效应力法，他研究了构造作用和流体膨胀引起的异常高压下应力与速度之间的关系，并给出了不同成因下地层压力的预测模型。但是，由于参数的复杂性和直接获取比较困难，目前这种方法并不常用。Zhang(2008)研究了孔隙度与深度的关系以及孔隙度与声波时差之间的关系，提出了一种新的常压下声波时差的计算方法，可用于确定地层压力异常的具体位置。陈亚琳等(2018)针对四川盆地页岩气，通过垂直断面，平面划分和多井组合建立了正常压实趋势线，提高了地层压力预测的准确性。

在页岩储层开发中，通过对储层地化特征进行勘察检测，确定某区块为优质储层，需要对其开发效果进行评价，识别最有利压裂的层段，即“可压性评价”(郭海萱等，2013)。与常规砂岩和碳酸盐岩储层不同，页岩储层的“可压性评价”并非指“是否适合压裂”，而是在压裂的前提下，评价裂缝网络形成的难易程度，并论证能否有效开展“体积压裂”(Cipolla et al，2008)。根据页岩气储层压裂结果，一般可压性较好的层段压后具备以下特征：裂缝扩展充分，能够与天然裂缝有效沟通，形成复杂缝网。而可压性差的层段压裂后缝网形态单一，或者压裂过程中滤失严重，加砂困难，无法形成复杂裂缝通道，使得产量偏低甚至丧失产量(金衍等，2006；郭天魁等，2013)。可压性是页岩地质、储层特征的综合反映，影响因素众多(赵金洲等，2015)。目前，国内外众多学者已针对页岩、泥页岩等非常规油气储层的可压性评价开展了较为系统的研究。Chong 等(2010)和唐颖等(2012)首次将页岩储层可压裂性定义为页岩能够被有效压裂而增产的能力的性质，且后者指出页岩的脆性、天然裂缝、石英含量和成岩作用是影响页岩储层可压性的主要因素。Mullen 和 Enderlin (2012)认为页岩气储层可压性影响因素主要包括沉积构造、地层性质、矿物组成与分布、天然弱面(天然裂缝、沉积层理、解理、断层)的发育及产状等；徐春碧等(2017)、王恩博等(2017)、崔春兰等(2019)、沈骋等(2020)和陶祖文等(2020)基于室内实验和理论分析，综合考虑岩石脆性、储层孔渗特征、断裂韧性和成岩作用分别针对川南泸州-渝西区块、四川盆地永川区块和湖南保靖区块的五峰-龙马溪组页岩开展了储层可压性评价，并建立可压性预测模型，为油气井高效开发奠定了基础。甘玉青等(2018)对焦石坝地区的页岩岩心样品开展实验测试，探究了地球化学元素对于储层可压性的影响。苏宝同(2018)和赵晓宇(2021)基于测井录井资料对四川盆地页岩储层进行了可压性评价。此外，赵金洲等(2015)通过综合页岩脆性、断裂韧性和天然弱面 3 个方面特性，提出了能全面、科学表征页岩气可压性的评价方法，为压裂选井、选层提供前期指导。基于国内外研究进展及国内页岩气勘探开发实践，并充分考虑了各因素之间的相互关系，认为页岩储层可压性主要影响因素为页岩脆性、断裂韧性和天然弱面特征。

1.1.9 水平井研究现状

国内外针对水平井测井解释技术还处于初期不够完善且落后于水平井钻进技术阶段。周灿灿等(2006)对垂直井和水平井的测井方法进行了分析，比较它们在解释评价方面的不同之处，并提出在复杂条件下进行各种测井方法正反演研究的建议；汪中浩等(2006)利用水平井的井眼轨迹数据，提取出测井响应的特征，通过这种方法精确地识别地层界面点，并计算出地层的水平电阻率和含水饱和度；杨斌等(2011)在水平井与直井层段测井响应特征对比分析的基础上，对水平井测井曲线进行了校正；何新兵等(2013)利用测录井资料对比，提出测录双方测量参数的优势互补，建立起一套综合方法。目前国内各大油田都加快了水平井技术的规模应用，与国外测井公司相比，国内测井公司在仪器装备以及解释方法上还比较落后，主要通过直井的解释模型及方法进行水平井解释，针对水平井的解释方法还处于摸索及初期应用阶段，未形成系统化和综合化的水平井解释评价技术，测井在精细评价孔、渗、饱参数的优势还未显著地体现出来。特别是水平井测井曲线的环境校正还未形成实用化，规模化的推广应用还面临诸多问题；水平井井眼轨迹的精细描述，还与国外公司存在较大差距；水平井流体性质识别及储层优选还需进一步加大科研力度。水平井技术在勘探开发的巨大优势，使得各大油田大量部署水平井，而油田公司关注的重点主要集中在水平井轨迹分析、气水层识别、工程措施开发等方面，对测井而言，首先测井仪器在水平井中的响应特征发生了变化，仪器的适应性相对较差；其次，传统的解释模型及方法，在一定程度上，已经不太适用于水平井解释评价。要解决水平井开发中测井面对的重点难题，鉴于钻测井仪器还处于研发或初期应用阶段，最大限度地用好现有测井资料，就显得尤为重要。通过对水平井轨迹、地层各向异性、曲线的环境校正、解释模型、分类评估及产能预测等多方面的科研攻关，建立一套适合于本地区的水平井综合解释评价技术，就能有效提高测井解释的效果，解决油田面临的难题，促进区域水平井的高效开发，为油田的增储上产提供技术支撑。李宁等认为，在解释评价方面，人工智能技术的快速发展将为解决测井地层评价中的多解性、不确定性等难题提供了新的思路和方法(李宁等，2012年)。

1.1.10 储层分类研究现状

目前，关于页岩气储层分类未形成统一的认识。国外方面，根据斯伦贝谢和哈里伯顿评价北美页岩气经验，从有机碳、成熟度、物性、脆性、有效厚度、埋深七个方面给出页岩气评价标准。总有机碳(TOC)含量高，平均为2%；有机质成熟度处于生气窗以内，有机质成熟度在1.1%~3.5%之间；基质孔隙度大于2%；岩石脆性好，脆性矿物含量大于40%、黏土矿物含量小于30%；有效页岩厚度大于30m，累计厚度大于50m；埋深适中，在1500~3000m；产气页岩中的TOC一般为1%~20%，0.5%是有潜力页岩气源岩的下限，如果TOC高于12%，页岩很可能太柔软，影响压裂。

国内方面，相关学者对储层分类进行了一定的研究。廖勇等(2018)通过优选对含气量与产气性相关的关键参数，并将这些参数分为产期影响因子和储层评价指数两类，建立了页岩气储层的产期评价方法；钟光海等(2016)利用单井测试产量，与储层参数开展主成分分析，优选孔隙度、有机质、含气量脆性指数等参数建立了页岩气综合评价模型。国内相关标准《页岩气资源/储量计算与评价技术规范》(DZ/T 0254—2020)指出，页岩储层评价有效储层下限的标准包括：含气量下限标准、总有机碳含量(TOC)下限标准、镜质体反射率(Ro)下限标准、页岩中的脆性矿物含量下限。其中：含气量下限标准满足表1-1-1中的“含气量下限标准”；总有机碳含量(TOC)下限标准为TOC含量大于1%；镜质体反射率(Ro)下限标准为Ro含量大于0.7%；页岩中脆性矿物含量下限标准为脆性矿物含量大于等于30%。

表1-1-1 页岩气储层含气量下限标准

页岩有效厚度/m	含气量/(m^3/t)	页岩有效厚度/m	含气量/(m^3/t)
>50	1	<30	4
50~30	2		

1.2 研究区现状

鄂尔多斯盆地苏里格西部外围乌拉力克组发育一套深灰色-灰黑色灰质泥岩、泥质灰岩，平面上这些泥灰岩分布稳定，厚度大。从测井资料的形态和数值并结合气测录井资料看，该套地层厚度为20~120m，气测录井有明显的含烃显示，截至2019年底，共有7口井乌拉力克组试气获得了工业气流，其中，Z4井乌拉力克组泥质灰岩段射孔求初产获得了$4.1798\times10^4m^3$/d工业气流，证实了苏里格西部外围乌拉力克组的含气潜力。

乌拉力克期构造活动剧烈，断层发育，断层两侧发育不同沉积单元，岩性组合存在差异，裂缝特征以层间缝和低角度缝为主，层埋深大、岩性更为复杂，储层孔隙类型以纳米级孔隙、微缝为主，孔渗条件差、含气丰度较差，测井特征影响因素复杂，有效储层划分困难，储层含流体性质识别难度大，完试8口井，4口井未划分储层，Q探2井乌拉力克、银探1井平凉组解释差气层出水量大，测井解释方法不能满足生产的需求。2019年针对乌拉力克组水平井开展了一些研究，取得了一定的成果。

近年来，鄂尔多斯盆地西缘已经成为天然气风险勘探持续探索的重要领域，台缘相带、海相页岩气作为主要的勘探目标，在礁滩相气藏、海相烃源岩勘探见到好的苗头，但还未获得更大的突破。总体上来讲，对这种新类型储层的认识还处于起步阶段，尤其是，受到岩样采集的限制，解释方法的针对性不强，因此通过建立乌拉力克组页岩气储层岩性精细识别、孔隙度及含气量计算模型，开展烃源岩评价方法研究，评价页岩气储层的完井品质和工程品质，为新类型储层的有效勘探提供保障和技术支撑，形成一套适合于鄂尔多斯盆地乌拉力克组页岩气储层的测井解释评价技术；在生产中推广一套适应于乌拉力克组页岩气储层参数计算和页岩气综合解释的处理解释软件，满足乌拉力克组储层评价的需求。本书是对鄂尔多斯盆地西缘乌拉力克组测井解释评价与页岩气综合解释的处理解释软件研究的总结。

第 2 章　研究区地质概况

2.1　研究区地质背景

鄂尔多斯盆地是一个大型的残存克拉通盆地，跨陕西省、宁夏回族自治区、甘肃省、山西省、内蒙古自治区，是我国的第二大含油气资源沉积盆地。

华北地台是中国时代最老的地台，经历了多次构造旋回演化，构造体系复杂，发育沉积相类型丰富。太古代和元古代的变质岩系组成基底，上覆中元古代至新生代盖层。鄂尔多斯盆地地处华北地台西部，是华北地台解体后独立发展起来的一个中生代大型内陆沉积盆地。鄂尔多斯盆地地理位置上北靠阴山、南接秦岭、西依贺兰山、东邻吕梁山，多面环山，盆地内部构造相对平缓，倾角不到 1°。盆地整体呈矩形结构。西翼较窄而东翼较宽。上覆地层保留相对完整，但缺失泥盆系和志留系。有些油气工作者将盆地划分为 6 个构造单元，分别是位于盆地北部的伊盟隆起、位于盆地南缘的渭北隆起、盆地中部的陕北斜坡，以及盆地西部的天环坳陷、盆地东部的晋西挠褶带和西部的西缘冲断带，见图 2-1-1。

2.1.1　盆地西缘大地构造位置

鄂尔多斯盆地西缘冲断带位于华北克拉通的西部，西北与阿拉善地块为邻，西与走廊过渡带相接，西南与祁连-秦岭褶皱带相邻，南北长约 600km，东西宽 50~150km，面积 50000km^2，地跨陕西、甘肃、宁夏、内蒙古四省区，主体位于宁夏境内。其周围为一系列小型断陷盆地所环绕。

位于华北板块中南部的鄂尔多斯盆地西缘构造带，在大地构造位置上处于鄂尔多斯地块、阿拉善微陆块和祁连早古生代造山带交汇地区。鄂尔多斯盆地西缘特殊的构造位置使得其在不同地质历史时期受到不同构造体系影响，构造特征和地球物理场都十分复杂（高春云，2020）。目标区处于鄂尔多斯盆地西缘冲断带中部构造转换带上，整体为一个受逆冲推覆作用下的宽缓向斜，向斜主体位于逆冲推覆断层上盘，变形构造较强，推覆体下盘原地岩体构造变形较弱，Tp 构造总体呈南北向鼻隆特征。

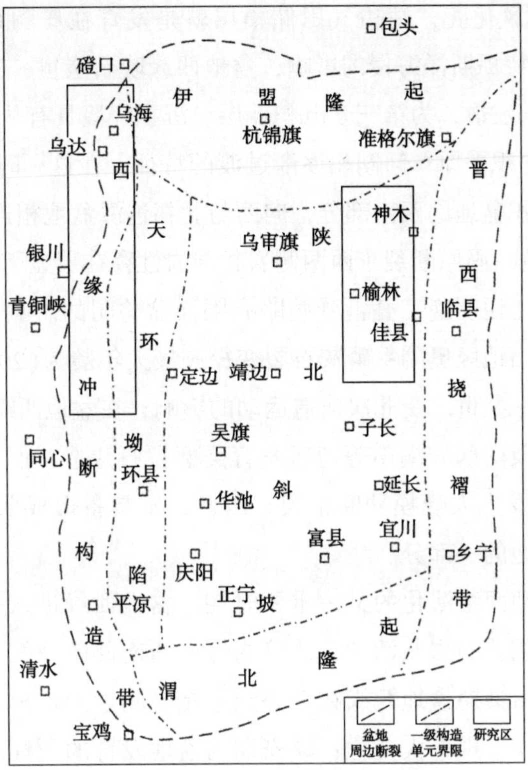

图 2-1-1 鄂尔多斯盆地构造格局图

2.1.2 盆地西缘形成演化过程

鄂尔多斯西缘地区于中新生代，先后经历了印支运动、燕山运动和喜马拉雅运动，同时在三叠纪末、侏罗纪末、早白垩世末、晚白垩世末等期次被构造运动叠加改造。

中元古代华北克拉通处于一个强烈伸展的大地构造环境，由于秦祁贺三叉裂谷发育，在盆地西缘北部发育近南北向楔入的贺兰坳拉谷，南部为被动大陆边缘。中元古代是第一套以坳拉槽为特征的沉积盖层发育时期，沉积了较厚的陆表浅海沉积建造，自下而上分别为长城系、蓟县系，一般厚度达到 1500m。

早古生代，晋宁运动形成的古中国地台解体，秦祁贺三叉裂谷重新活化，盆地西缘演变为大陆边缘-斜坡环境，沉积了厚达数千米的海相碳酸盐岩夹碎屑岩沉积建造，为第二套沉积盖层，是鄂尔多斯盆地下古生界沉积最厚的地区。

受加里东构造运动的影响，贺兰坳拉槽和鄂尔多斯地块整体抬升遭受剥蚀，至早中奥陶世裂陷槽发展到最宽、伸展量达到最大。而这段时期中拗拉谷以西一直为隆升的阿拉善陆块。中奥陶世末的加里东运动使得整个鄂尔多斯盆地及邻区形成了古大陆，从而造成上奥陶统-下石炭统，遭受了长达1.4亿年的剥蚀改造，在奥陶系顶部发育了区域性的具有油气勘探意义的风化壳，靖边气田储集层就是发育在奥陶系顶部马家沟组风化壳地层中。受晚古生代古特提斯洋海侵的影响，盆地西缘晚石炭世-二叠纪-三叠纪沉积了巨厚的海陆交互-陆相沉积建造，为第三套沉积盖层。沉积环境具有从晚石炭世扇三角洲、滨浅海-潮坪相向二叠纪冲积平原、河湖相逐渐过渡的特征。在这一时期，Z平1井区所在的盆地西缘为华北大型沉积盆地的西南部分，向西与北祁连海盆地相连。

石炭纪之前，青铜峡-固原断裂东西两侧岩相与岩性存在着显著差异，但中生界地层基本类似，完全可以对比，说明晚三叠世受勉略有限洋盆关闭的影响，华北地台与北祁连地体完成拼贴。另外，罗山地区奥陶系磷灰石裂变径迹最大年龄为(203.6±32.5)Ma，同样证实拼贴就位的时间为晚三叠世。受此次构造运动的影响，在盆地西缘北部白芨沟-汝箕沟和水磨沟、中部石沟驿以及南部崆峒山等地区发育类磨拉石建造，但构造变形特征显示，晚三叠世盆地西缘并没有发生大规模冲断推覆，因此，不具备形成前陆盆地的动力学背景，为挤压型克拉通挠曲盆地的一部分。

早、中侏罗世为盆地西缘演化的又一重要时期。盆地西缘进入挤压期后伸展环境，局部地区发育与大陆裂谷相关的岩浆活动，汝箕沟煤矿西南部的鼓鼓台玄武岩即为这一环境的客观反映。早侏罗世富县期盆地西缘在三叠纪末抬升剥蚀的古地貌背景下接受沉积，其岩性、厚度和平面分布均呈现较大变化；延安期为盆地发育的顶峰时期，其沉积范围远大于现今残留地层边界，其西界和北界超出延长期的沉积边界，东部及南部后期遭受剥蚀改造强烈。研究区为伸展背景下“大”鄂尔多斯盆地的组成部分。

晚侏罗世以强烈的挤压冲断作用和抬升剥蚀为突出特点，堆积了分布局限的芬芳河砾岩，并造成前侏罗系冲断褶皱变形与逆冲推覆，地层抬升，遭受剥蚀。晚侏罗世芬芳河期该区为挤压背景下的冲断山前坳陷。

在经历燕山中期构造变形过程，至白垩系盆地西缘再次进入挤压期后伸展作用阶段，具有断陷盆地的充填特点，主体发育一套磨拉石-红色碎屑岩建造，它以角度不整合或平行不整合广泛覆盖于下伏不同时代地层之上。受燕山晚期构造作用的影响，盆地内部与西缘整体缺失上白垩统。

第三系与下白垩统之间的角度不整合接触标志着盆地西缘及邻区燕山构造运动的结束和喜马拉雅构造运动的开始。一方面是新特提斯动力体系对鄂尔多斯盆地西南缘强烈的不对称侧向挤压作用，另一方面是今太平洋动力体系在鄂尔多斯盆地以东地区具有伸展作用，两者的联合作用使鄂尔多斯地块整体处于一种右旋剪切状态。在此背景下，盆地西南缘处于挤压状态，形成六盘山冲断带，桌子山-贺兰山地区形成堑-垒相间的构造格局。

第四纪，贺兰山断块隆升，六盆山冲断隆升，在其周缘沉积了一套成因复杂的陆相碎屑堆积。

表 2-1-1 为中国大地构造演化过程。

表 2-1-1 中国大地构造演化过程(据任继舜，2000)

地质时代 宙	代	纪	年代/Ma	构造旋回			大地构造演化	动力学体系		超大陆旋回
显生宙	新生代	第四纪	2	阿尔卑斯旋回	喜马拉雅	晚		印度洋	太平洋	现代陆洋体制逐步形成
		新近纪				中	印度与欧亚大陆碰撞，亚洲东部边缘裂解，中国现代地貌形成			
		古近纪	65			早		特提斯		
	中生代	白垩纪	140							
		侏罗纪			燕山	晚	亚洲东部与西太平洋古陆及北美大陆碰撞，中国东部强烈构造-岩浆活化	古太平洋		
						中				
						早	亚洲东部诸陆块间强烈叠复造山，并最终焊合为一体			
		三叠纪	250		印支					
	古生代	二叠系		华力西		晚	潘吉亚分裂，特提斯打开，中国大陆主体转换为劳亚大陆的一部分	古亚洲洋		潘吉亚大陆
		石炭纪	355			中	古亚洲洋封闭，潘吉亚形成			
		泥盆纪	410			早		原特提斯		
		志留纪	438	加里东			古中华陆块群会合，并成为冈瓦纳大陆的一部分			
		奥陶纪	510							
		寒武纪	570				冈瓦纳大陆形成，西伯利亚增生，古中国地台解体为古中华陆块群			
元古宙	新元古代	震旦纪	800	泛非						罗丁尼亚大陆
		青白口纪	1000	晋宁(扬子)		晚	扬子、塔里木、中朝等陆块连为一体，形成古中国地台，成为罗丁尼亚的一部分	古中国洋	元古亚洲洋	
	中元古代	蓟县纪	1400			早				
		长城纪	1800				中朝、西伯利亚、印度克拉通化，扬子、塔里木大陆壳基本形成			
	古元古代	滹沱	2400	中条			中朝、西伯利亚、印度之大陆壳基本形成	待定		古元古大陆
太古宙	新太古代	五台	2600	五台			中朝、西伯利亚、印度之大陆壳初步形成			新太古大陆
		阜平	3000	阜平			已发现之最老陆壳			
	始-中太古代	迁西	3800	迁西						中太古大陆

2.1.3 盆地西缘沉积特征

鄂尔多斯盆地西南缘的秦祁贺海槽活动频繁，致使秦岭、祁连两支海槽的形成，贺兰一支被遗弃发展成坳拉槽，呈南北向“L”形的中央古隆起，并将奥陶纪海域划分为西缘的贺兰海和中东部的华北海，使鄂尔多斯盆地中东部的广大区域处于陆表海环境，形成了浅海相地层，主要发育潮坪相沉积而西缘的贺兰海区域则为陆缘海碳酸盐台地沉积。鄂尔多斯盆地西缘中-上奥陶统可划分为四个沉积时期。

(1) 三道坎组沉积期

三道坎组沉积期为奥陶纪的第二次海侵期(冶里组沉积期为奥陶纪的第一次海侵期，到亮甲山组沉积末期，由于怀远构造运动的影响导致一次大规模的海退期。因而此次沉积旋回被地质历史上称为奥陶纪的第一次海侵—海退期)，鄂尔多斯盆地被海水大量侵入，由于受到鄂尔多斯盆地北部伊盟古陆和中部的“L”形中央古隆起的影响，形成了隆坳相间的古构造格局。整体上，距中央古隆起东西两侧越远的海域，地层厚度越大。该沉积期盆地西缘的大部分地区以白云岩为主，可见局部的砂质浅滩沉积。

(2) 桌子山组沉积期

桌子山组沉积早期，鄂尔多斯盆地在一定程度上继承了三道坎组沉积期的古地理面貌，此时发生了华北地台的最大海侵期。海水从西、南、东三面入侵，中央古隆起大部分被淹没，成为水下古隆起区域，主要发育白云岩和灰岩。桌子山组沉积晚期，鄂尔多斯盆地继承了桌子山组早期沉积的古地貌。由于受到华北板块构造运动的影响，鄂尔多斯盆地基底开始逐渐抬升，海平面随之下降，并呈现出快速海侵缓慢海退的沉积旋回特征。华北台地海平面整体的下降导致沉积底质对海水的消耗，致使鄂尔多斯盆地中心补给的海水相对较少，循环性变差，盐度升高。盆地西缘由于秦祁海洋受到中央古隆起的影响，向盆地东部的海水补给具有局限性，南缘向盆地内补给的海水量也有限，且含盐度高。盆地内部整体蒸发量较大，导致盆地东部的海水盐度不断升高，在该沉积期的盆地中东部形成了膏岩、盐岩及少量白云岩。

(3) 克里摩里组沉积期

克里摩里组沉积期，研究区古构造格局发生了大的变化，主要表现为中央古隆起地层厚度呈现明显的东薄西厚的特点。由于受到加里东构造运动的影响，南北洋壳的俯冲导致鄂尔多斯盆地进一步抬升，后期遭受剥蚀，在克里摩里组顶部形成风化壳。

(4) 乌拉力克组沉积期

乌拉力克组主要分布在盆地西缘中北段，盆地中东部地层缺失，整体呈现自东向西厚度逐渐增大的趋势。乌拉力克组以黑色泥页岩以及丰富的笔石化石为主要特征，岩性主要包括黑色含笔石页岩与灰色薄层灰岩呈互层状。

2. 1. 4　目标区地层特征

鄂尔多斯盆地下古生界地层在西缘发育较全，仅部分地区缺失冶里组和亮甲山组沉积，中东部地区缺失中–上奥陶统地层。西缘地区奥陶系地层系统由下到上依次发育：三道坎组、桌子山组、克里摩里组，三道坎组与阿不切亥组不整合接触。中统依次发育：乌拉力克组、拉什仲组、公乌素组、蛇山组，上统地层缺失，与石炭系羊虎沟组不整合接触。见表 2–1–2。

表 2–1–2　鄂尔多斯盆地西缘奥陶系地层分布(据杭地院，2022)

<table>
<tr><th rowspan="2">界</th><th rowspan="2">系</th><th rowspan="2">统</th><th colspan="4">鄂尔多斯盆地地层对比</th></tr>
<tr><th>西缘</th><th colspan="2">中东部</th><th>南缘</th></tr>
<tr><td rowspan="15">古生界</td><td>石炭系</td><td>上统</td><td colspan="4">本溪组</td></tr>
<tr><td rowspan="13">奥陶系</td><td rowspan="2">上统</td><td></td><td rowspan="5" colspan="2"></td><td></td></tr>
<tr><td>蛇山组</td><td>背锅山组</td></tr>
<tr><td rowspan="3">中统</td><td>公乌素组</td><td rowspan="3">平凉组</td></tr>
<tr><td>拉什仲组</td></tr>
<tr><td>乌拉力克组</td></tr>
<tr><td rowspan="8">下统</td><td rowspan="2">克里摩里组</td><td rowspan="6">马家沟组</td><td>马六段</td><td>三道沟组</td></tr>
<tr><td>马五段</td><td rowspan="5">水泉岭组</td></tr>
<tr><td rowspan="2">桌子山组</td><td>马四段</td></tr>
<tr><td>马三段</td></tr>
<tr><td rowspan="2">三道坎组</td><td>马二段</td></tr>
<tr><td>马一段</td></tr>
<tr><td rowspan="2"></td><td colspan="2">亮甲山组</td><td rowspan="2">麻川组</td></tr>
<tr><td colspan="2">冶里组</td></tr>
<tr><td>寒武系</td><td>上统</td><td colspan="4">凤山组</td></tr>
</table>

本书研究层位是乌拉力克组，主要分布在盆地西缘中北段，盆地中部未见沉积，整体呈现自东向西厚度增大的趋势，厚度 20~200m。乌拉力克组以黑色页岩及丰富的笔石化石为主要特征，岩性主要包括黑色含笔石页岩与深灰色薄层灰岩呈互层状，石峡谷剖面见大块的滑塌角砾岩的出现，厚度为 1~2m，距底 20m 处发育了厚 5cm 左右的含凝灰质泥岩层。整体为一套灰黑色泥岩、深灰色泥灰岩和浅灰色石灰岩呈韵律沉积所组成的浊积岩岩系。底部由一套厚层角砾岩作为与克里摩里组的划分标志，向上砂质含量增加，与上覆拉什仲组以灰绿色砂岩为划分标志。

吴忠-马家滩区块横跨走廊过渡带、银川地堑和西缘冲断带三个二级构造单元，其中西缘冲断带可进一步分为罗山东逆冲席、韦州逆冲席、石沟驿逆冲席和烟墩山逆冲席、海子井逆冲席、马家滩逆冲席六个次级构造单元。

吴忠-马家滩目标区西侧逆冲断裂发育，纵向上以石炭-二叠系煤系地层滑脱面为界，分为上、下两个构造层，上构造层表皮褶皱和局部构造发育，下构造层古生界圈闭为滑脱面之下受被动挤压形成的原地隆起。逆冲推覆构造体系由推覆体主体、前缘过渡带、原地岩体三部分构成，其中推覆体下盘发育大型隆起构造。目标区局部构造与古生界储层配合，可提高成藏富集程度，逆冲断层下盘原地隆起由于断裂发育程度相对较低，保存条件较好。具有形成大型构造-岩性气藏的有利地质条件。

2.2 储层特征分析

2.2.1 乌拉力克组烃源岩特征分析

该区古生界存在两套烃源岩：上古生界石炭-二叠系煤系烃源岩和下古生界奥陶系乌拉力克组泥质碳酸盐烃源岩，其中下古生界烃源岩是奥陶系内部气藏的主要气源。

目标区下古生界奥陶系烃源岩主要分布在中奥陶统乌拉力克组页岩气中，有效烃源岩厚度可达10~70m。地球化学分析表明，乌拉力克组灰质泥岩、泥质灰岩有机碳含量较高，为0.21%~0.93%，平均值为0.56%(表2-2-1)。镜煤反射率(*Ro*)1.81%~1.83%(惠探1井)，是较好的烃源岩。桌子山水泥厂剖面资料显示乌拉力克组以黑色页岩为主，加中薄层泥质灰岩，厚70~80m；页理极为发育，呈现为明显的书页状构造，富含笔石类化石。为典型盆地边缘-深水盆地相沉积。除局部灰岩夹层外，页岩段的TOC多为0.6%~1.58%，干酪根类型以Ⅱ1型为主，*Ro*值约1.86%，烃源品质相对较好。表明该区乌拉力克组发育有效烃源岩，具有较好的生烃潜力。下古生界生烃强度达$13\times10^8m^3/km^2$，是盆地下古生界生烃强度较大的地区，烃源条件有利，具备形成天然气藏的物质基础。Z4井在乌拉力克组页岩气烃源岩层段试气获得工业气流，进一步证实该区海相烃源的有效性。

表2-2-1　盆地西缘中段奥陶系乌拉力克组烃源岩有机碳含量统计表

井名	井深/m	样品数	岩性	*TOC*/%	S1 mg/g岩石	S2 mg/g岩石	S3 mg/g岩石	S1+S2 mg/g岩石	T_{max}/℃
Z4	4028~4032	4	泥岩	0.21	0.01	0.04	0.02	0.05	545
L探1	4887~4936	13	泥岩	0.51	0.01	0.05	0.02	0.06	550

续表

井名	井深/m	样品数	岩性	*TOC*/%	S1 mg/g 岩石	S2 mg/g 岩石	S3 mg/g 岩石	S1+S2 mg/g 岩石	T_{max}/℃
Z 探 1	4205~4213	4	泥岩	0.93	0.20	0.11	0.02	0.31	598
Y 探 1	3875~3887	17	泥岩	0.60	0.03	0.02	0.19	0.05	503
平均值				0.56	0.06	0.05	0.06	0.12	549

2.2.2　乌拉力克组储集层特征分析

鄂尔多斯盆地西部祁连海域奥陶系时期处于台缘隆起高能相带，乌拉力克期海陆过渡带局部发育台内潟湖洼地，暗色泥页岩、页岩气分布较广，乌拉力克组地层厚度大，可达 20~200m)，Z4 井、Z2 井、L 探 1 等多口探井在乌拉力克组试气获得天然气流，有望形成页岩气的新类型气藏。乌拉力克组岩石 X 衍射全岩分析表明，泥质岩中石英、长石、碳酸盐等脆性矿物的平均含量可达 75%，在后期压裂过程中有利于工程改造形成裂缝。

2.3　研究区储层岩性及测井曲线响应特征

乌拉力克组顶部地层为拉什仲组，局部由于地层剥蚀直接与上古生界的羊虎狗组相连，分层依据为上部较纯的石灰岩为拉什仲组底部，当在石灰岩下部出现大段的页岩气时进入乌拉力克组。乌拉力克组底部为克里摩里组，当乌拉力克底部出现较厚较纯的石灰岩时进入克里摩里地层。乌拉力克组地层厚度 110m 左右。鄂尔多斯盆地乌拉力克组发育的主要岩石为深灰色灰质泥岩、深灰色泥质灰岩、褐灰色泥晶灰岩、灰黑色泥岩，局部富集黄铁矿。其中泥质石灰岩居多，白云石含量低于方解石，部分井局部发育石灰岩，但分布范围有限，厚度小。岩层中微裂缝发育，缝面被方解石充填，形成方解石岩脉，黄铁矿顺层理面排列或充填于裂缝面；岩石中纹层发育，见垮塌角砾及小断层，储层段基质孔隙不发育，有机孔形态以铸模孔形态为主，疑似颗粒溶解后形成，无机孔形态以黏土间狭长形微隙为主，发育少量碳酸盐溶孔(李宜浓，2022)。乌拉力克组页岩气占该组地层厚度的 95%以上。

由于页岩气储层中有机质含量高，气体结构以吸附气为主，也存在一定的孔隙和游离气。归纳高产量页岩气井的测井资料，与普通页岩相比，含气页岩表现为高自然伽马、高电阻率等“四高两低”的特征，如表 2-3-1 所示。

表 2-3-1 含气页岩测井曲线特征(刘璐，2017)

测井系列	曲线特征	影响因素
自然伽马	高值	富含有机质及黏土矿物的烃源岩含有较高的放射性元素
无铀伽马	低值	黏土含量低
电阻率	高值	烃源岩电阻率无限大且高含气饱和度也将导致电阻率升高
岩性密度	低值	干酪根的密度小于黏土矿物且存在天然气，烃类及气体使得 Pe 测量值偏低
补偿中子	高值	随地层泥质含量增加而增大，随干酪根及天然气含量的增加而减小
声波时差	高值	随有机质含量增加而增大，且地层天然气的存在会导致“周波跳跃”现象
井径	扩径	泥质地层及有机质存在

测井响应机理分析如下：

自然伽马及自然伽马能谱测井：自然伽马能谱测井测量的是放射元素的含量，指示地层中的高放射性，如富含有机质和黏土的烃源岩。地层中钍和钾元素的含量高代表黏土含量高，铀元素含量高则代表高的有机质含量。一般来说，相较于砂岩和煤层，泥页岩的自然伽马值很高，海相页岩一般大于 150API，湖相页岩自然伽马值略低。

电阻率测井：泥页岩的导电性较好，一般呈低阻，但考虑到如下几方面影响，泥页岩电阻率呈高值响应：烃源岩有机质不导电；储层含气时，其电阻率明显高于水层及围岩；地层含气饱和度升高则电阻率一般也随之升高。因此，在忽略流体含量及黏土类型影响时，页岩气层电阻率测井值往往为高值(>15Ω·m)，且随有机碳含量和含气量增加而增大。地层有机质过成熟及成层的黄铁矿都有可能导致电阻率偏低。

岩性密度测井：由于有机质的密度很低，小于黏土矿物骨架密度，当地层中富含有机质时，补偿密度测井值也随之下降。因此，有机质含量高、含气量高的烃源岩一般具有较低的密度值和光电吸收截面指数。

中子测井：一般来说，页岩气储层的补偿中子呈高值，局部低值，随地层泥质含量增加而增大，当地层富含干酪根及天然气时，补偿中子测井值将明显低于富含黏土的页岩层。但仅利用补偿中子解释有机质丰度的效果并不好，应配合其他测井共同解释。

声波时差测井：储层埋藏深度的增加导致地层压实程度增加，一般情况下，泥页岩的声波时差随埋深增加而减小。储层的孔隙度会因为有机质的存在而发生变化，一般来说，有机质含量越高，地层孔隙度越大，这都会引起声波时差值升高，且地层中的天然气会导致“周波跳跃”现象。

井径特征：泥质地层易出现扩径现象，且有机质的存在会加剧扩径，因此页岩气储层显现扩径。

具体测井曲线特征见图 2-3-1 和图 2-3-2。

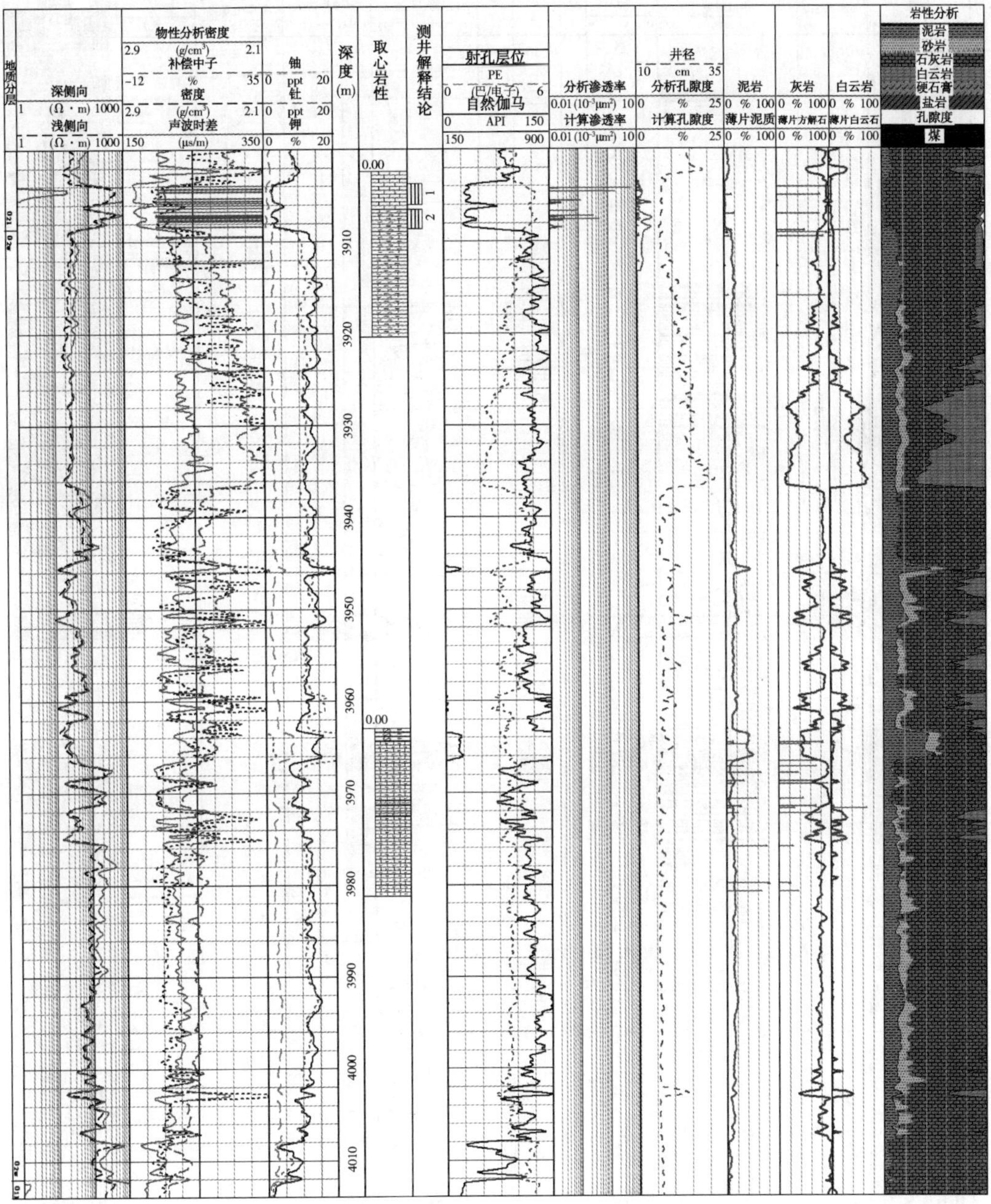

图 2-3-1　Y 探 1 乌拉力克组测井解释成果图

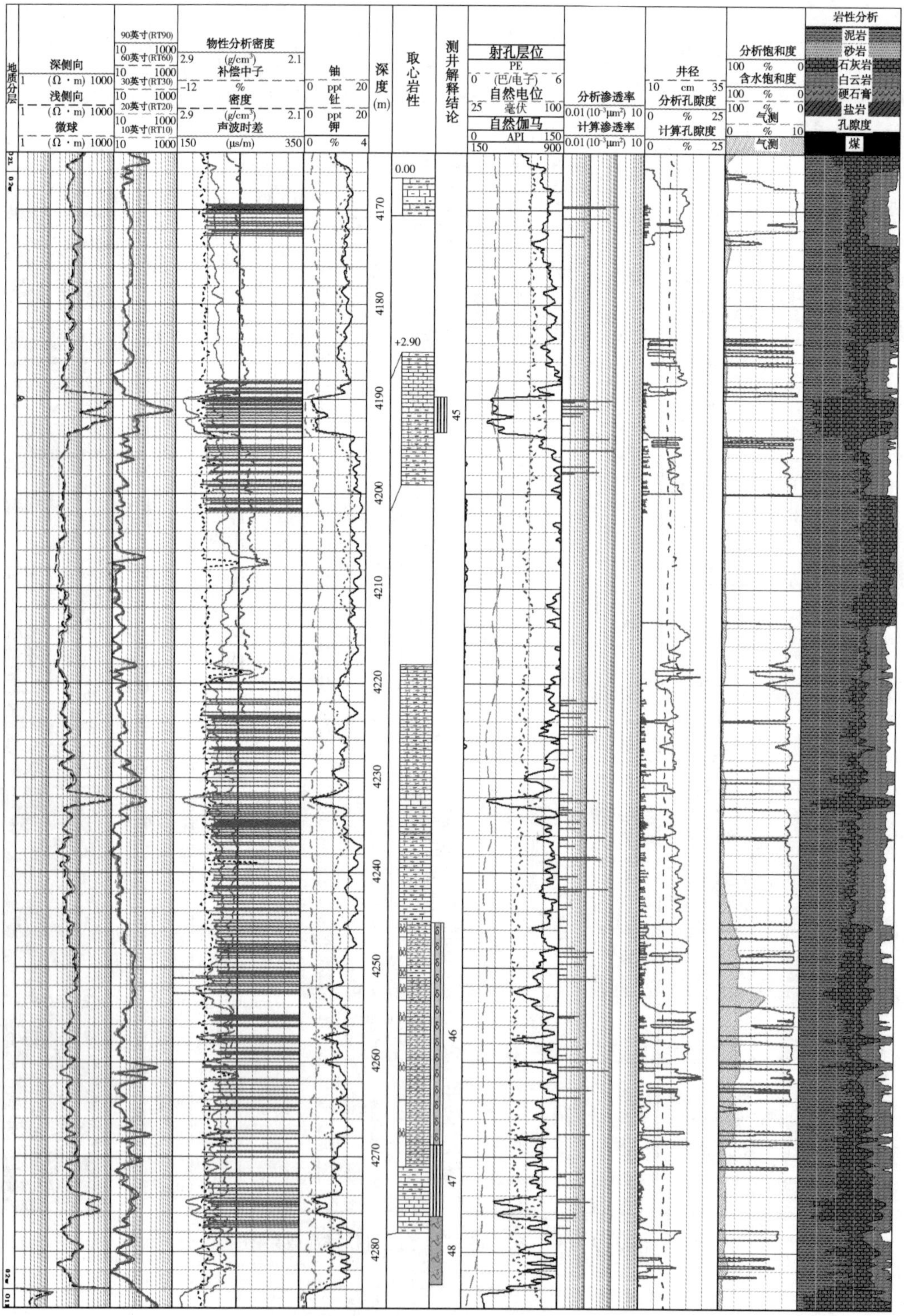

图 2-3-2 Z 平 1 乌拉力克组测井解释成果图

2.4 页岩气储层识别方法

2.4.1 常规测井曲线重叠法

重叠法可通过原始测井曲线或计算参数曲线的曲线幅度差来评价地层岩性、含油气性等性质。由于富含干酪根的泥页岩具有高自然伽马、高声波时差、低密度、相对低补偿中子测井值，因此可首选能够划分岩性、确定地层泥质含量的自然伽马曲线和对地层含气敏感的声波曲线为基线，二者为高值响应；选取测井响应为低值的密度、中子曲线为叠合曲线；选取纯泥岩作为参考岩性。将密度和自然伽马曲线叠合，并选择岩性为泥岩的层段为基准段，通过调整两曲线的刻度值，让其在基准段部分重合。当自然伽马呈相对高值而密度呈相对低值时，地层为富有机质的泥页岩段，此时叠合曲线偏向于基线左侧，即呈“正偏差”；反之则表现为粉砂岩的测井响应特征，叠合曲线偏向于基线右侧，称作“负偏差”。同理可定义其他叠合曲线的偏差岩性。一般来说，随地层总有机碳含量和含气量的增大，叠合曲线的正幅度差也增大。

2.4.2 交会图法

交会图法是利用测井数据或计算参数作出交会图，然后根据数据点的分布特征来划分地层岩性、含油气性等性质的方法。

2.4.3 孔隙度测井曲线重叠法

在相同的地质条件下，三种孔隙度测井对油层和气层的响应特征有一定差异，由于地层中天然气的存在，使得声波、中子和密度测井出现如下异常：当地层含气时，补偿中子测出的孔隙度无法反映地层的实际孔隙度，其值将小于实际含氢指数，且含气量越高所测中子孔隙度越低于纯地层孔隙度，这种现象即为天然气对中子测井的“挖掘效应”；天然气会使声波的传播速度急剧下降，引起声波时差测井值的明显上升，出现“周波跳跃”现象；所测密度孔隙度高于纯地层孔隙度。

2.4.4 $\Delta \lg R$ 识别法

$\Delta \lg R$ 识别法是目前常用的页岩气储层识别法。方法原理为：孔隙度曲线反映地层孔隙度大小，有机质含量高的地层孔隙度增大，电阻率曲线反映地层电阻率大小，有机质丰度高、成熟度高的地层电阻率增大，将孔隙度曲线与电阻率测井曲线相叠合，调整曲线刻度使二者在不含有机质或有机质含量低的井段近于重合，则当有机质含量增高时，两条曲线幅度增大导致曲线分离，线间出现明显差值，差值的大小间接指示了有机质含量的大小。

2.4.5 不同方法对比

常规测井曲线重叠法，直观性更强。但该方法首先要选择对页岩敏感的常规测井曲线进行叠合，准确选取基准岩性以确定基准段，而基准段的选择关系到刻度的调节，从而影响曲线偏差的大小甚至存在与否；其次，对正负偏差所代表的岩性定义也是一项关键技术；最后，不同曲线重叠所得的储层深度和厚度也可能会有差异，如何取舍，有待进一步验证。

交会图法，应用广泛，能够形象直观地识别地层岩性，宏观地识别页岩储层和非储层，但可能存在无效的交会点，且划分结果受人为经验影响。

孔隙度测井曲线重叠法，相比常规测井曲线叠合法更可靠、精确且无须选取基准段也不需要定义岩性，但需要预知地层岩性并进行曲线校正。当地层黏土含量高时，该方法识别效果欠佳。

$\Delta\lg R$ 识别法，是国内外利用测井资料识别烃源岩最常用的方法，对砂、泥岩地层识别效果最好，但使用该方法识别页岩气储层时，必须明确基线岩性。当地层为过成熟页岩时，地层电阻率会急剧下降，造成 $\Delta\lg R$ 幅度差增大。

第3章　研究区乌拉力克组储层岩性精细解释模型建立

中国页岩气研究尚处于起步阶段，盆地西缘乌拉力克组页岩气是长庆地区页岩气的主力勘探层位。页岩气或吸附于有机质和黏土矿物表面，或游离于孔隙和天然裂缝中，而矿物成分分析是进一步研究页岩储层吸附能力和基质孔隙度的基础。另外，矿物成分中的脆性矿物，如石英、长石、方解石等，是控制裂缝发育程度的主要内在因素，直接影响储集空间和渗流通道。脆性矿物含量的高低能够控制裂缝的发育程度。因此，页岩气储层矿物成分研究对页岩气成藏机理分析、地质资源评价及开发措施工艺设计均具有重要意义。

3.1　矿物组分特征研究

鄂尔多斯盆地西缘中奥陶统乌拉力克组岩性主要为深灰色含灰泥岩夹灰黑色含灰泥岩、灰黑色泥岩。本研究取心层位为乌拉力克组，涉及10口井共计71个样品点。

全岩X衍射实验分析表明，盆地西缘乌拉力克组海相页岩的矿物成分较为复杂，页岩样品中均含有石英、长石等碎屑矿物，方解石、白云石、铁白云石、菱铁矿、黄铁矿等碳酸盐矿物，还含有黏土矿物，包括伊利石、绿泥石、高岭石、伊/蒙混层等，其中石英、黏土和碳酸盐岩是其主要矿物组分。表3-1-1是Z探1等10口井岩样X射线衍射全岩分析实验得到的矿物组分与含量成果。

矿物组分定量分析结果表明，盆地西缘乌拉力克组海相页岩样品中，矿物主要由石英、黏土矿物、方解石、白云石组成，如图3-1-1所示。其中石英含量最高，含量范围为5.4%~77.46%，平均41.20%。其次为方解石，含量范围为2.9%~71.8%，平均22.11%。黏土矿物，含量范围为3.6%~33.25%，平均17.05%。白云石与铁白云石，含量范围为0.6%~49.9%，平均13.89%。还含有长石(钾长石+斜长石)，含量范围为0.5%~5.74%，平均2.98%。还含有少量黄铁矿、菱铁矿和赤铁矿，平均不到5.0%。

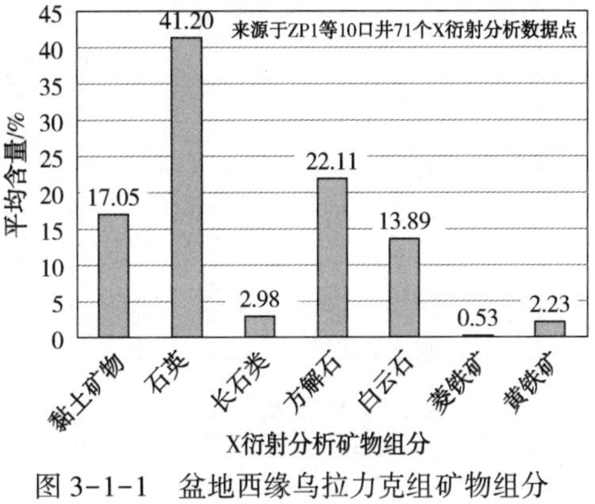

图3-1-1　盆地西缘乌拉力克组矿物组分平均含量统计图

表 3-1-1　X 射线衍射全岩分析实验成果

%

序号	井号	层位	井深/m	岩性	取心编号	黏土矿物	石英	钾长石	斜长石	方解石	白云石	铁白云石	赤铁矿	菱铁矿	黄铁矿
1	L37	乌拉力克组	4141	灰岩	5-31/58	21.0	12.7		0.8	64.7		0.9			
2	L37	乌拉力克组	4142.7	灰岩	5-42/58	4.6	0.4		1.4	83.5		10.0			
3	L37	乌拉力克组	4146	灰岩	5-57/58	7.6	6.3		0.6	85.5					
4	L37	乌拉力克组	4137.5	灰岩	5-13/58	11.0	11.2		0.6	74.0	1.4	1.9			
5	R102	乌拉力克组	3632	页岩气	6-17/57	29.1	60.7	1.5	2.2	2.6	3.1				0.9
6	R102	乌拉力克组	3635.2	页岩气	6-49/57	28.4	57.9	1.6	2.0	6.8	2.4				0.9
7	R102	乌拉力克组	3688.5	页岩气	8-38/127	22.5	46.1	1.8	1.3	14.0	13.7				0.5
8	R102	乌拉力克组	3678.2	页岩气	—	16.2	55.0	1.3	0.9	7.8	17.3				1.4
9	L50	乌拉力克组	4085	页岩气	6-19/55	22.5	17.3		0.8	50.6		7.3			1.5
10	L50	乌拉力克组	4087.5	页岩气	6-38/55	5.1	1.5			60.3		31.1	2.0		
11	L50	乌拉力克组	4153.2	页岩气	7-3/54	11.3	8.9			61.9		16.0			1.8
12	L50	乌拉力克组	4154.5	页岩气	7-14/54	4.5	4.1			69.7	21.7				
13	L50	乌拉力克组	4157.2	页岩气	7-18/54	3.6	5.3			71.8	19.3				
14	L53	乌拉力克组	4257.2	页岩气	5-20/63	18.6	43.2	0.6		1.9	33.3			1.0	1.4
15	L53	乌拉力克组	4258.5	页岩气	5-28/63	29.5	37.6	1.8		2.0	28.2		0.9		
16	L53	乌拉力克组	4261.2	页岩气	5-46/63	14.5	15.5	0.8		63.0	3.8			0.8	1.6
17	L53	乌拉力克组	4312.5	灰岩	6-13/50	4.7	9.6	0.6		34.1	49.9				1.2
18	Q 探 5	乌拉力克组	4650.5	页岩气	6-5/36	14.9	15.3	0.6	2.9	52.1	14.2				

续表

序号	井号	层位	井深/m	岩性	取心编号	黏土矿物	石英	钾长石	斜长石	方解石	白云石	铁白云石	赤铁矿	菱铁矿	黄铁矿
19	Q 探 5	乌拉力克组	4652	页岩气	6-16/36	7. 6	15. 0	0. 5	3. 6	65. 7	7. 6				
20	Q 探 5	乌拉力克组	4654. 4	页岩气	6-33/36	15. 3	16. 2	0. 8	3. 8	52. 5	11. 3				
21	R68	乌拉力克组	3689. 4	页岩气	5-4/33	32. 6	41. 4	1. 8	1. 2	12. 1	10. 1				0. 8
22	R68	乌拉力克组	3692. 3	页岩气	5-19/33	23. 5	64. 0	1. 6	1. 1	4. 7	4. 2				1. 0
23	R68	乌拉力克组	3706. 1	页岩气	6-2/35	29. 6	52. 9	1. 6	1. 3	5. 4	7. 8				1. 3
24	R68	乌拉力克组	3707. 2	页岩气	6-9/35	29. 5	58. 3	1. 5	1. 9	4. 3	2. 5				1. 9
25	R68	乌拉力克组	3708. 2	页岩气	6-15/25	29. 9	56. 1	1. 5	1. 9	4. 5	5. 0				1. 0
26	R26	乌拉力克组	4116. 2	页岩气	8-2/71	17. 1	16. 4	1. 2		55. 3		9. 6		0. 4	
27	R26	乌拉力克组	4119. 00	页岩气	8-22/71	19. 4	17. 7	1. 4		56. 7		4. 6		0. 2	
28	R26	乌拉力克组	4122. 6	页岩气	8-53/71	26. 6	24. 6	2. 5		36. 7		8. 6		0. 9	
29	R26	乌拉力克组	4124. 8	页岩气	8-69/71	16. 6	18. 5	1. 6		53. 0		10		0. 3	
30	R100	乌拉力克组	3507. 8	页岩气	3-13/69	14. 9	10. 4	0. 5	0. 6	70. 5		3. 0			
31	R100	乌拉力克组	3509. 6	页岩气	3-24/69	18. 4	12. 8	0. 5	0. 5	55. 9	5. 8	6. 1			
32	R91	乌拉力克组	3462. 6	页岩气	3-5/24	23. 0	47. 3	1. 3	1. 1	15. 2	11. 2				0. 9
33	R91	乌拉力克组	3464	页岩气	3-13/24	28. 8	38. 4	1. 2	1. 1	21. 4	7. 8				1. 3
34	Z 平 1	乌拉力克组	4230. 88	泥晶灰岩		21. 4	35. 5	1. 4	5. 7	17. 7	9. 9	6. 5		0. 3	1. 4
35	Z 平 1	乌拉力克组	4240. 24	含灰泥岩		16. 0	42. 6	1. 1	3. 6	19. 9	7. 6	8. 2		0. 4	0. 8
36	Z 平 1	乌拉力克组	4246. 14	含灰泥岩		14. 0	58. 7	1. 2	2. 3	9. 6	3. 1	9. 8			1. 4

续表

序号	井号	层位	井深/m	岩性	取心编号	黏土矿物	石英	钾长石	斜长石	方解石	白云石	铁白云石	赤铁矿	菱铁矿	黄铁矿
37	Z平1	乌拉力克组	4248.94	含灰泥岩		15.5	63.1	1.2	3.4	9.0	1.1	5.1		0.3	1.4
38	Z平1	乌拉力克组	4250.11	黑色泥页岩		16.9	61.7	1.5	2.8		2.3	11.7			3.1
39	Z平1	乌拉力克组	4250.44	黑色泥页岩		30.8	52.5	1.1	2.3		1.8	9.9			1.5
40	Z平1	乌拉力克组	4250.94	黑色泥页岩		19.0	68.1	1.7	3.0	2.9	1.6	2.5			1.3
41	Z平1	乌拉力克组	4251.76	黑色泥页岩		27.5	34.7	2.0	5.7	0.9	8.3	16.6		0.8	3.5
42	Z平1	乌拉力克组	4252.66	黑色泥页岩		21.3	55.5	1.2	1.7	0.8	4.8	12.7		0.6	1.5
43	Z平1	乌拉力克组	4253.33	黑色泥页岩		10.1	25.2	0.8	0.7	52.3	3.2	7.1			0.7
44	Z平1	乌拉力克组	4254.29	黑色泥页岩		19.1	63.0	1.3	1.8	8.2	1.3	2.9			2.5
45	Z平1	乌拉力克组	4255.18	黑色泥页岩		19.8	68.1	1.5	1.7	2.4	1.6	4.8			
46	Z平1	乌拉力克组	4255.57	黑色泥页岩		16.9	43.7	0.8		0.9	6.4	29.7			1.5
47	Z平1	乌拉力克组	4256.37	黑色泥页岩		22.4	59.0	1.4	0.8	5.4	3.7	6.8			0.6
48	Z平1	乌拉力克组	4257.22	黑色泥页岩		17.7	59.6	1.3		0.7	4.5	14.7			1.5
49	Z平1	乌拉力克组	4258.33	黑色泥页岩		22.8	54.9	1.4	3.2	10.0	2.2	3.9		0.6	1.0
50	Z平1	乌拉力克组	4259.67	黑色泥页岩		11.6	71.0	1.0		0.6	2.6	12.4			0.8
51	Z平1	乌拉力克组	4260.6	黑色泥页岩		10.7	66.1	1.0	0.8	6.8	1.9	11.8			0.9
52	Z平1	乌拉力克组	4261.59	黑色泥页岩		13.5	66.1	1.7	0.7	2.3	3.0	11.6			1.1
53	Z平1	乌拉力克组	4262.89	黑色泥页岩		17.1	63.7	1.5	0.8	4.5	3.9	7.6			1.1
54	Z平1	乌拉力克组	4263.23	黑色泥页岩		11.8	77.5	1.5	0.7	0.4	1.8	6.3			

续表

序号	井号	层位	井深/m	岩性	取心编号	黏土矿物	石英	钾长石	斜长石	方解石	白云石	铁白云石	赤铁矿	菱铁矿	黄铁矿
55	Z平1	乌拉力克组	4264.14	黑色泥页岩		10.8	69.0	1.4	0.6	4.0	3.0	10.6			0.6
56	Z平1	乌拉力克组	4264.99	黑色泥页岩		33.3	13.7	2.6		1.9	1.5	4.0			43.0
57	Z平1	乌拉力克组	4266.8	黑色泥页岩		23.3	57.5	2.4	1.5	0.9	3.7	5.4			5.4
58	Z平1	乌拉力克组	4267.35	黑色泥页岩		18.4	58.9	1.5	1.2	15.4		2.8			1.7
59	Z平1	乌拉力克组	4268.46	黑色泥页岩		17.9	71.8	2.2	0.8	2.1	1.3	2.4			1.5
60	Z平1	乌拉力克组	4269.15	黑色泥页岩		14.1	59.4	1.5	1.0	3.1	5.1	14.3			1.5
61	Z平1	乌拉力克组	4269.73	黑色泥页岩		20.2	66.0	2.8	1.1	3.0	1.8	4.4			0.9
62	Z平1	乌拉力克组	4270.68	黑色泥页岩		17.4	64.8	2.1	0.9	2.6	2.9	8.4			0.9
63	Z平1	乌拉力克组	4271.22	黑色泥页岩		12.8	76.0	1.7			2.1	6.7			0.7
64	Z平1	乌拉力克组	4272.05	黑色泥页岩		22.1	61.9	2.9	1.2	1.0	2.4	6.6			2.0
65	Z平1	乌拉力克组	4272.58	黑色泥页岩		14.2	64.9	1.9	1.2	6.3	2.0	6.2			3.2
66	Z平1	乌拉力克组	4273.07	黑色泥页岩		19.7	63.0	2.5	1.2	5.9	0.9	4.4			2.4
67	Z平1	乌拉力克组	4274.12	黑色泥页岩		20.8	59.7	2.4	1.2	8.1	0.8	1.2		0.6	5.2
68	Z平1	乌拉力克组	4274.63	黑色泥页岩		9.2	25.8	0.9		61.2	0.6	1.1			1.2
69	Z平1	乌拉力克组	4275.68	黑色泥页岩		15.3	68.2	1.5	0.9	1.8	2.1	9.0			1.3
70	Z平1	乌拉力克组	4276.78	黑色泥页岩		17.4	66.8	2.1	1.0	2.1	1.2	5.5			3.9
71	Z平1	乌拉力克组	4277.64	黑色泥页岩		20.6	69.9	2.5	1.2	1.6	1.5	2.0			0.7

3.2 常用矿物含量计算方法

(1) 元素俘获能谱测井(ECS)法

元素俘获能谱测井简称ECS。该测井方法目前在世界范围内的使用正呈现强劲增长的趋势。它是通过中子源向地层中发射4MeV的快中子，快中子在地层中发生非弹性散射且能量减少，随着能量的减少，快中子变为热中子，被其周围原子俘获，而后释放伽马射线并回归原始状态。伽马探测器是由BGO晶体组成的，用于探测伽马射线能谱。ECS测井可达到的纵向分辨率为1.5ft，可应用于不同泥浆的井眼中，都能采集到质量较好的材料。

ECS目前可以测量H、Cl、Si、Ca、Fe、S、Ti、Gd等8种元素。由于地层中普遍存在的元素H和Cl，在测量时并不做重点参考，因此ECS用于探测其他6种矿物元素。

地层中不同的矿物都是由不同的元素组成的，黏土矿物包括：伊利石、绿泥石；非黏土矿物包括：石英、方解石、斜长石、白云石等。ECS通过测量这些矿物的主要元素，如Si、Ca、Fe、S、Ti、Gd等，得到这些矿物组分含量。因为矿物组分的含量与矿物的特征元素之间存在一一对应关系，如Si是石英的特征元素，Ca是方解石和白云石的特征元素，Fe是黄铁矿的特征元素等。当然，在大量的实验和岩心分析中也得出了一些元素与矿物的密切相关性，如Al与黏土矿物高岭石含量相关性好，且Si、Ca、Fe与Al的含量相关性好，目前ECS通过确定Si、Ca、Fe的含量可以求得黏土高岭石的含量。

(2) 高精度岩性扫描测井

高精度岩性扫描测井仪(LithoScanner)通过发射14.1MeV的高能中子束，以每秒3000万个的速率进行中子输出，是元素俘获能谱测井仪的9倍多，能测量18种不同类型元素。相比于元素俘获能谱测井，基于此仪器计算的页岩矿物组分更为准确。

(3) 自然伽马能谱测井(NGS)法

自然伽马能谱测井可以测得不同核素含量，对地层中的铀、钍、钾的含量进行定量测定。由于不同黏土矿物表现出的Th/K比值差别较大，因此可以根据不同黏土矿物的元素特性，建立Th-K交会图版对黏土矿物进行识别，进而获取页岩矿物各组分含量。

(4) 光电吸收截面指数法

含页岩气矿物模型的建立，可以将矿物模型简化，假设模型由四种矿物组成，依次为砂岩、碳酸盐岩、泥岩黏土矿物和孔隙流体。

由测井方法的原理可知，光电吸收截面指数测井值可以看作岩石单位体积内各组分响应值。将此原理用于含气页岩地层模型，得到如下测井响应方程：

$$Pe_{\text{sand}}C_{\text{sand}}+Pe_{\text{Ca}}C_{\text{Ca}}+Pe_{\text{sh}}C_{\text{sh}}+Pe_{\Phi}C_{\Phi}=Pe \tag{3-2-1}$$

$$C_{\text{sand}}+C_{\text{Ca}}+C_{\text{sh}}+C_{\Phi}=1 \tag{3-2-2}$$

式中 Pe——光电吸收截面指数测井值；

下标sand，Ca，sh，Φ——砂岩、碳酸盐岩、黏土矿物三种矿物和孔隙度。

(5) 三孔隙度法

鉴于黏土矿物含量和有机质含量对测井曲线的影响，张晋言等(2012)利用孔隙度测井曲线建立了 *TM*、*TN*、*TP* 参数，以此进行岩石矿物组分计算，模型如下：

$$\omega_{\mathrm{SAND}}=\mathrm{e}^{-4.215TM+2.257TN+2.581TP-3.967} \tag{3-2-3}$$

$$\omega_{\mathrm{LIME}}=\mathrm{e}^{6.793TM-3.482TN-4.568TP+4.382} \tag{3-2-4}$$

$$TM=\lg\left(0.3\times\frac{\Delta T_{\mathrm{f}}-\Delta T}{\rho_{\mathrm{b}}-\rho_{\mathrm{f}}}\right) \tag{3-2-5}$$

$$TN=\lg\left(\frac{100-\phi_{\mathrm{n}}}{\rho_{\mathrm{b}}-\rho_{\mathrm{f}}}\right) \tag{3-2-6}$$

$$TP=\lg\left(10\times\frac{\Delta T_{\mathrm{f}}-\Delta T}{100-\phi_{\mathrm{n}}}\right) \tag{3-2-7}$$

式中 ω_{SAND}——砂质含量；

ω_{LIME}——灰质含量；

ρ_{b}、ρ_{f}——密度测井值、流体密度；

ΔT——骨架声波时差；

ΔT_{f}——流体声波时差。

(6) 统计分析法

测井曲线可以综合反映地层中矿物组分含量。统计分析法是基于特定研究区矿物含量的实验分析数据，与测井数据间建立数学统计模型，从而进行矿物组分含量计算。该方法针对特定区域计算精度较高，应用效果较好。

(7) 多矿物组分体积模型

多矿物模型根据岩石体积模型原理以及各矿物、流体的不同测井响应值预测矿物组分。矿物可能是石英、方解石、白云石与硬石膏中的两种，即采用标准的四矿物选择法。通常采用指定双矿物求解法，利用交会图技术，选用任意两种孔隙度测井组合，同时求解出储层视总孔隙度和两种视矿物含量，并根据三元回归模型计算出的泥质含量对计算结果进行平衡，最终求出储层的矿物组分含量和孔隙度。

3.3 矿物组分与测井曲线相关性分析

乌拉力克组页岩气岩性复杂，岩性精细计算是生产解释过程中遇到的一个现实的问题。采用 CQCRA 程序计算的岩石组分，存在泥质含量不准确、砂质含量偏低、孔隙度对岩性计算结果影响大等问题。需要寻求更合理的、适合乌拉力克组特殊复杂岩性的新计算模型。

根据 X 射线衍射全岩矿物组分分析结果，将黏土、石英、长石、方解石、白云石、铁白云石、含铁矿物含量分别与常规测井曲线做相关性分析，单一曲线特征与矿物成分相关性差，计算相应矿物组分含量准确度不高，难于实现岩石组分定量计算。

3.3.1 黏土含量与测井曲线相关性分析

将X射线衍射全岩分析黏土含量与常规测井9条曲线分别做相关性分析，见图3-3-1~图3-3-9，从相关性分析可以看出，黏土含量与单条测井曲线相关性整体较差，其中黏土含量与K、TH相关性相对稍好，相关系数分别为0.18、0.2。

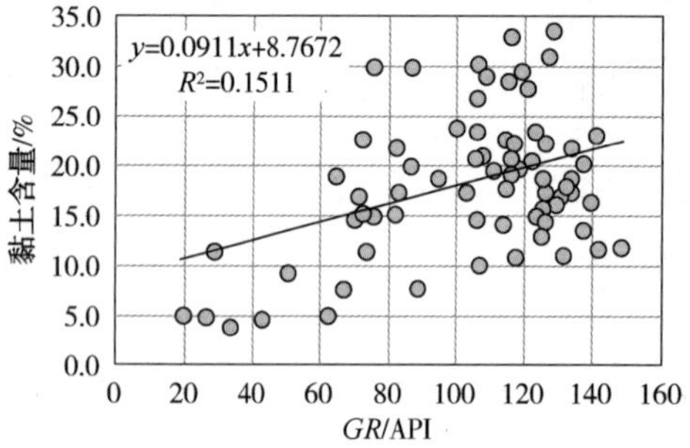

图3-3-1　黏土含量与GR相关性

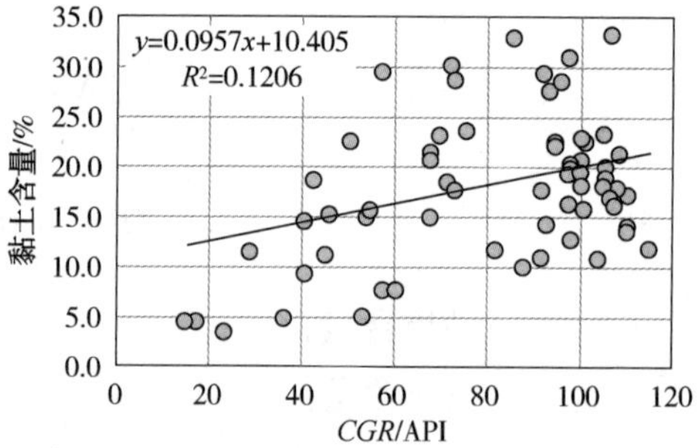

图3-3-2　黏土含量与CGR相关性

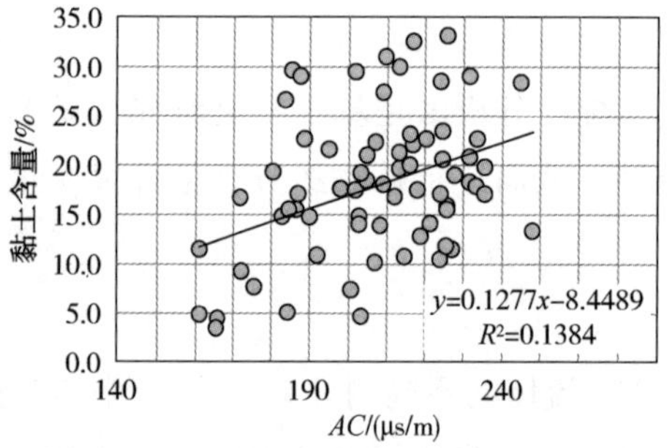

图3-3-3　黏土含量与AC相关性

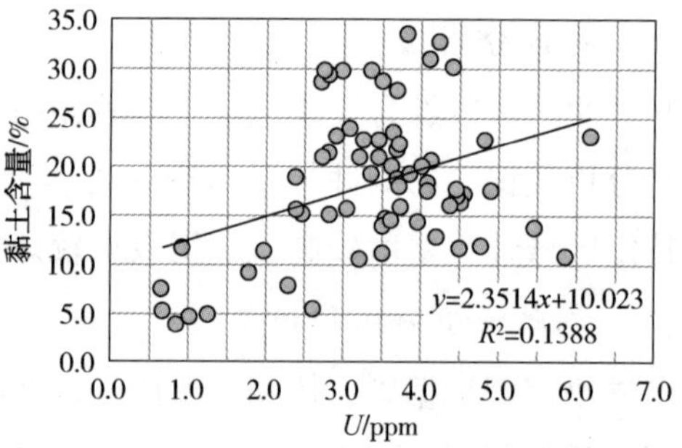

图3-3-4　黏土含量与U相关性

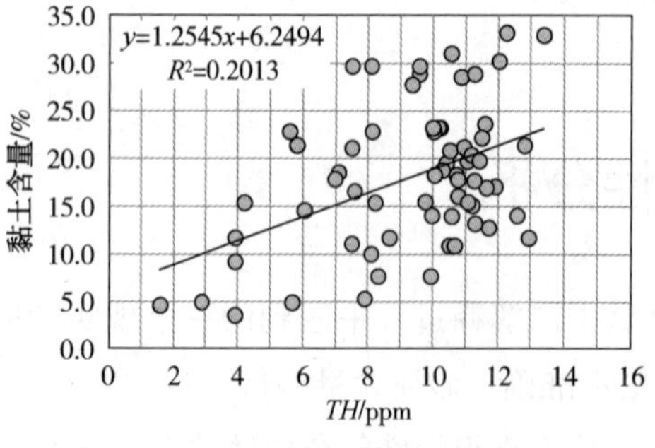

图3-3-5　黏土含量与TH相关性

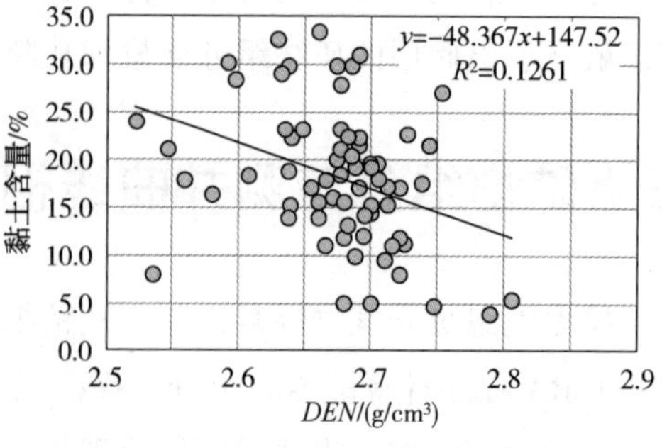

图3-3-6　黏土含量与DEN相关性

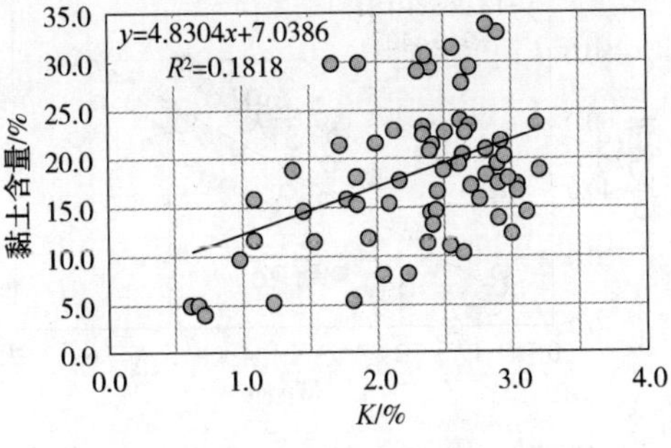

图 3-3-7　黏土含量与 *K* 相关性

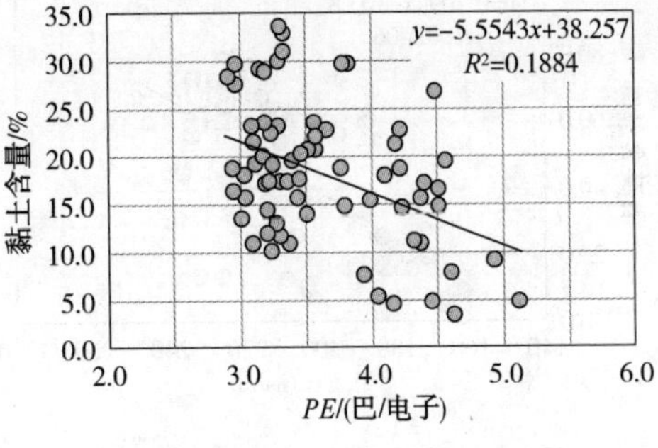

图 3-3-8　黏土含量与 *PE* 相关性

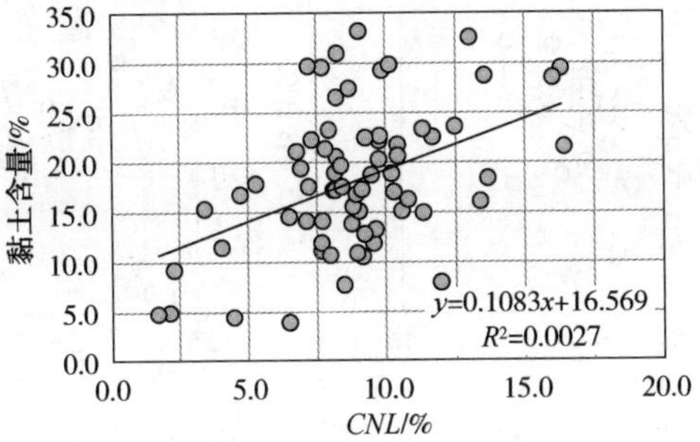

图 3-3-9　黏土含量与 *CNL* 相关性

3.3.2　石英含量与测井曲线相关性分析

将石英含量与常规测井 9 条曲线分别做相关性分析，见图 3-3-10~图 3-3-18，从相关性分析可以看出，石英含量与单条测井曲线整体相关性较好，其中石英含量与 *PE* 相关性最好，相关系数 0.57，与 *GR*、*CGR*、*U* 相关系数也分别达到 0.46、0.48、0.44。

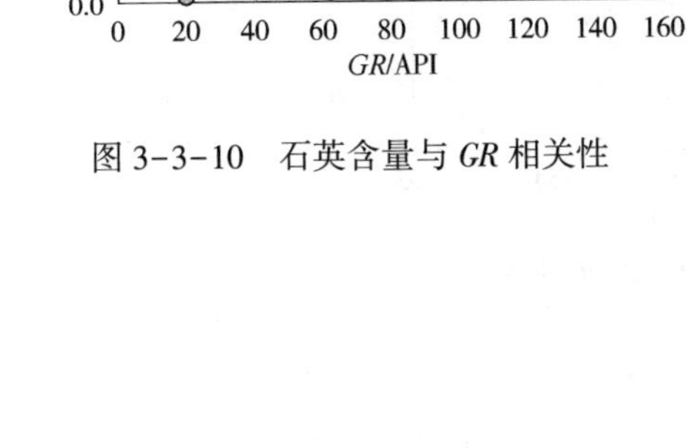

图 3-3-10　石英含量与 *GR* 相关性

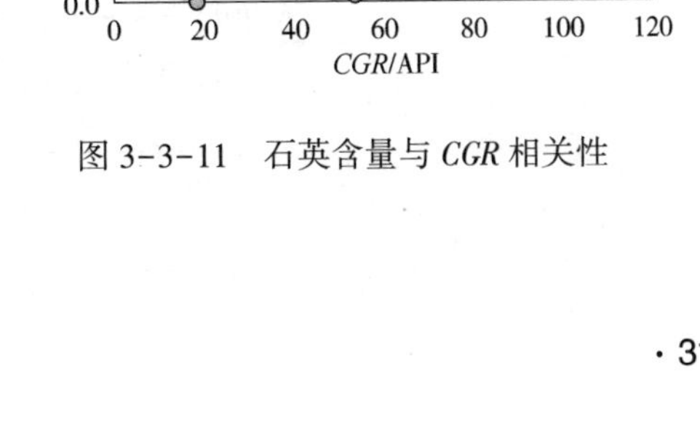

图 3-3-11　石英含量与 *CGR* 相关性

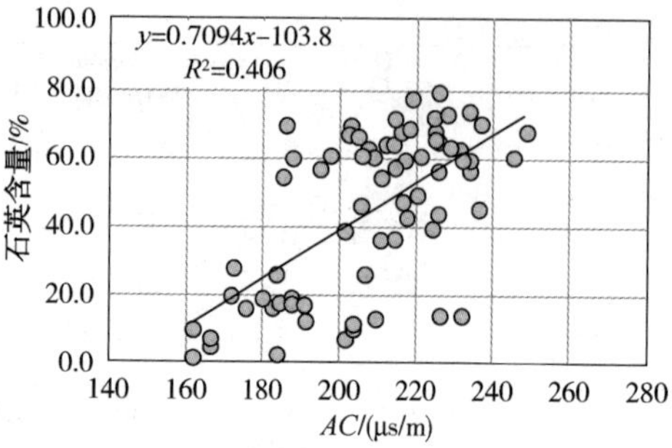

图 3-3-12　石英含量与 *AC* 相关性

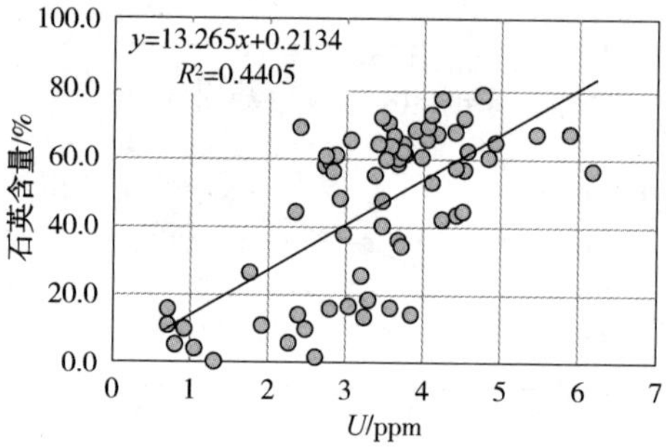

图 3-3-13　石英含量与 *U* 相关性

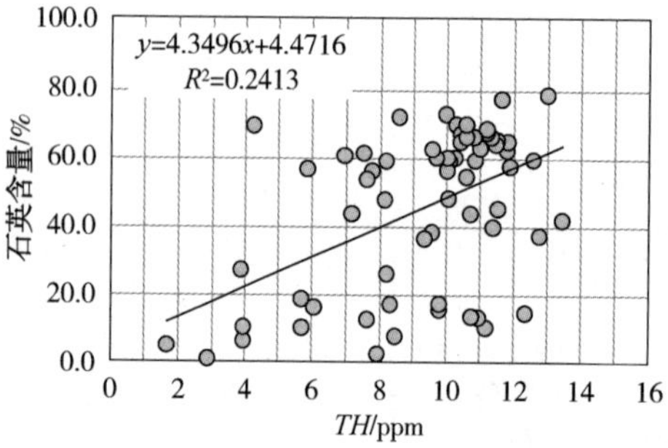

图 3-3-14　石英含量与 *TH* 相关性

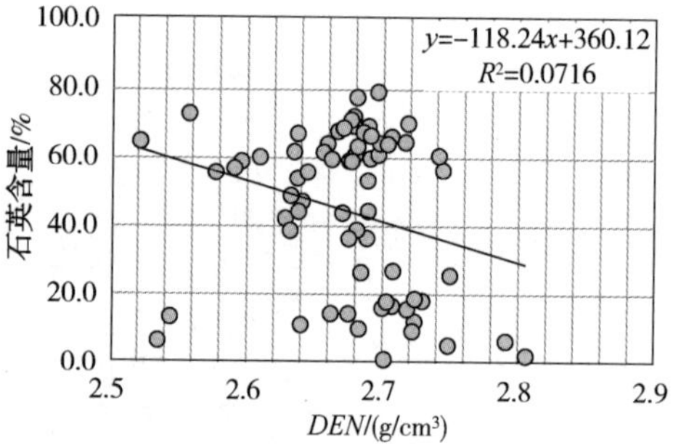

图 3-3-15　石英含量与 *DEN* 相关性

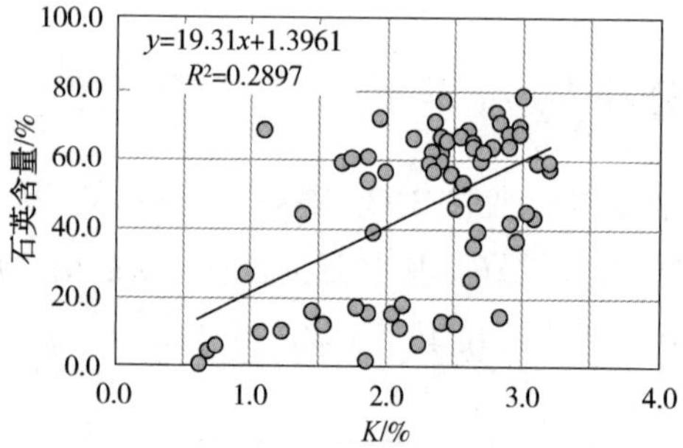

图 3-3-16　石英含量与 *K* 相关性

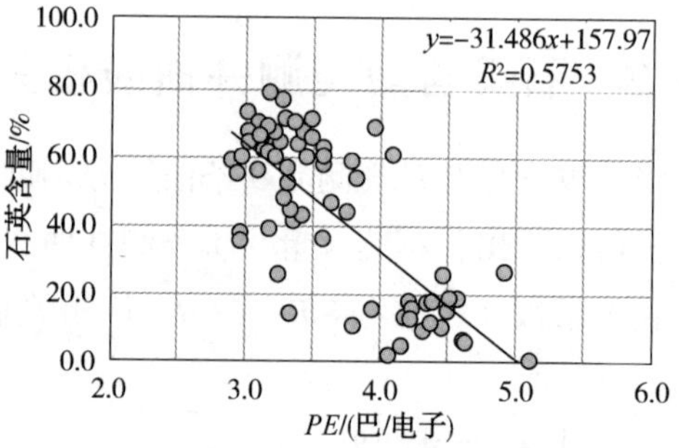

图 3-3-17　石英含量与 *PE* 相关性

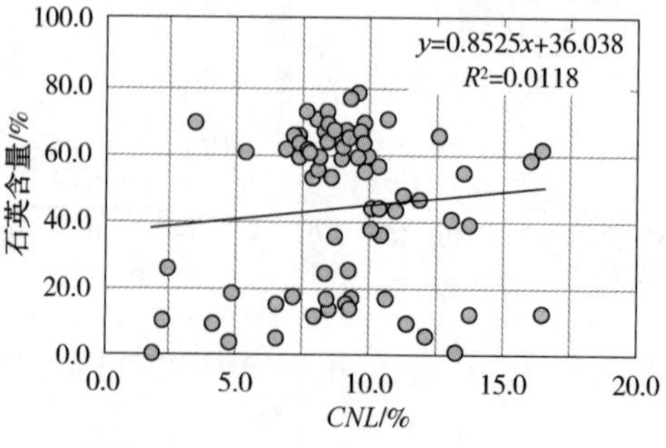

图 3-3-18　石英含量与 *CNL* 相关性

3.3.3 方解石含量与测井曲线相关性分析

将方解石含量与常规测井9条曲线分别做相关性分析，见图3-3-19~图3-3-27，从相关性分析可以看出，少量样品点取心岩性为石灰岩，分析的方解石含量较高，其余样品点方解石含量低，样品分布不均匀，虽然部分测井曲线与方解石含量相关性较好，如 *PE* 曲线，相关系数0.65，与 *GR*、*CGR*、*U* 相关系数也分别达到0.43、0.47、0.42，但缺少中等含量样品点，该相关性是否具有普遍意义仍存疑。

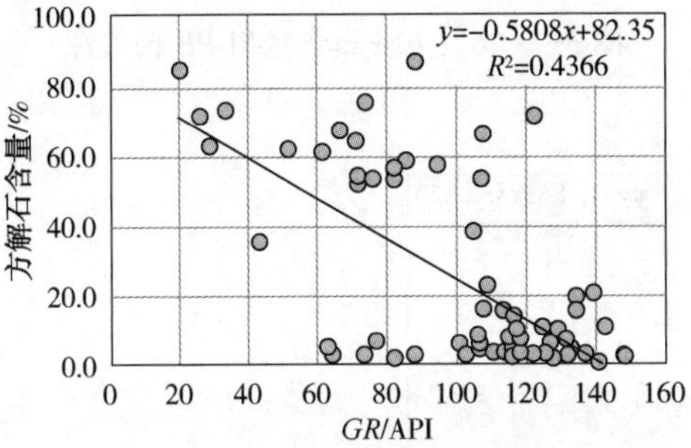

图3-3-19 方解石含量与 *GR* 相关性

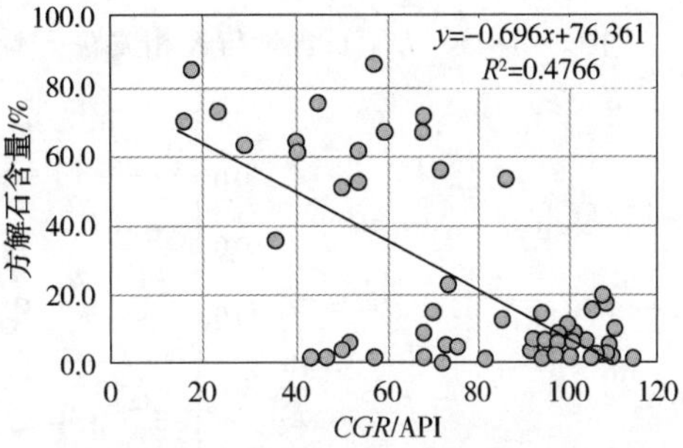

图3-3-20 方解石含量与 *CGR* 相关性

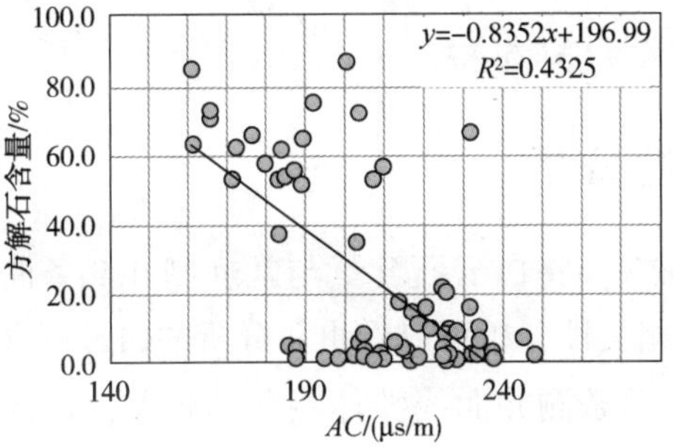

图3-3-21 方解石含量与 *AC* 相关性

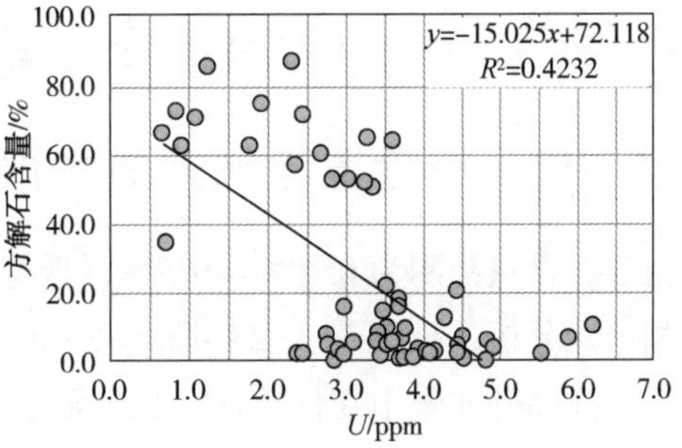

图3-3-22 方解石含量与 *U* 相关性

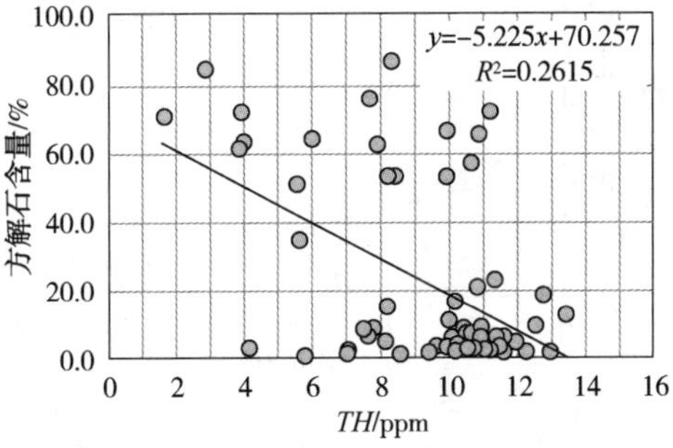

图3-3-23 方解石含量与 *TH* 相关性

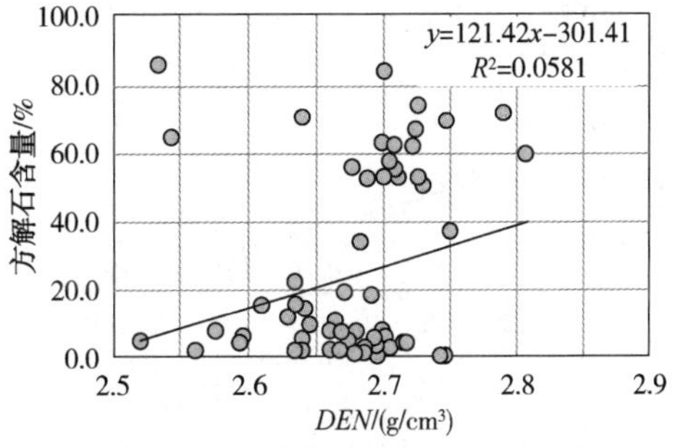

图3-3-24 方解石含量与 *DEN* 相关性

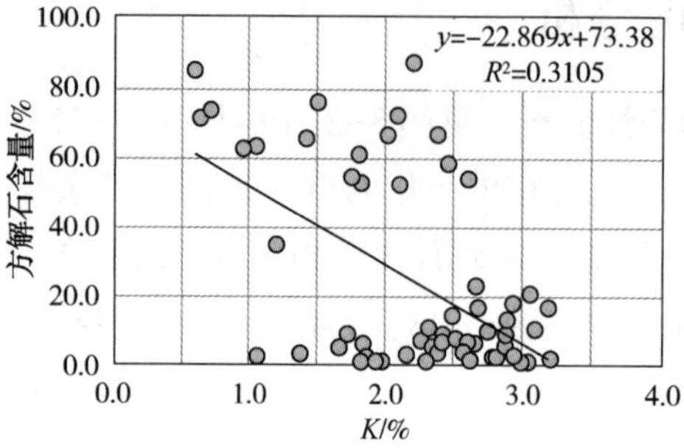

图 3-3-25　方解石含量与 *K* 相关性

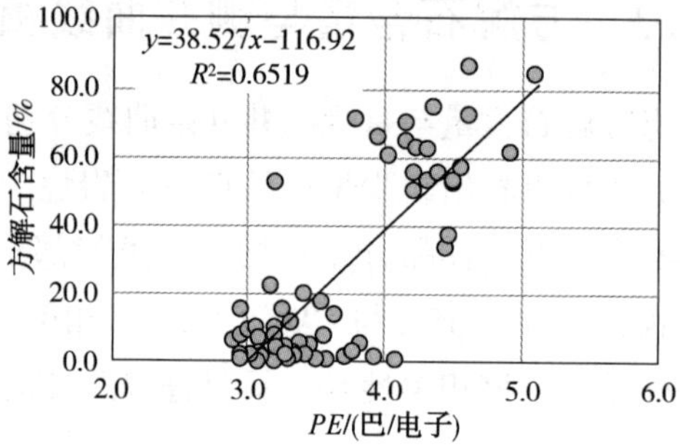

图 3-3-26　方解石含量与 *PE* 相关性

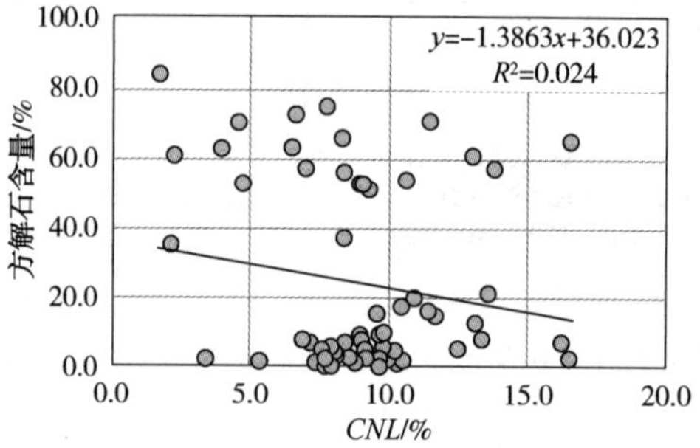

图 3-3-27　方解石含量与 *CNL* 相关性

3.3.4　白云石含量与测井曲线相关性分析

白云石含量范围为 0.6%~49.9%，平均 6.62%。将白云石含量与常规测井 9 条曲线分别做相关性分析，见图 3-3-28~图 3-3-36，从相关性分析可以看出，分析的白云石含量整体较低，样品分布集中在低值区，白云石含量与单条测井曲线整体相关性较差，最高相关系数 0.27。

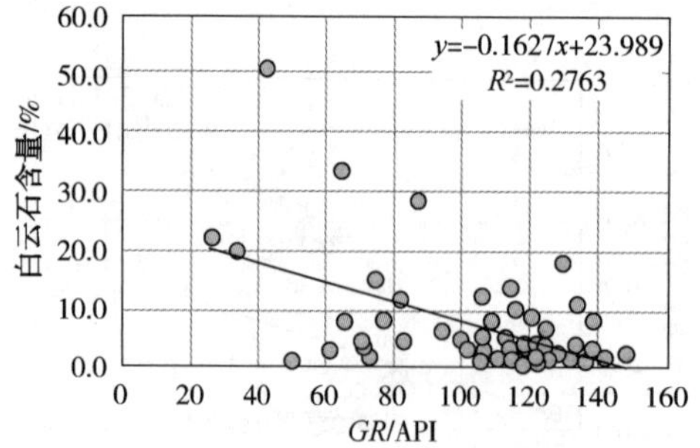

图 3-3-28　白云石含量与 *GR* 相关性

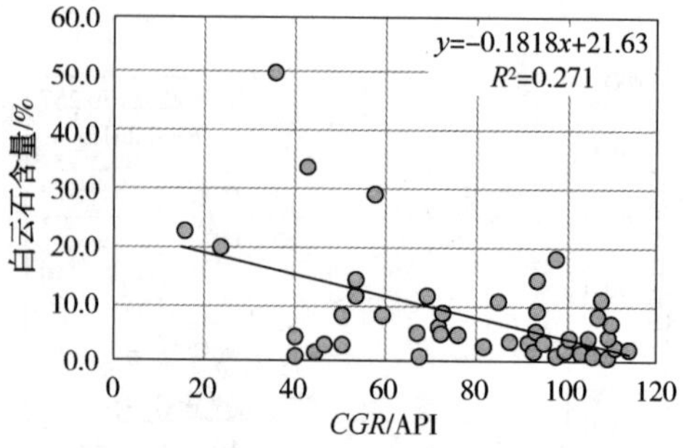

图 3-3-29　白云石含量与 *CGR* 相关性

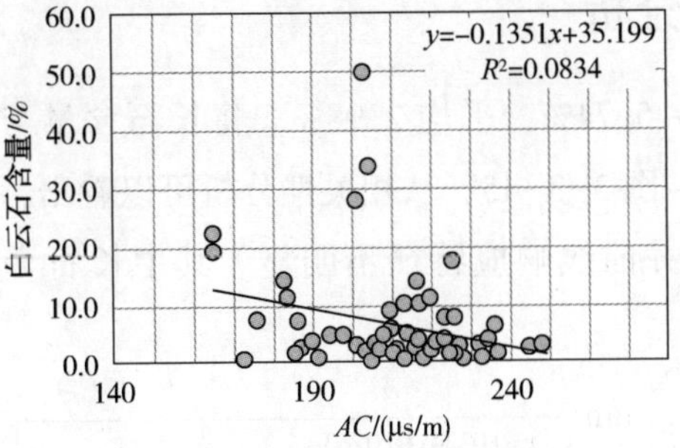

图 3-3-30 白云石含量与 *AC* 相关性

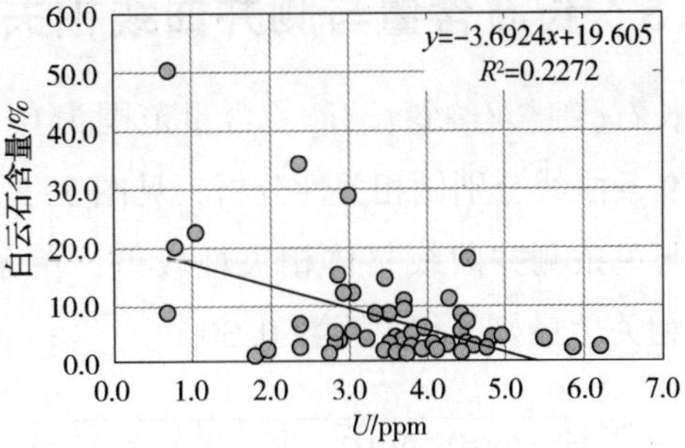

图 3-3-31 白云石含量与 *U* 相关性

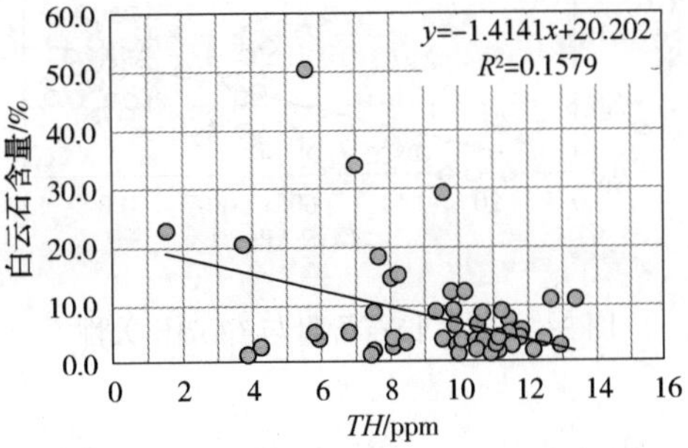

图 3-3-32 白云石含量与 *TH* 相关性

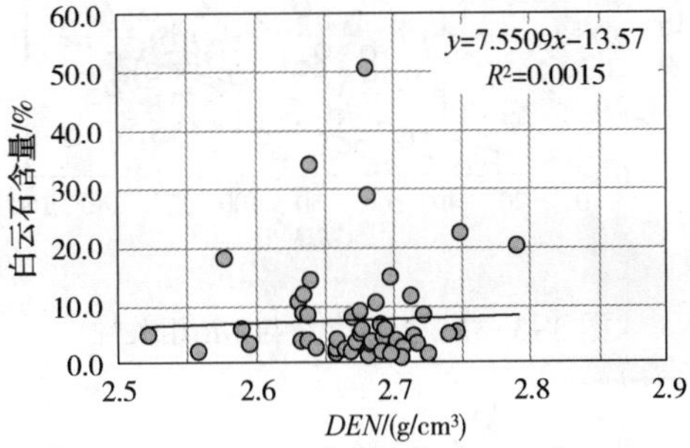

图 3-3-33 白云石含量与 *DEN* 相关性

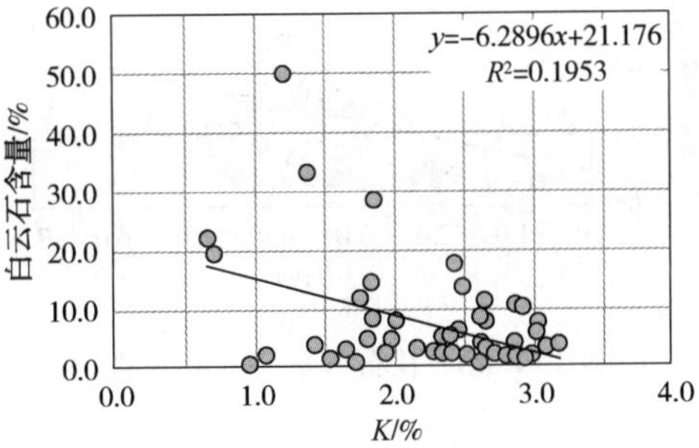

图 3-3-34 白云石含量与 *K* 相关性

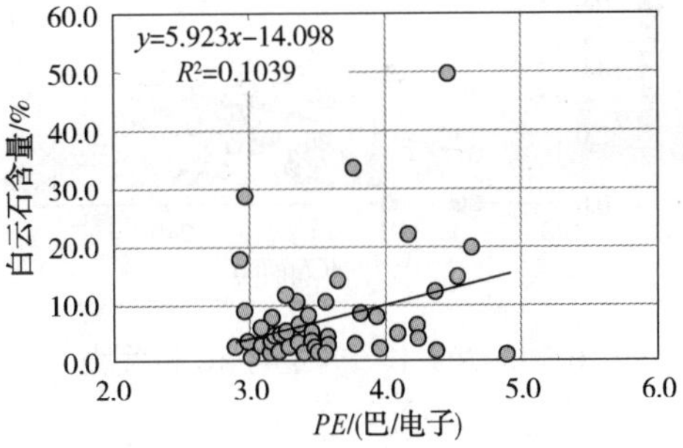

图 3-3-35 白云石含量与 *PE* 相关性

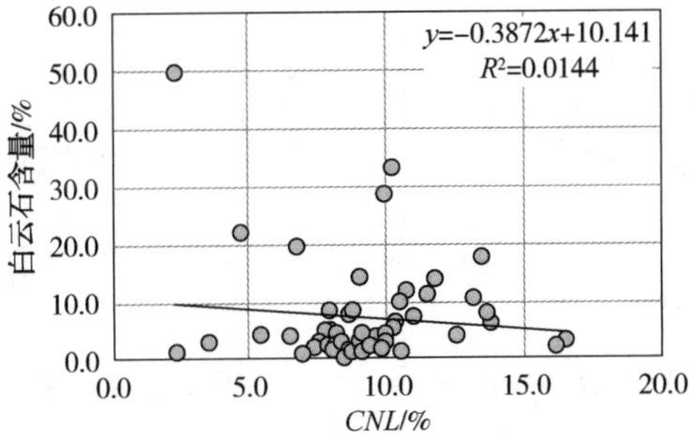

图 3-3-36 白云石含量与 *CNL* 相关性

3.3.5 长石含量与测井曲线相关性分析

长石(钾长石+斜长石)，含量范围为0.5%~5.74%，平均2.98%。将长石含量与常规测井9条曲线分别做相关性分析，见图3-3-37~图3-3-45，从相关性分析可以看出，长石含量与单条测井曲线整体相关性较差，单条测井曲线响应特征不明显。其中长石含量与*CGR*相关性最好，相关系数0.30。

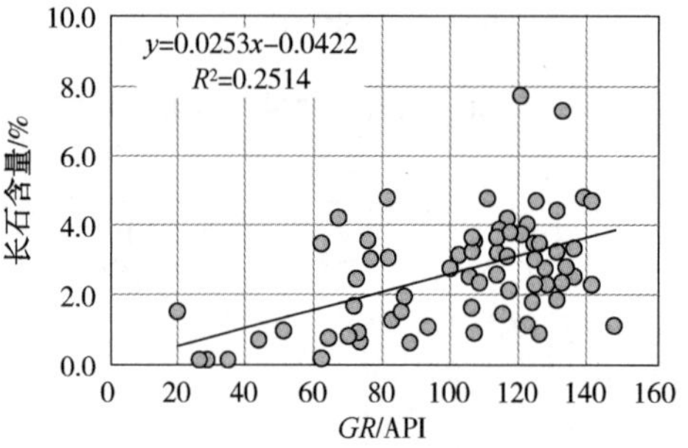

图3-3-37 长石含量与*GR*相关性

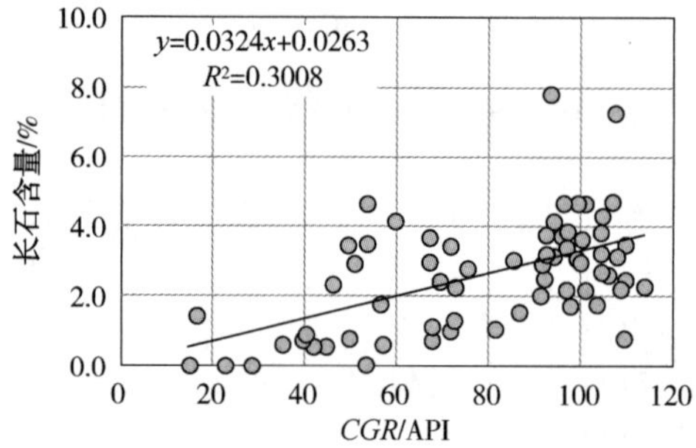

图3-3-38 长石含量与*CGR*相关性

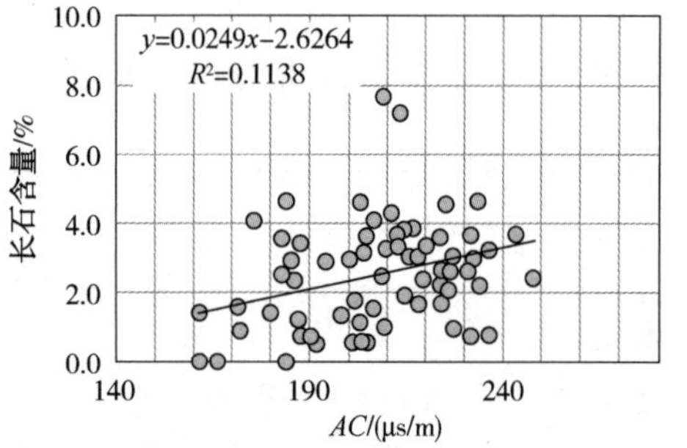

图3-3-39 长石含量与*AC*相关性

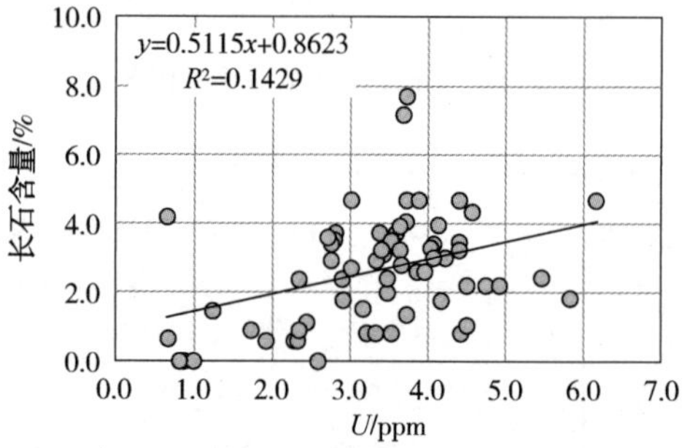

图3-3-40 长石含量与*U*相关性

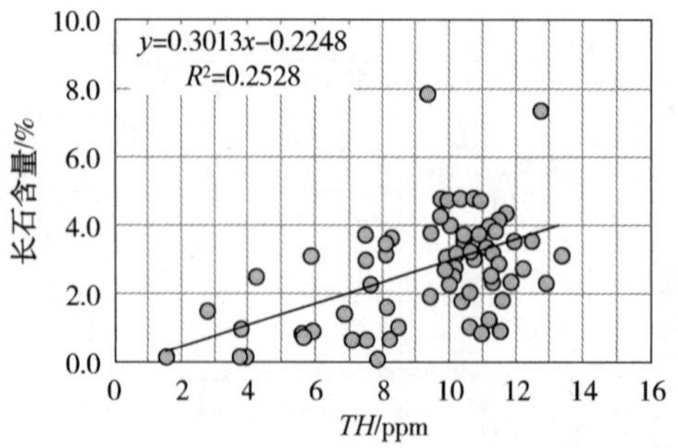

图3-3-41 长石含量与*TH*相关性

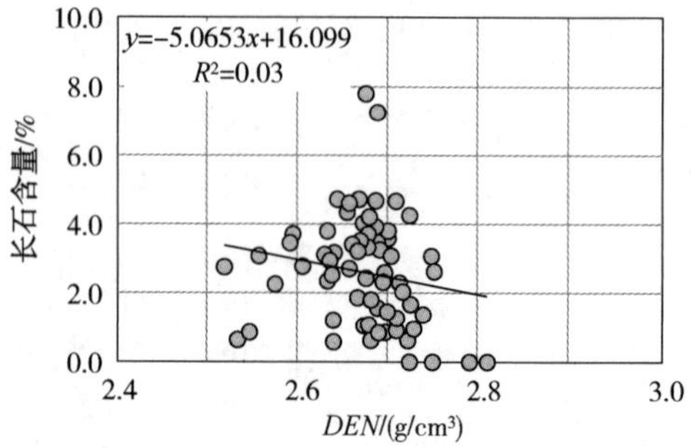

图3-3-42 长石含量与*DEN*相关性

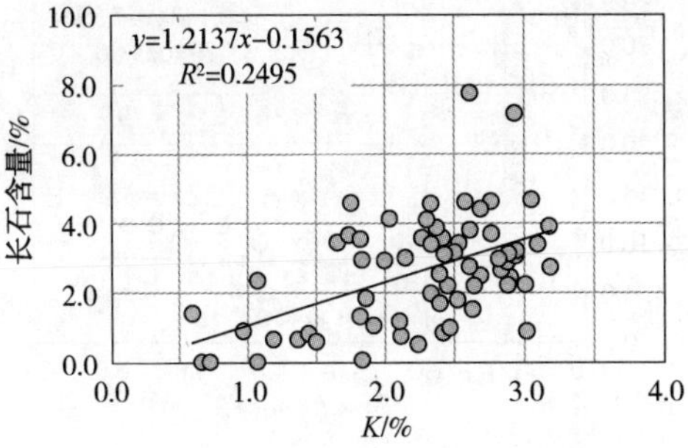

图 3-3-43　长石含量与 *K* 相关性

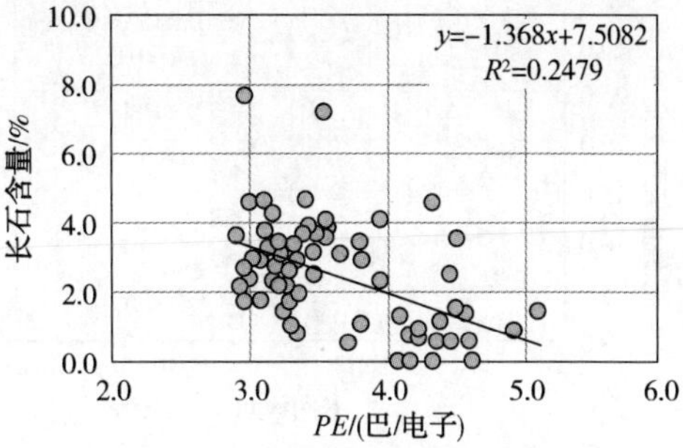

图 3-3-44　长石含量与 *PE* 相关性

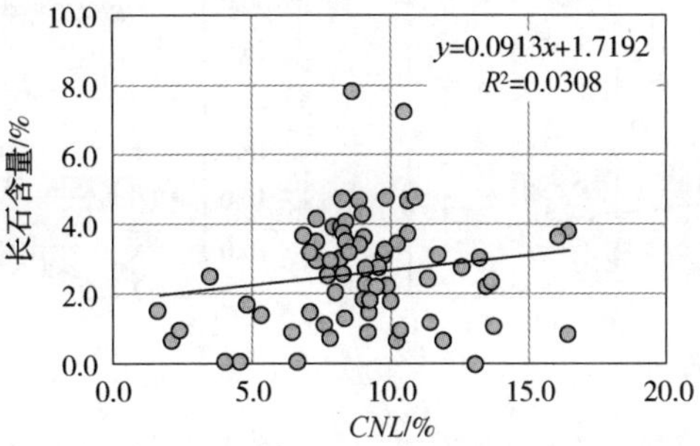

图 3-3-45　长石含量与 *CNL* 相关性

3.3.6　铁白云石含量与测井曲线相关性分析

铁白云石含量范围为 0.9%~31.1%，平均 8.13%。将铁白云石含量与常规测井 9 条曲线分别做相关性分析，见图 3-3-46~图 3-3-54，从相关性分析可以看出，铁白云石含量与单条测井曲线整体相关性较差，单条测井曲线响应特征不明显。其中铁白云石含量与 *DEN* 相关性最好，相关系数 0.21。

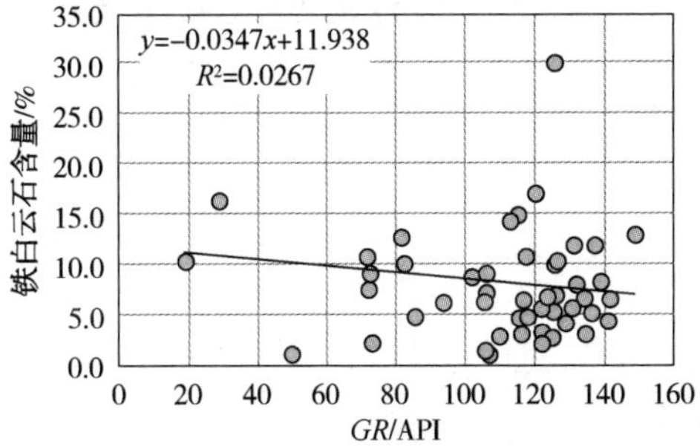

图 3-3-46　铁白云石含量与 *GR* 相关性

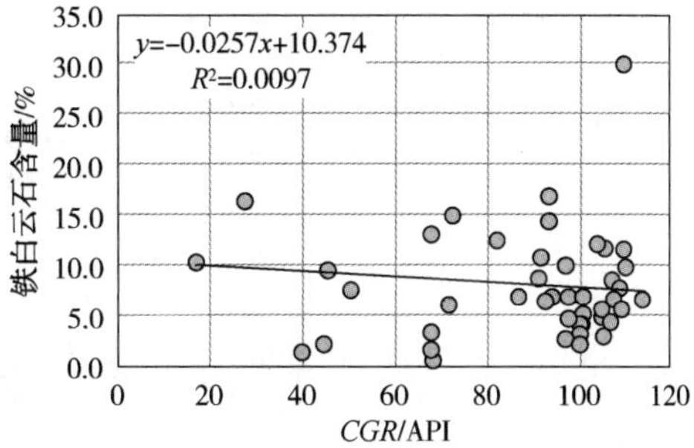

图 3-3-47　铁白云石含量与 *CGR* 相关性

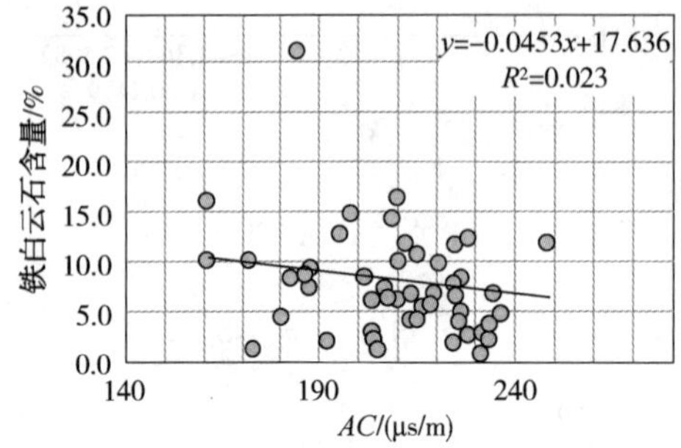

图 3-3-48　铁白云石含量与 *AC* 相关性

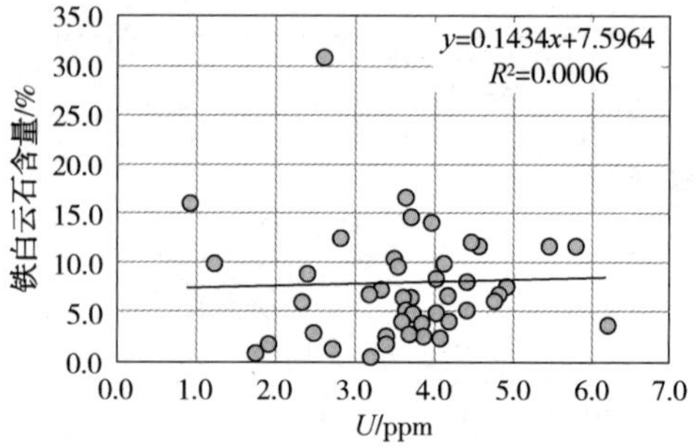

图 3-3-49　铁白云石含量与 *U* 相关性

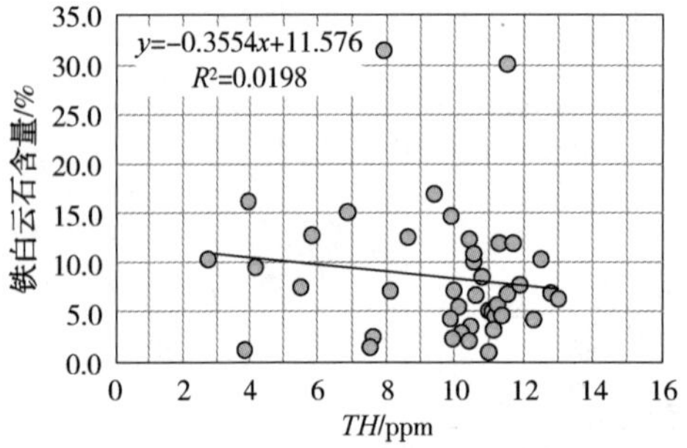

图 3-3-50　铁白云石含量与 *TH* 相关性

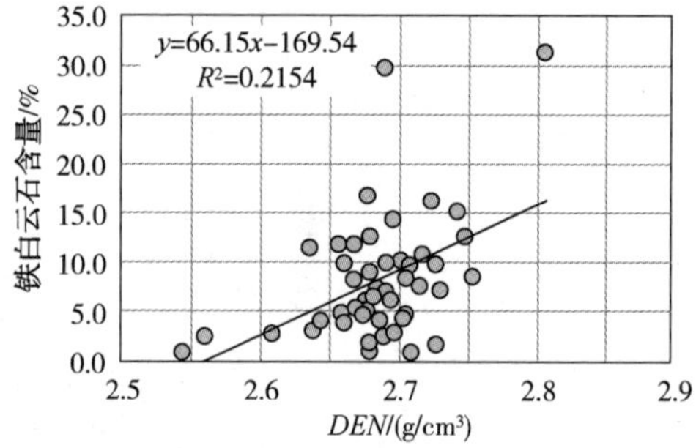

图 3-3-51　铁白云石含量与 *DEN* 相关性

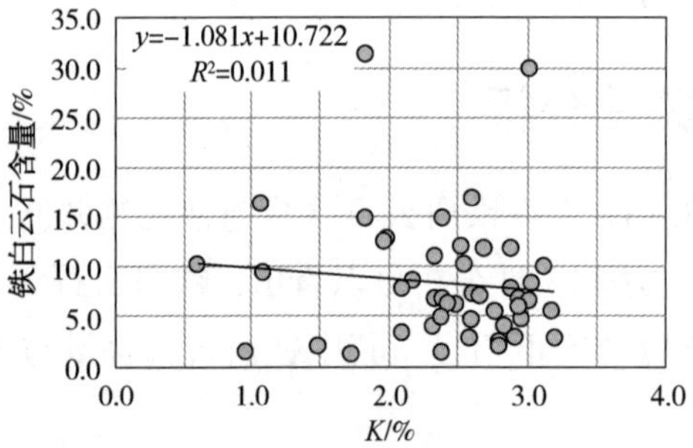

图 3-3-52　铁白云石含量与 *K* 相关性

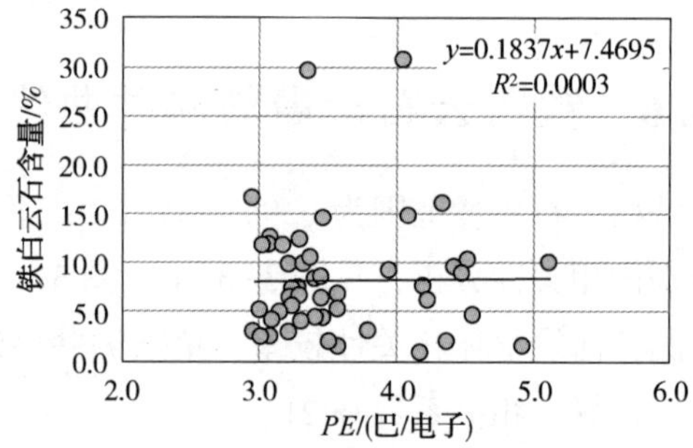

图 3-3-53　铁白云石含量与 *PE* 相关性

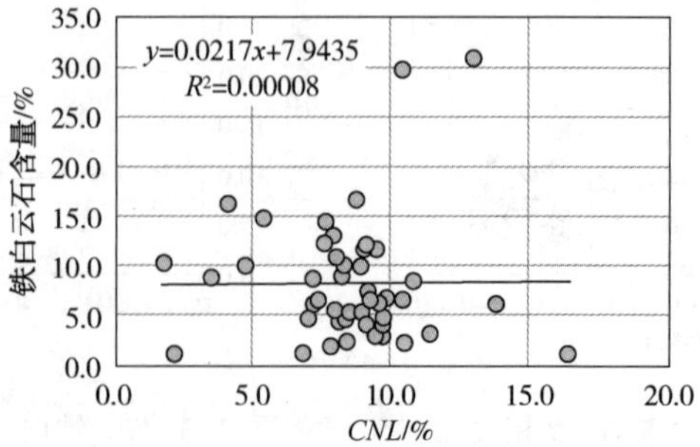

图 3-3-54　铁白云石含量与 *CNL* 相关性

3.3.7 含铁矿物含量与测井曲线相关性分析

含铁矿物(赤铁矿、菱铁矿、黄铁矿)含量范围为 0.2%~43.03%，平均 1.99%。将含铁矿物含量与常规测井 9 条曲线分别做相关性分析，见图 3-3-55~图 3-3-63。从相关性分析可以看出，含铁矿物含量与单条测井曲线整体相关性较差，单条测井曲线响应特征不明显。

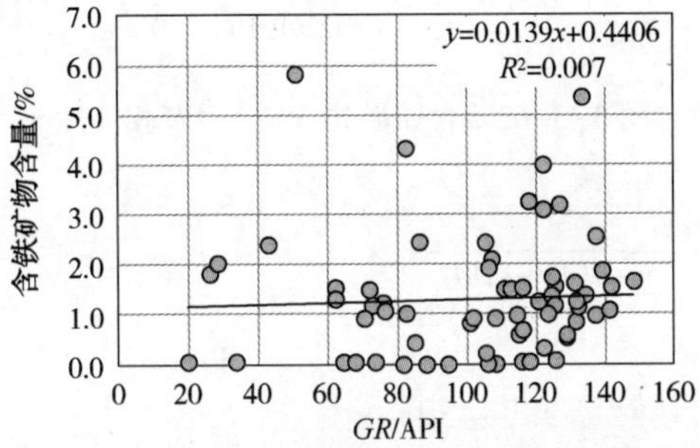

图 3-3-55 含铁矿物含量与 *GR* 相关性

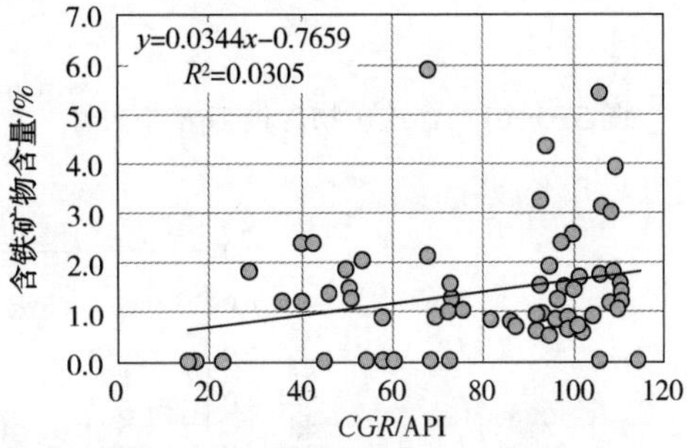

图 3-3-56 含铁矿物含量与 *CGR* 相关性

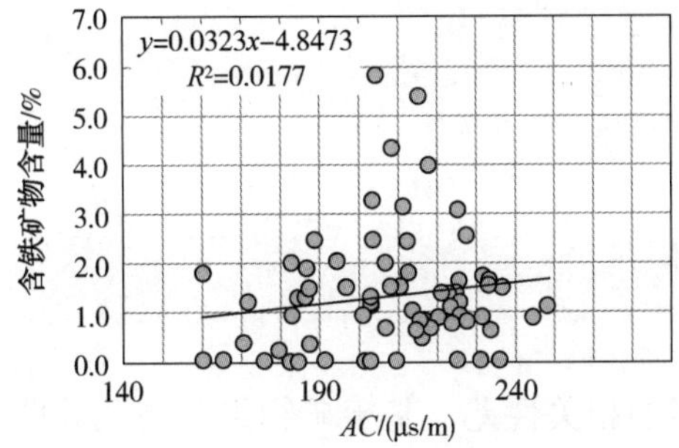

图 3-3-57 含铁矿物含量与 *AC* 相关性

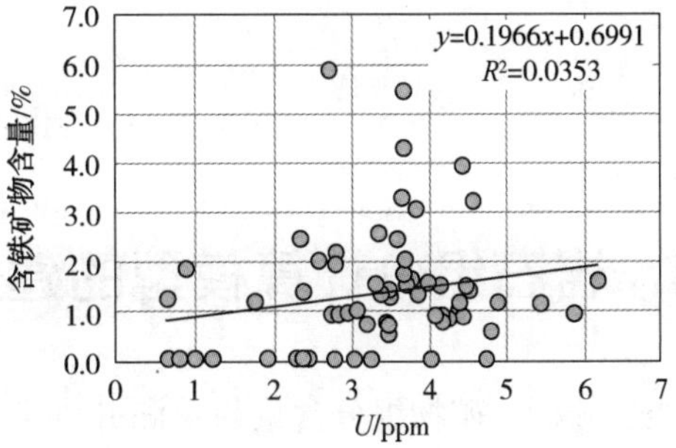

图 3-3-58 含铁矿物含量与 *U* 相关性

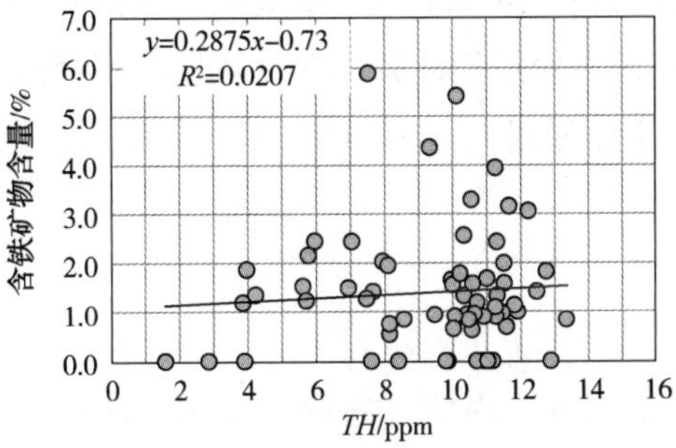

图 3-3-59 含铁矿物含量与 *TH* 相关性

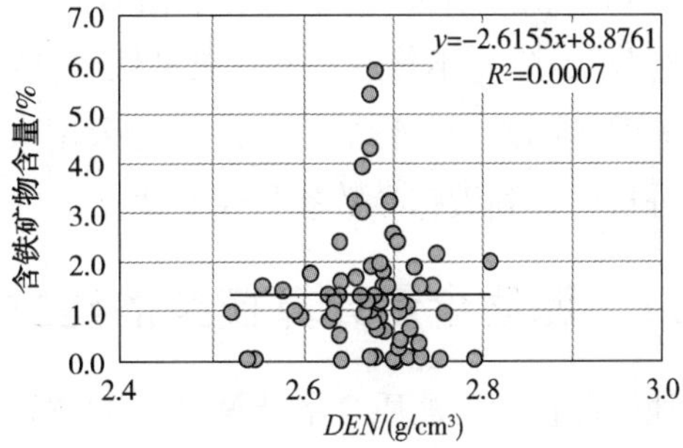

图 3-3-60 含铁矿物含量与 *DEN* 相关性

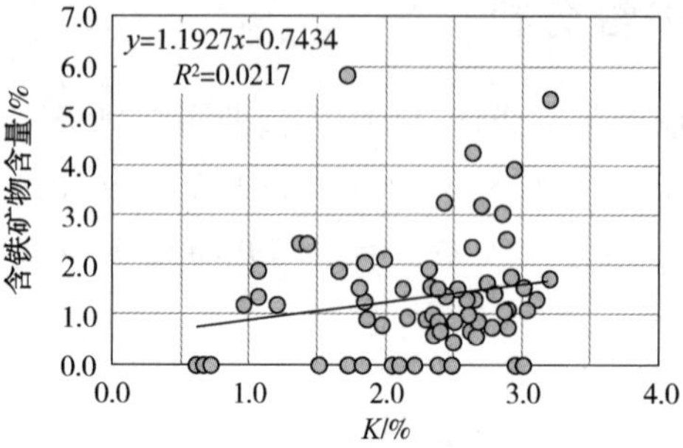

图 3-3-61　含铁矿物含量与 *K* 相关性

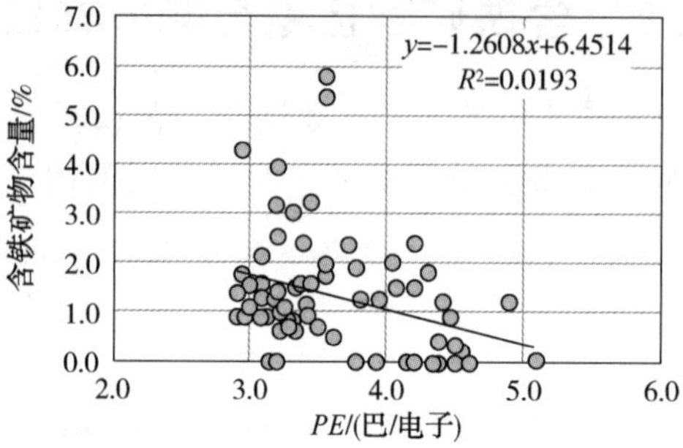

图 3-3-62　含铁矿物含量与 *PE* 相关性

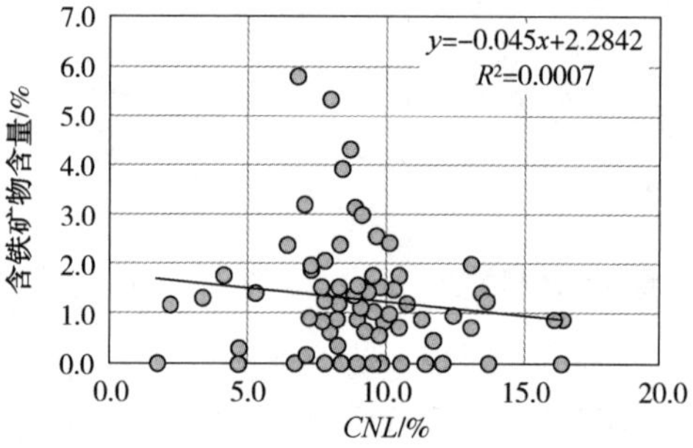

图 3-3-63　含铁矿物含量与 *CNL* 相关性

3.4　岩石组分计算模型的建立

经过分析，矿物组分含量与单测井参数之间的相关性差。基于矿物组分与测井曲线的相关性建立计算模型的可行性不高。该研究通过分析矿物组分含量与岩石组成的关系，将矿物成分按页岩分类标准组合成四类：泥质类(黏土)、砂质类(石英、长石)、石灰质类(方解石)、白云质类(白云石、铁白云石)。乌拉力克组含铁矿物(赤铁矿、菱铁矿、黄铁矿)含量低，发育不普遍，不具典型性，在本研究中不做定量计算，在具体生产解释过程中遇具有明显测井响应特征的含铁矿物采用人工识别。通过四类岩石组分与测井参数再做相关性分析，找到敏感参数参与模型建立。

3.4.1　泥质含量计算模型的建立

地层评价中，泥质含量计算是不可或缺的重要部分，因此，进行定量测井解释首先要计算出地层泥质含量。从各测井方法的原理可知，几乎所有测井方法都受到泥质含量的影响，因而可以用来求泥质含量的测井方法也很多，但每种方法都有其有利条件和不利因素。例如自然伽马测井是求泥质含量的最有效的方法之一，但当地层含放射性矿物和有机质时，用自然伽马求出的泥质含量就偏高。实际解释过程中自然伽马曲线计算泥质含量公式如下：

$$SHI=\frac{GR-GR_{min}}{GR_{max}-GR_{min}} \tag{3-4-1}$$

$$V_{sh}=\frac{2^{SHI\times GCUR}-1}{2^{GCUR}-1} \tag{3-4-2}$$

式中 GR——自然伽马测井值；

GR_{max}——泥岩段自然伽马平均值；

GR_{min}——纯砂岩段自然伽马平均值；

$GCUR$——地区经验系数，第三纪地层为3.7；老地层为2。

该公式中，还可用去铀伽马代替自然伽马计算泥质含量，对于高含铀砂岩储层，计算结果更准确。

该方法计算的泥质含量，受选取的GR_{max}、GR_{min}值影响较大。地区不同，地层不同，解释人员技术水平和认识的差异，都会造成GR_{max}、GR_{min}值选取的不同，进而影响泥质含量计算结果。盆地西缘拉什仲组泥质灰岩、乌拉力克组页岩气段该问题尤其突出。前期对该段地层岩性认识不够，缺乏精确的岩性分析结果做对比，造成泥质含量计算差异较大，平均泥质含量变化范围40%~80%，进而影响其他岩石组分含量计算结果及后期的储层评价。

3.4.1.1 泥质含量计算测井参数优选

上节做了黏土含量与单测井曲线的相关性分析，整体相关性较低。在此基础上，对分析数据与测井数据做精细的对比分析，排除岩心归位深度误差的影响，剔除测井曲线特征值与X衍射分析数据差异较大的个别异常数据点，再进行泥质含量与测井曲线的相关性分析，结果见图3-4-1~图3-4-9。

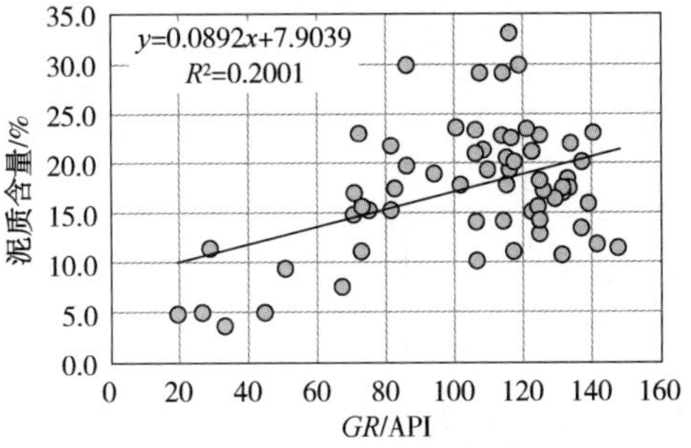

图3-4-1 泥质含量与GR相关性

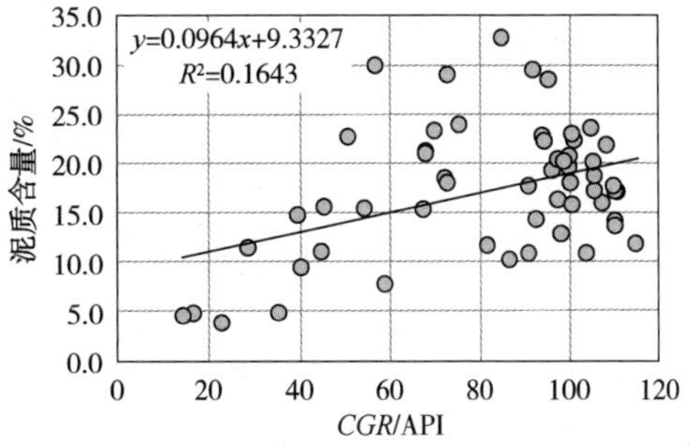

图3-4-2 泥质含量与CGR相关性

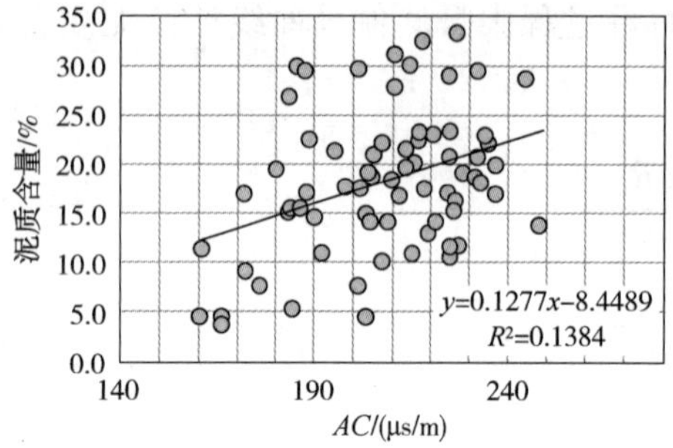

图 3-4-3　泥质含量与 *AC* 相关性

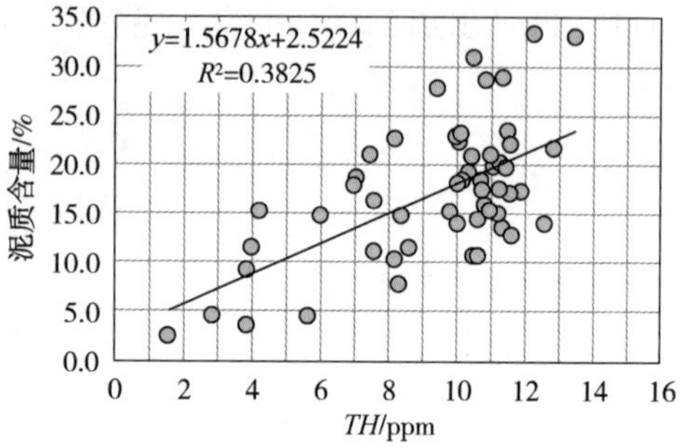

图 3-4-4　泥质含量与 *TH* 相关性

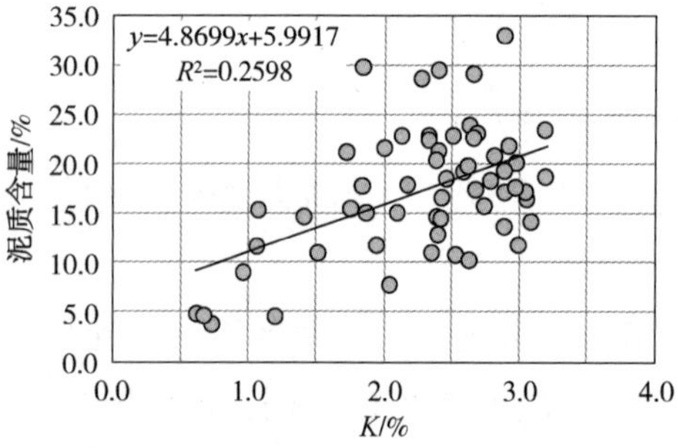

图 3-4-5　泥质含量与 *K* 相关性

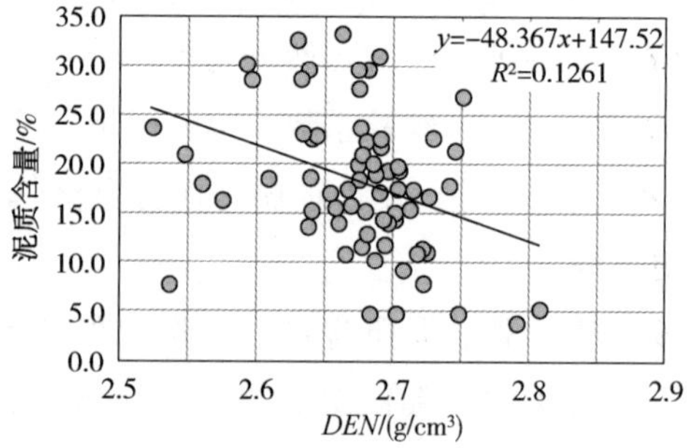

图 3-4-6　泥质含量与 *DEN* 相关性

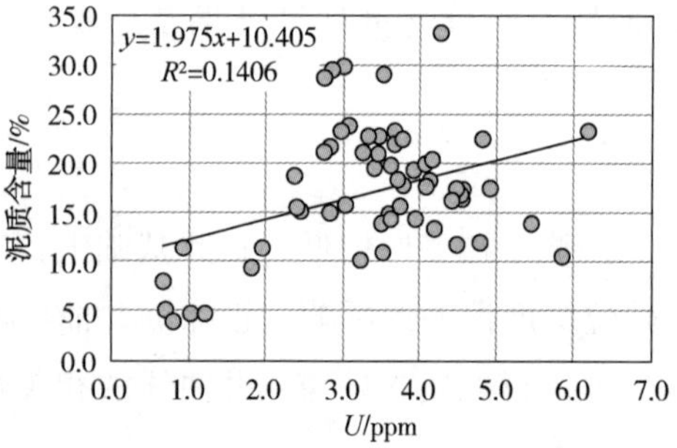

图 3-4-7　泥质含量与 *U* 相关性

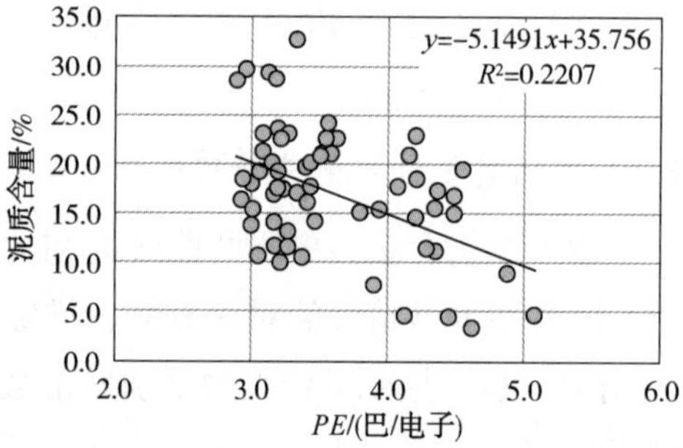

图 3-4-8　泥质含量与 *PE* 相关性

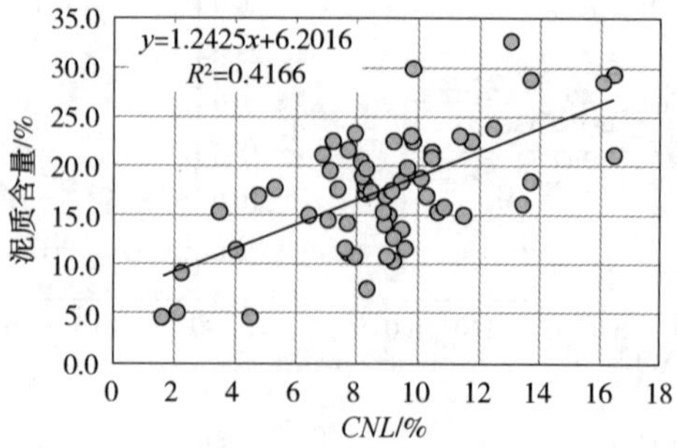

图 3-4-9　泥质含量与 *CNL* 相关性

优化之后的数据显示，泥质含量与单条测井曲线的整体相关性有了很大的提高，其中泥质含量与 *CNL* 相关性最好，相关系数 0. 42，与 *TH* 相关系数也达到 0. 38，具备建模条件。

3. 4. 1. 2 多参数泥质含量计算模型建立

在项目取心设计时，设计取心层段选取层位为泥质含量较低、脆性矿物整体含量高的层段，未涉及高泥质含量层段，X 衍射分析数据显示的泥质含量整体不高，最高 33. 25%。考虑模型的适用性，在泥质含量较高的层段，选取部分斯伦贝谢所测岩性扫描成果的泥质含量与对应测井曲线值参与相关性分析，分析结果见图 3-4-10~图 3-4-12。

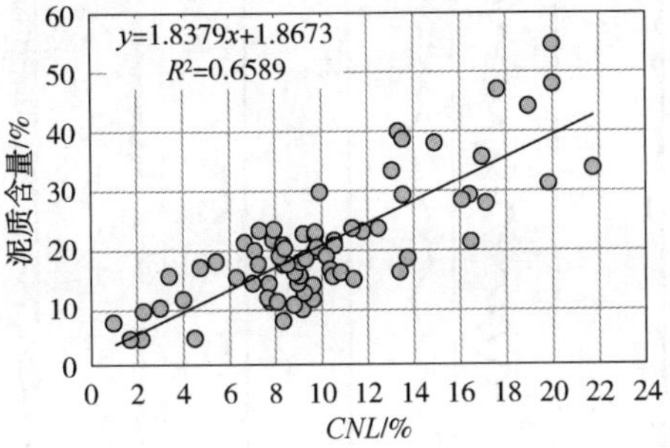

图 3-4-10 泥质含量与 *CNL* 相关性

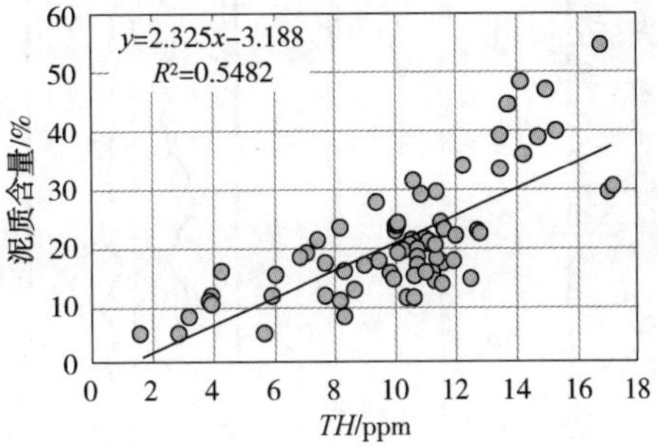

图 3-4-11 泥质含量与 *TH* 相关性

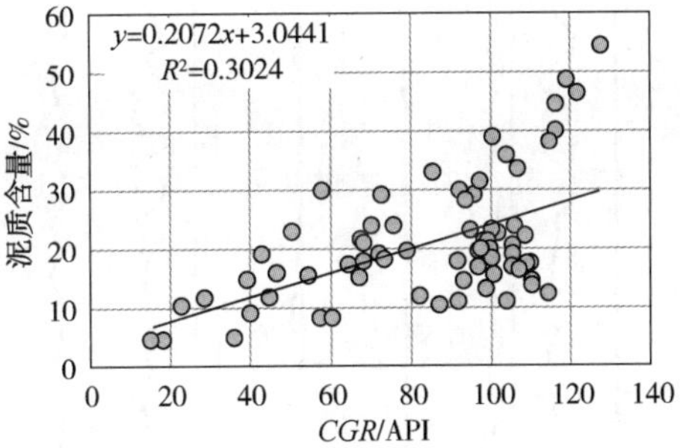

图 3-4-12 泥质含量与 *CGR* 相关性

导入高泥质含量之后的数据分析显示，泥质含量与所选取的三条测井曲线相关性很好，其中泥质含量与 *CNL* 相关性最好，相关系数 0. 66，与 *TH* 相关系数 0. 55，与 *CGR* 相关系数也达到 0. 3。综合上述数据分析，基于 *CNL*、*TH*、*CGR* 三条曲线分别建立泥质含量单参数计算模型及多参数拟合计算模型。

单参数计算模型如下：

$$SH=1.8379 \cdot CNL+1.8673 \qquad R^2=0.6589 \tag{3-4-3}$$

$$SH=2.325 \cdot TH-3.188 \qquad R^2=0.5482 \tag{3-4-4}$$

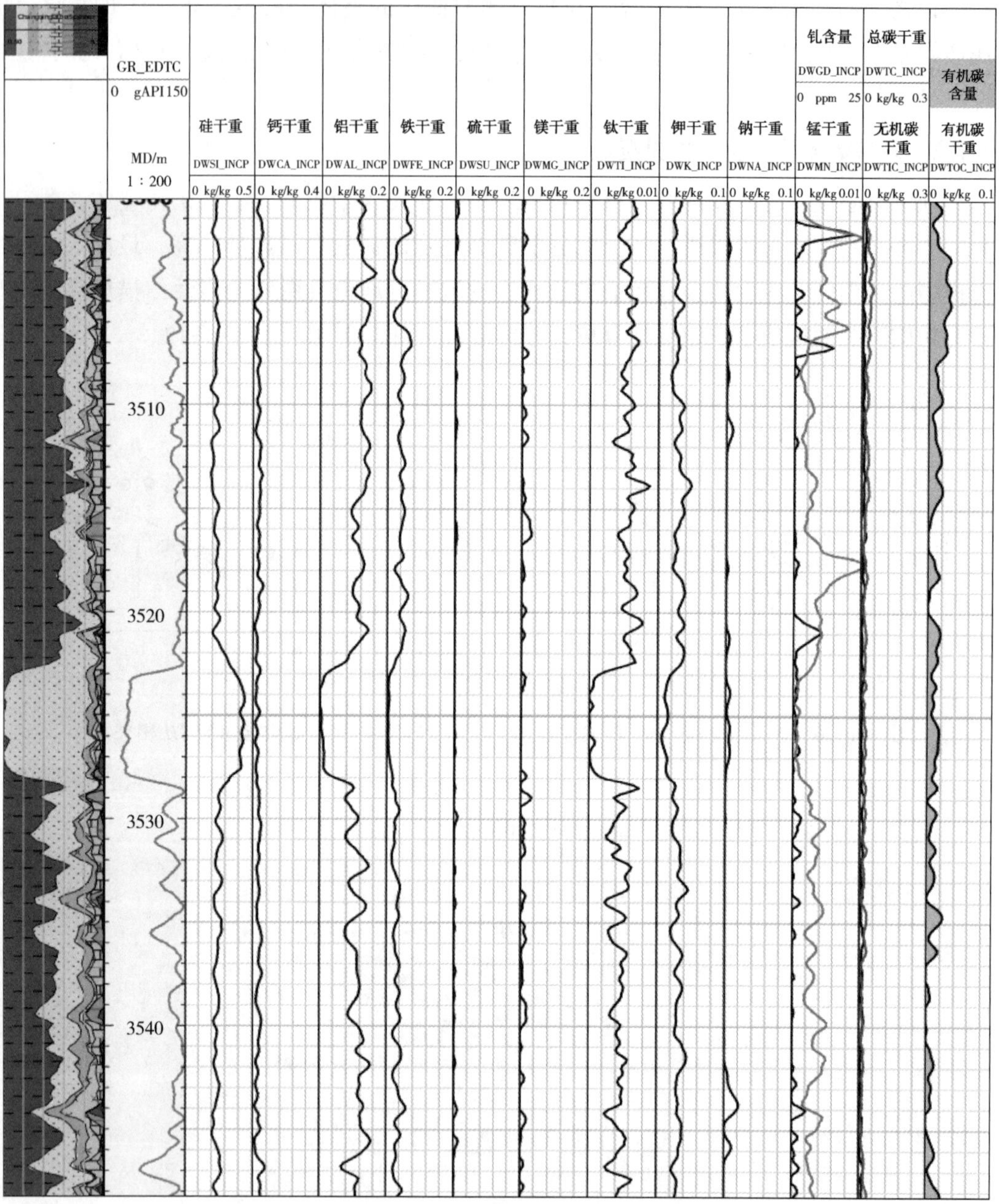

图 3-4-13　Z 平 1 井 LithoScanner 岩性扫描测井处理成果图(3500~3548m)

$$SH=0.2072\cdot CGR+3.0441\qquad R^2=0.3024\tag{3-4-5}$$

二元回归计算模型如下：

$$SH=CNL\cdot 1.296176+TH\cdot 1.134587-4.193961\qquad R^2=0.7321\tag{3-4-6}$$

三元回归计算模型如下：

$$SH=CNL\cdot 1.339411+TH\cdot 1.274103-CGR\cdot 0.030915-3.450901\qquad R^2=0.7354\tag{3-4-7}$$

通过实际计算对比，三元回归模型计算结果精度更好，最终选取三元回归模型作为泥质含量的计算模型。见图 3-4-14。

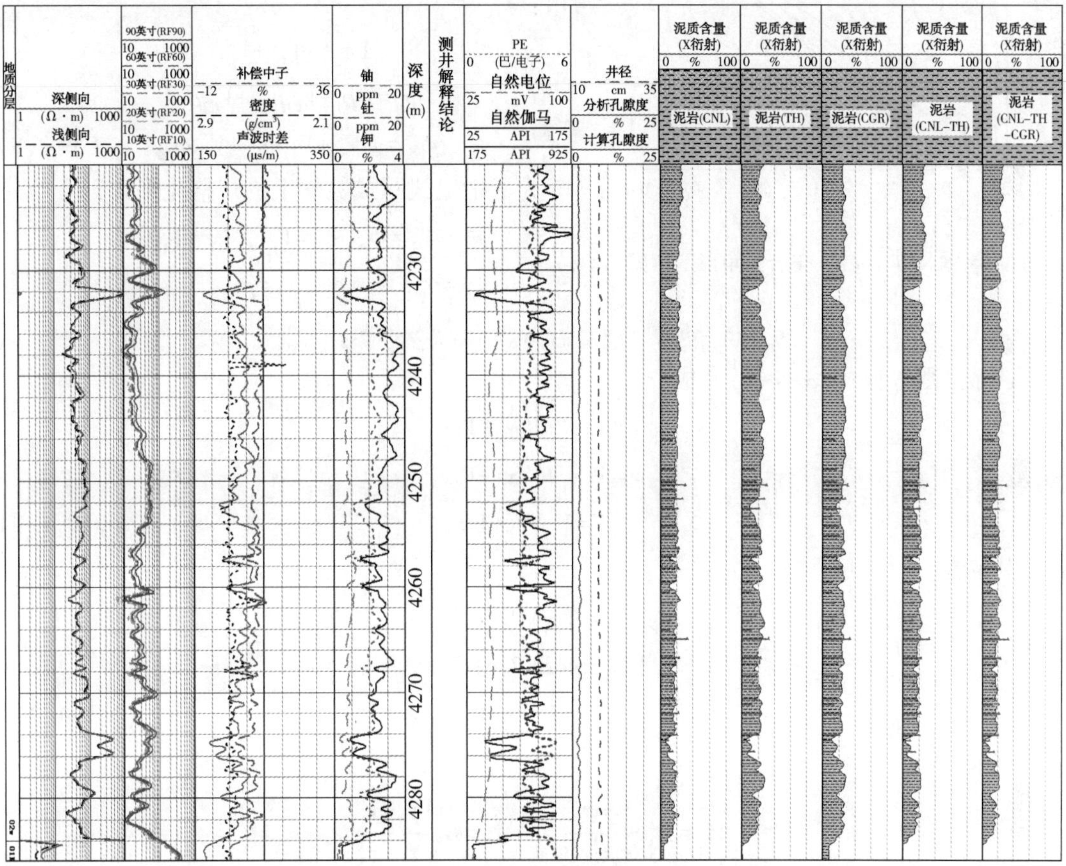

图 3-4-14　Z 平 1 井不同泥质含量计算方法对比图

3.4.2　岩石多矿物组分体积模型(CQSHG 法)的建立

前文通过大量数据分析与回归，建立了乌拉力克组泥质含量三元回归计算模型，最大程度消除人为因素的影响，保证泥质含量计算结果的精确。在页岩气地层，准确求取泥质含量后，采用复杂岩性多矿物组分体积模型(CQSHG 法)，计算砂质类(石英、长石)、石灰质类(方解石)、白云质类(白云石、铁白云石)的含量。程序设有 C1、C2、C3 与 C4 四种矿物成分。按其在交会图上的位置，可与水点构成三个三角形图，由上往下顺序成为第一个、第二个及第三个三角形。数据点落入某个三角形内，就认为它是哪两个矿物组成的岩石。见图 3-4-15。

除了常用的 *DEN-CNL* 交会图，也可以根据测井资料选择 *DEN-AC* 或 *AC-CNL* 交会图进行计算，具体做法是由交会图确定地层孔隙度和地层岩性的百分比含量。

下面以第一个三角形为例，说明计算孔隙度和岩性成分的原理。设岩石孔隙度为 ϕ，

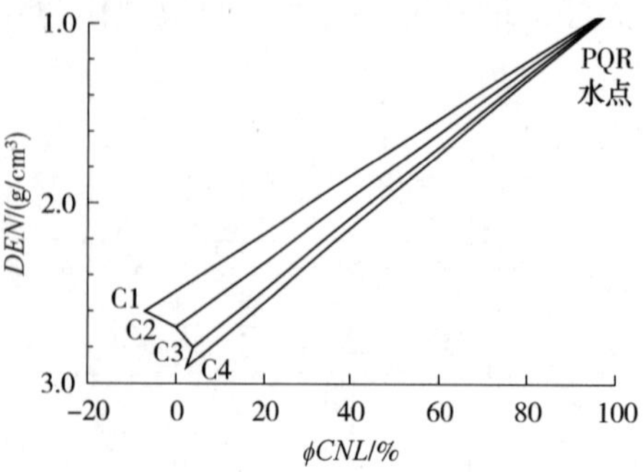

图 3-4-15　*DEN-CNL* 交会三角形示意图

矿物 C1 和 C2 的相对体积 V_{C1} 和 V_{C2}，其骨架参数为 ρ_{C1} 和 ρ_{C2}、ϕ_{N1} 和 ϕ_{N2}，则按含水纯岩石模型可以写出：

$$1=\phi+V_{C1}+V_{C2}$$

$$\phi_b=\phi\rho_f+V_{C1}\rho_{C1}+V_{C2}\rho_{C2}$$

$$\phi_N=\phi\phi_{Nf}+V_{C1}\phi_{N1}+V_{C2}\phi_{N2} \tag{3-4-8}$$

为了把上式写成数学上的规格化形式，令

$$V_1=\phi,\ V_2=V_{C1},\ V_3=V_C$$

$$y=\rho_b,\ y_1=\rho_f,\ y_2=\rho_{C2},\ y_3=\rho_{C1}$$

$$x=\phi_N,\ x_1=\phi_{Nf},\ x_2=\phi_{N1},\ x_3=\phi_{N2}$$

$x=\phi$，则方程式(3-4-8)变成：

$$y=V_1y_1+V_2y_2+V_3y_3$$

$$x=V_1x_1+V_2x_2+V_3x_3$$

$$1=V_1+V_2+V_3 \tag{3-4-9}$$

其解为：

$$V_1=A_1x+B_1y+C_1$$

$$V_2=A_2x+B_2y+C_2$$

$$V_3=1-V_1-V_2 \tag{3-4-10}$$

式中，

$$A_1=B_1\frac{y_3-y_2}{x_2-x_3}\qquad A_2=B_2\frac{y_3-y_1}{x_1-x_3}$$

$$B_1=\frac{x_2-x_3}{D_1}\qquad B_2=\frac{x_1-x_3}{D_2}$$

$$C_1=-(A_1x_2+B_1y_2)\qquad C_2=-(A_2x_1+B_2y_1)$$

$$D_1=(x_2-x_3)(y_1-y_2)-(y_2-y_3)(x_1-x_2)$$

$$D_2=(x_1-x_3)(y_2-y_3)-(x_2-x_3)(y_1-y_3)$$

当 $x_2=x_3$，

$$D_1=-(y_2-y_3)(x_1-x_2)$$

$$B_1=0,$$

$$A_1=\frac{1}{x_1-x_2}$$

当 $x_1=x_3$，

$$D_2=-(x_2-x_3)(y_1-y_3)$$

$$B_2=0,$$

$$A_2=\frac{1}{x_2-x_3}$$

$$C_1=-A_2x_1$$

式(3-4-10)中的系数 A_1、B_1、C_1 和 A_2、B_2、C_2 称为交会图三角形系数，可根据已知的流体参数 ρ_f、ϕ_{Nf} 以及两个矿物的参数 ρ_{C1}、ϕ_{N1} 和 ρ_{C2}、ϕ_{N2}，按以上各式计算。

程序采用循环的方法，依次用每个三角形对资料点求解。根据其解在三角图版中的位置判断矿物组成，形成合理的解释计算结果。

3.4.3　矿物成分计算模型的验证及应用效果评价

基于上述的矿物成分分析、参数选取、模型建立，形成了鄂尔多斯盆地西缘乌拉力克组页岩气储层骨架矿物含量预测模型(CQSHG 法)，利用该模型进行了多口井的测井资料岩性识别结果验证，见图 3-4-16~图 3-4-20。

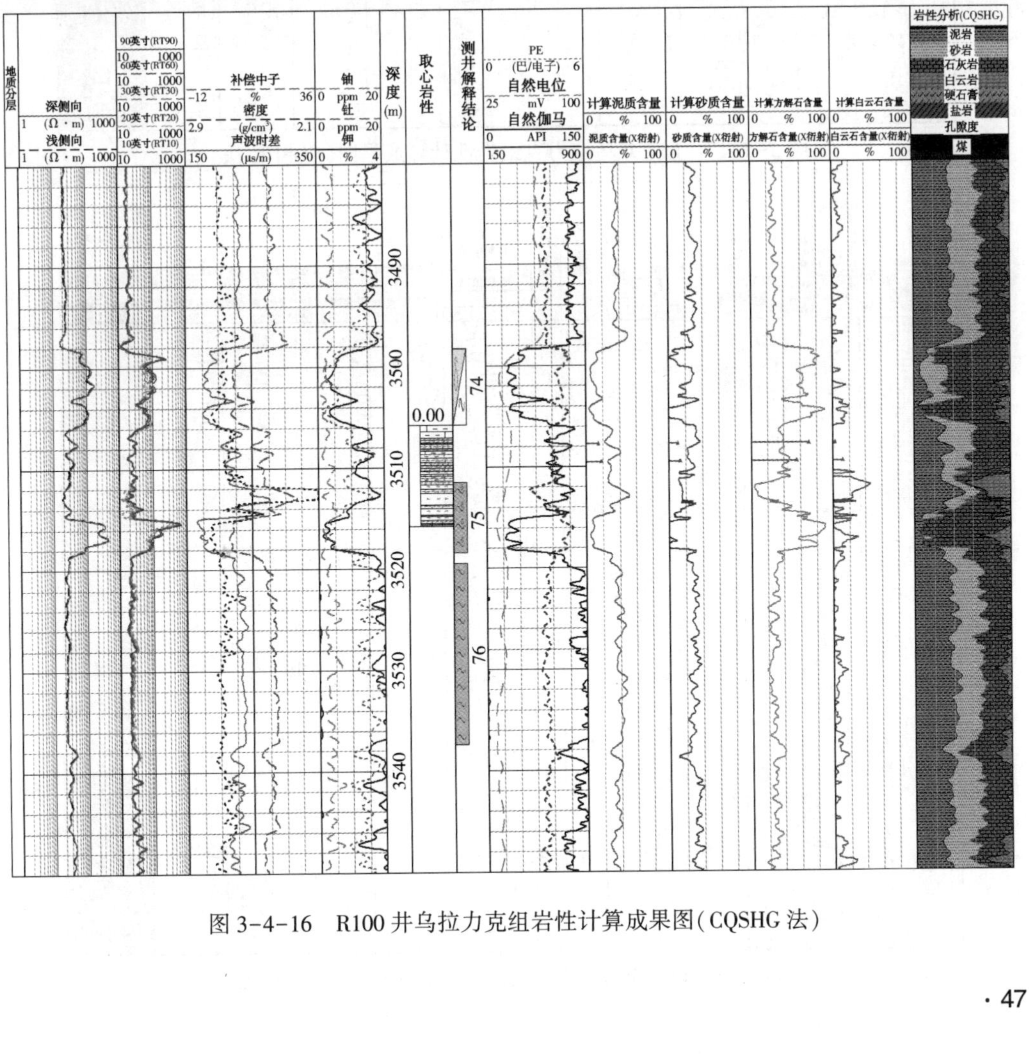

图 3-4-16　R100 井乌拉力克组岩性计算成果图(CQSHG 法)

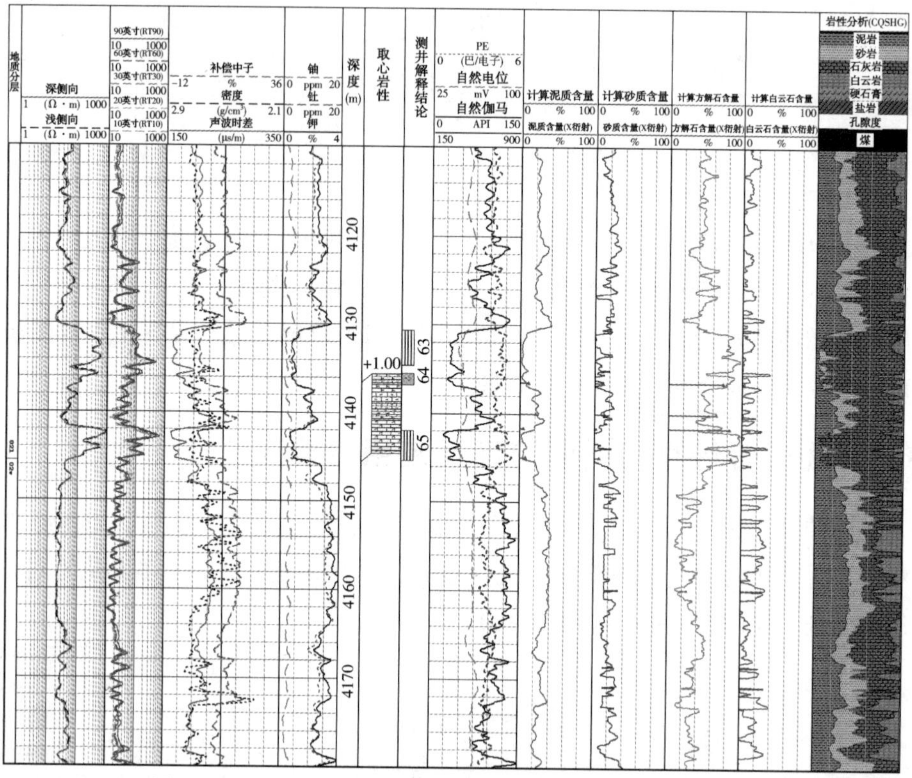

图 3-4-17 L37 井乌拉力克组岩性计算成果图(CQSHG 法)

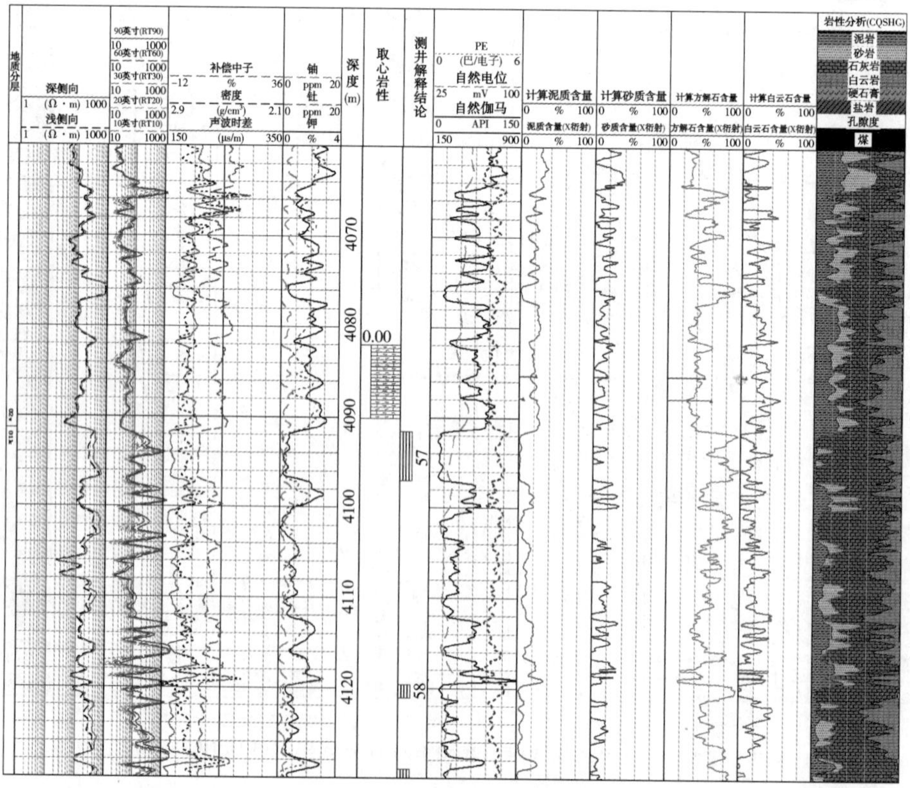

图 3-4-18 L50 井乌拉力克组岩性计算成果图(CQSHG 法)

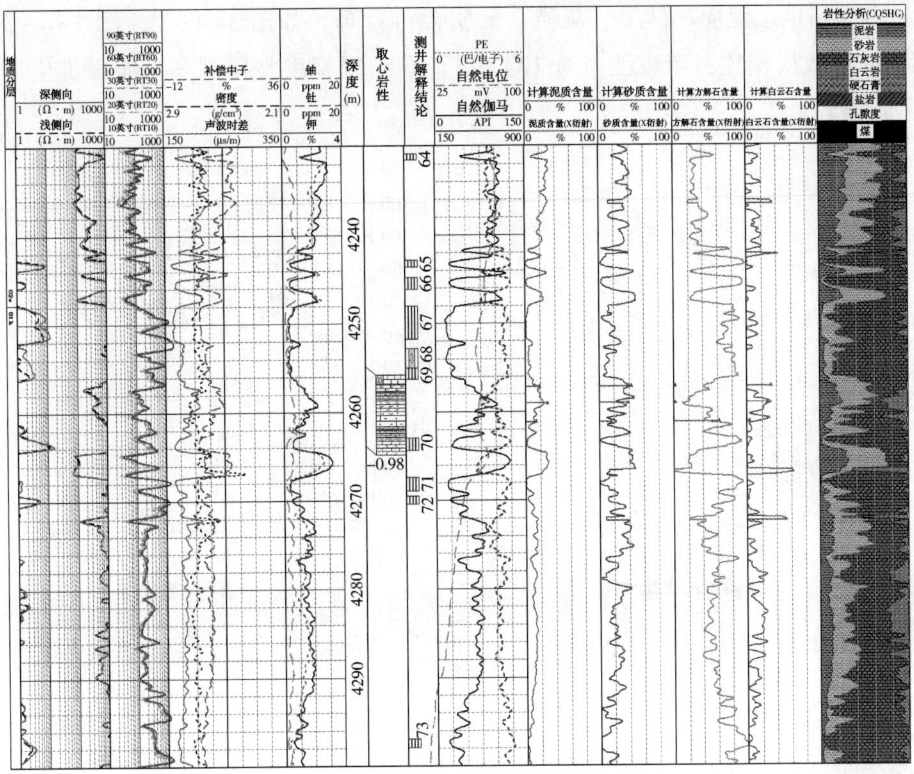

图 3-4-19　L53 井乌拉力克组岩性计算成果图(CQSHG 法)

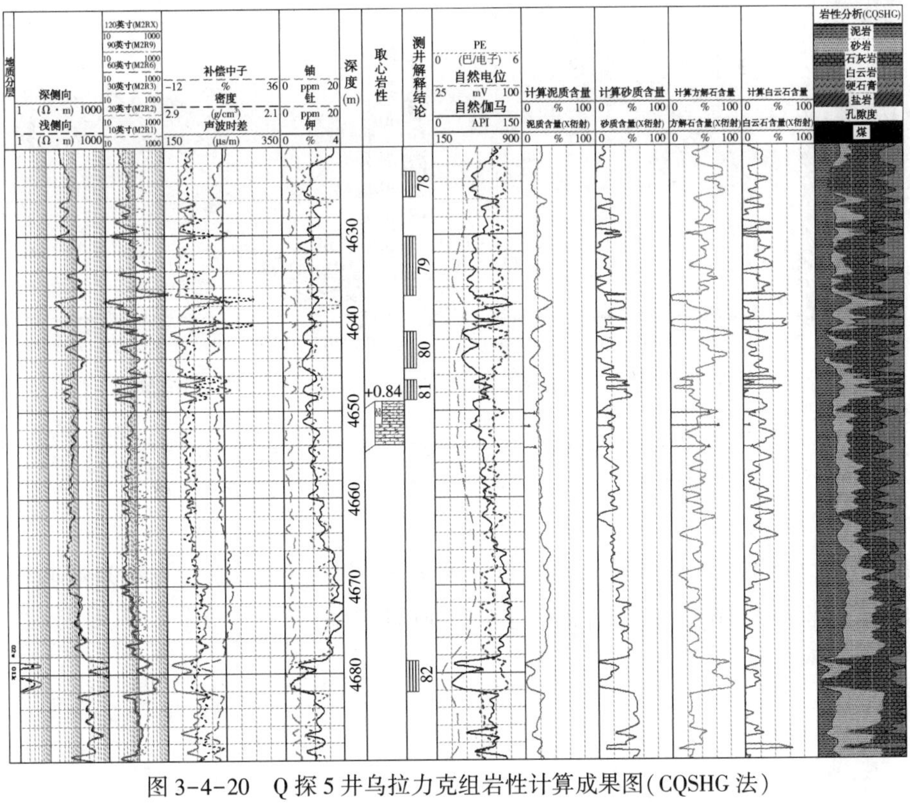

图 3-4-20　Q 探 5 井乌拉力克组岩性计算成果图(CQSHG 法)

乌拉力克组地层泥质、砂质、灰质、云质含量计算。如图 3-4-21～图 3-4-24 所示。与 X 衍射分析数据相比，新方法(CQSHG 法)计算结果精度整体都高，能满足生产应用的要求。

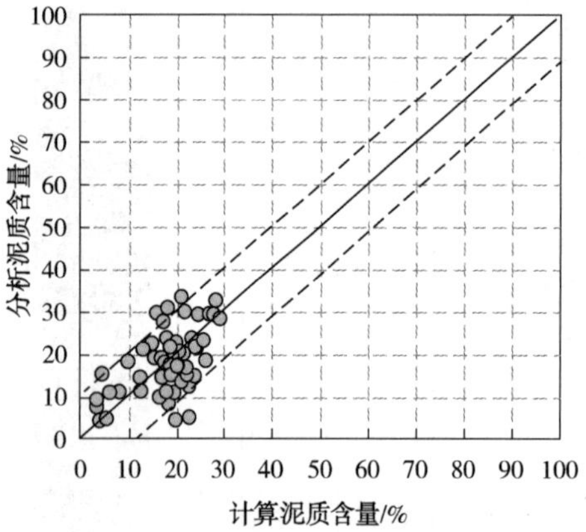

图 3-4-21　乌拉力克组泥质成分计算误差分析图

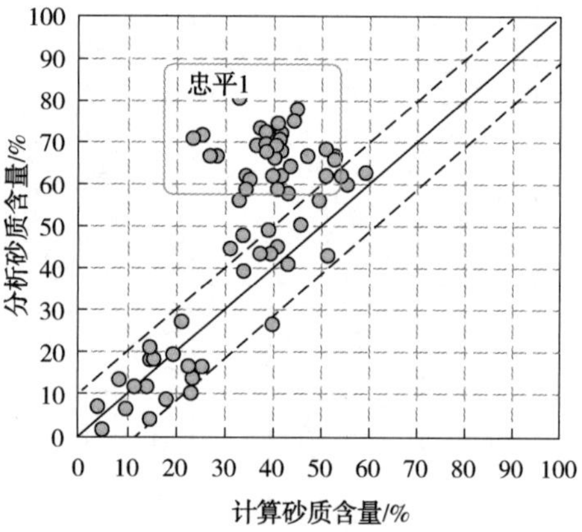

图 3-4-22　乌拉力克组砂质成分计算误差分析图

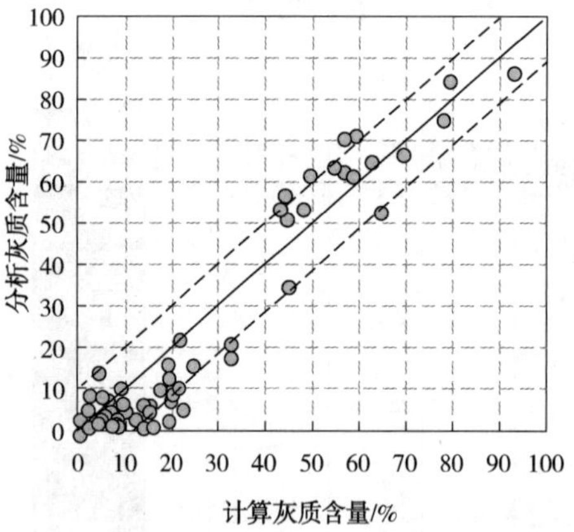

图 3-4-23　乌拉力克组灰质成分计算误差分析图

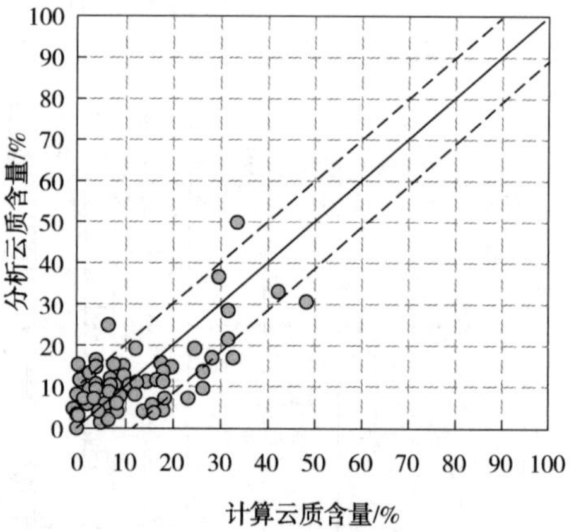

图 3-4-24　乌拉力克组云质成分计算误差分析图

通过对比，CQSHG 法计算结果与斯伦贝谢元素测井岩性剖面计算结果有较高一致性(图 3-4-25、图 3-4-26)，岩性剖面符合率达到项目要求。

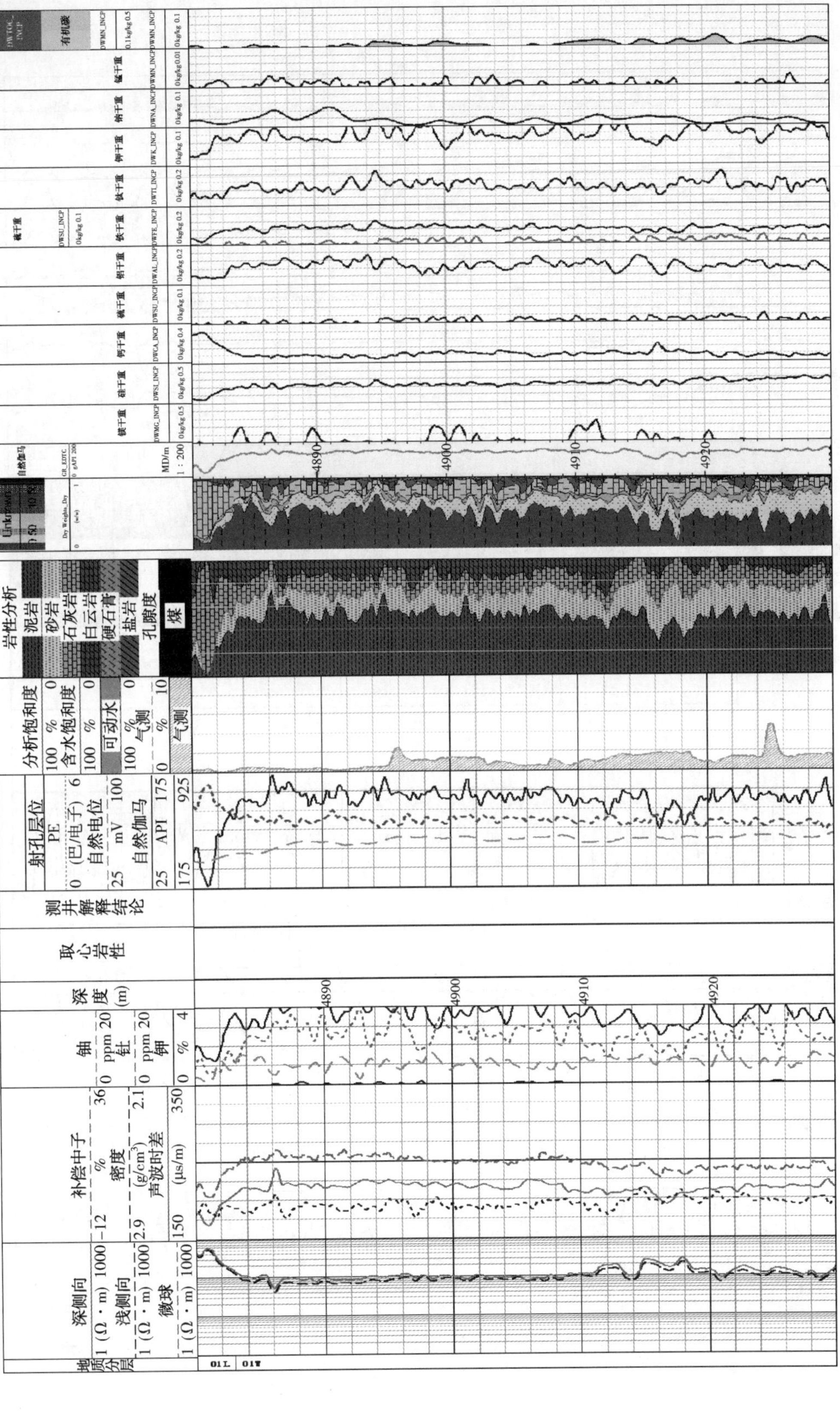

图3-4-25　L探1井CQSHG岩性计算成果与LithoScanner岩性扫描成果对比图(4880～4930m)

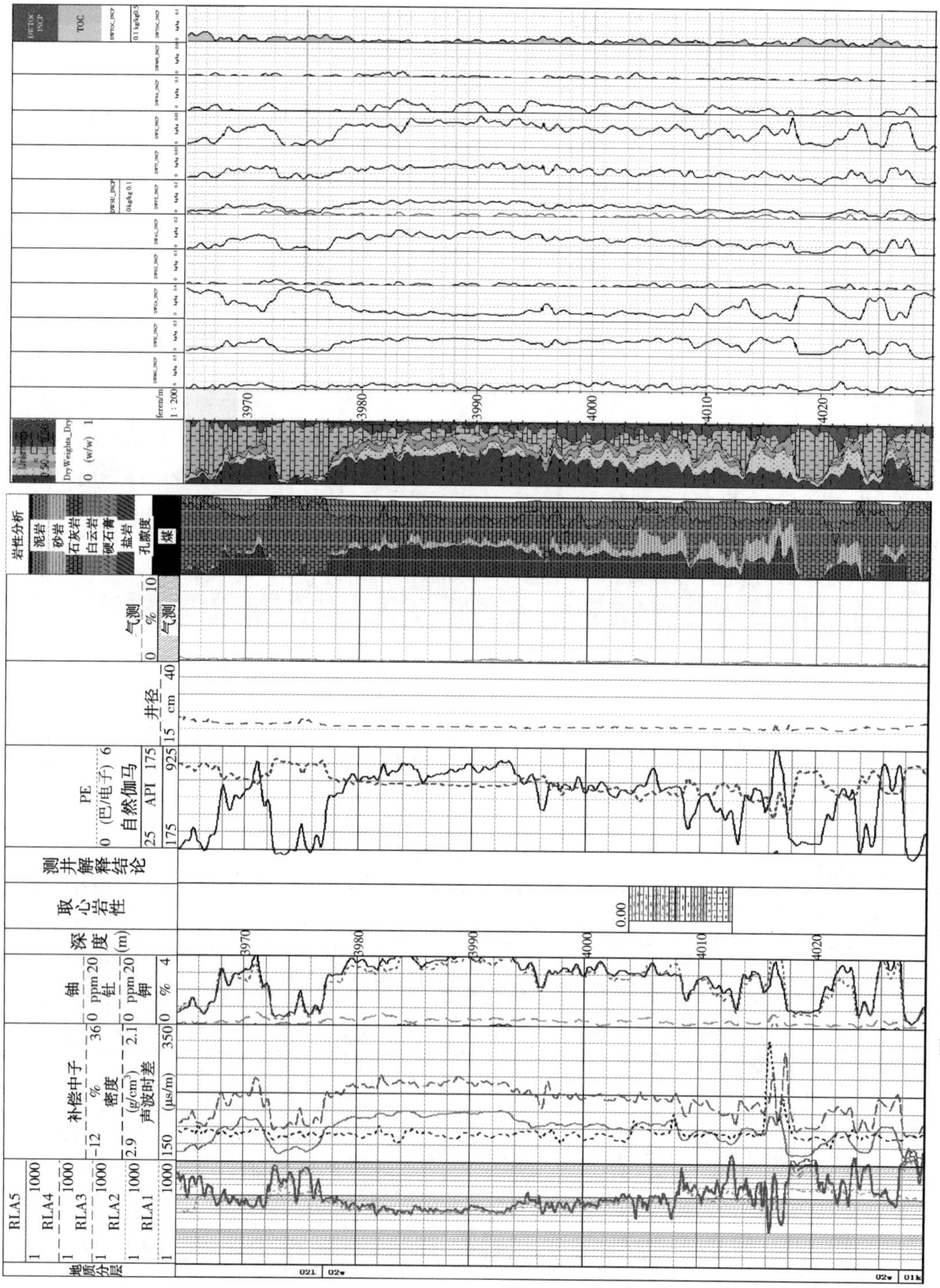

图3-4-26　G探1井CQSHG岩性计算成果与LithoScanner岩性扫描成果对比图(3964～4030m)

第4章 研究区有机碳含量计算方法

非常规资源逐渐成为我国油气勘探的重要领域。盆地西缘乌拉力克组大量发育灰黑色泥页岩、灰泥岩，有机质丰度高，具备较好的生烃潜力。总有机碳含量是有机质丰度的重要表征。因此其对烃源岩品质的评价尤为重要，它反映了烃源岩即页岩的生烃能力，总有机碳含量直接影响到页岩含气量，是进行页岩气储层综合地质评价的基础。

4.1 乌拉力克组有机碳含量分析

乌拉力克组地化分析表明，Z4 井、Q 探 2 井乌拉力克组天然气属于典型油型气（表 4-1-1），证实海相烃源岩具有较好的生烃能力，反映乌拉力克组页岩气具备自生自储的能力，可作为非常规油气勘探的方向。其“源储一体”的特性使得烃源岩特别是有机碳含量的连续定量评价成为关键。

表 4-1-1 鄂尔多斯盆地上、下古生界天然气碳同位素对比表

井号	层位	$\delta^{13}C$(PDB)/%			备注	
		C1	C2	C3		
Y 探 1	克里摩里组	−38.92	−27.17	−25	盆地西部	海相油型气
Z 探 1	克里摩里组	−38.00	−34.00	−30.60		
G 探 1	克里摩里组	−36.47	−30.04			
Q 探 3	克里摩里组	−37.00	−31.30	−27.30		
Q 探 2	乌拉力克组	−36.40	−30.00	−27.30		
Z4 井	乌拉力克组	−37.29				
L16	拉什仲组	−37.92	−35.85	−28.63		
T74	马五 7	−39.5	−29.89	−21.6	中东部盐下	
Tu59	马四	−38.447				
Lu 探 1	马五 7	−39.26	−23.78	−19.72		

续表

井号	层位	δ13C(PDB)/%			备注	
		C1	C2	C3		
S255	马五 1	-33.73	-26.35	-25.81	中东部风化壳	煤成气
S277	马五 13	-32.74	-25.26	-25.52		
So127	山 1	-27.57	-26.78	-29.41	中东部上古	
So377	盒 8	-31.85	-22.94	-24.66		
So361	山 1	-33.71	-24.48	-24.26		

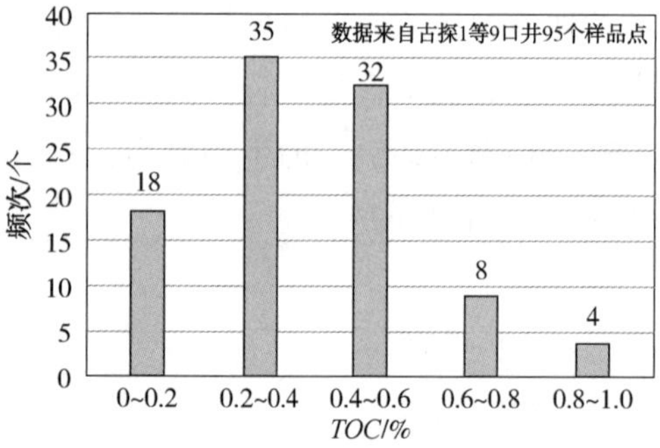

图 4-1-1　乌拉力克组地层 *TOC* 频次图

乌拉力克组地层有机碳分析 9 口井，95 个分析数据。有机碳含量小于 4%，平均值 0.379%(图 4-1-1)。地化分析表明，乌拉力克组有机碳整体含量低，下部含量明显高于上部，下部 0.07%～1.24%，平均 0.59%，上部 0.05%～1.16%，平均 0.27%(图 4-1-2、图 4-1-3)。

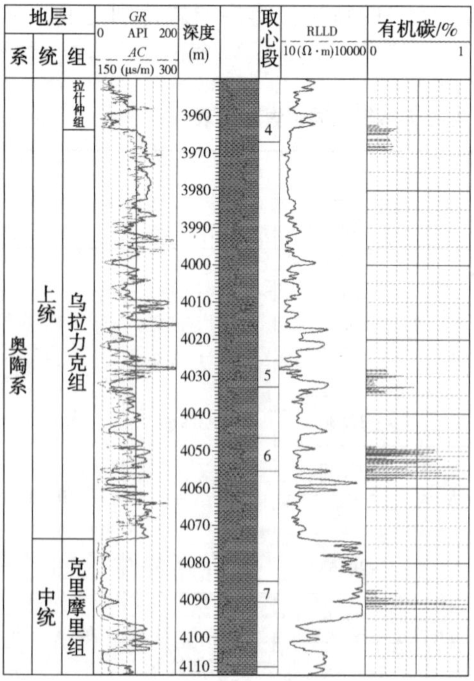

图 4-1-2　R29 井乌拉力克组有机碳纵向分布图

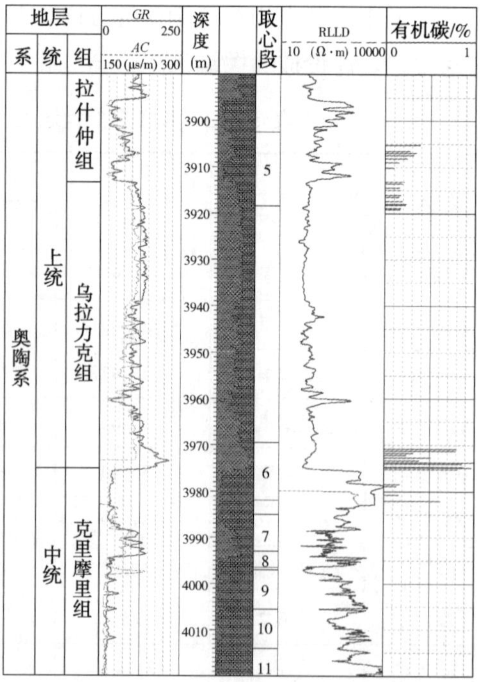

图 4-1-3　Y 探 2 井乌拉力克组有机碳纵向分布图

4.2　乌拉力克组有机碳含量计算方法研究对比与模型建立

4.2.1　有机碳含量计算方法

（1）自然伽马能谱法

自然伽马能谱测井是测量地层中的放射性元素 U、Th、K 的含量。对于泥页岩来说，长期水流作用形成含铀沉淀物，使得页岩中铀含量较高，且高有机质在过成熟阶段形成的大量微小孔隙对铀元素有吸附作用，因此铀元素对有机质含量有很好的指示作用。

（2）体积密度法

Schmoker 已证实了 TOC 与密度测井值之间呈良好线性关系，即页岩密度随 TOC 增大而减小，这是因为干酪根的密度值远低于岩石骨架的密度值，密度测井值减小，即对应于地层干酪根含量的增多(刘璐，2017)。利用 TOC 和体积密度的负相关关系，建立计算 TOC 的体积密度法模型：

$$TOC=a\rho+b \tag{4-2-1}$$

式中　ρ——对应于岩心样本深度的密度测井值；

a、b——地区经验系数。

（3）自然伽马法

总有机碳含量和自然伽马曲线呈正相关性，因此，可以建立计算 TOC 的自然伽马指示法模型：

$$TOC=c\times GR+d \tag{4-2-2}$$

式中　GR——对应于岩心样本深度的自然伽马测井值；

c、d——地区经验系数。

（4）等效饱和度法

随着烃源岩的不断生烃排烃，孔隙中含油气饱和度就会越来越高，间接反映烃源岩中有机质的富集程度，因此提出等效饱和度法评价烃源岩的 TOC 的方法。

利用测井方法分析页岩有机质含量是通过计算烃源岩的总孔隙度 ϕ_t、含油气饱和度 S_g、剩余烃含量 *VHC*、总有机碳含量 TOC 等参数进行的。

油气烃源岩中的剩余烃含量 *VHC*，是指残留在油气烃源岩孔隙中的油气含量。*VHC* 的大小与烃源岩有机质的类型、丰度、成熟度和生烃率有关。

有机质的丰度越高，且成熟度高，则 *VHC* 值越大；反之，有机质丰度低，或成熟度低，*VHC* 将表现为低值，即对丰度高而不成熟的油气烃源岩，或尽管成熟度高而有机质贫乏的生油岩，*VHC* 都表现为低值。因此，*VHC* 值是反映烃源岩是否已经生成油气和产气量大小的一个参量。

关于 *VHC* 值的计算，是在精细计算孔隙度和含气饱和度基础上进行的，其公式为：

$$VHC=\phi_{\mathrm{t}}\cdot S_{\mathrm{g}} \tag{4-2-3}$$

式中 ϕ_{t}——总孔隙度；

S_{g}——含气饱和度；

VHC——剩余烃含量。

在计算剩余烃含量基础上，利用测井方法计算页岩总有机碳 TOC 公式如下：

$$TOC=\frac{VHC\cdot DHYP}{XDMT}\times 100\times 10^{2.297-0.1688\times LOM} \tag{4-2-4}$$

式中 *DHYP*——页岩和干酪根的混合密度；

XDMT——页岩的岩石密度；

TOC——页岩总有机碳含量；

LOM——成熟度指数。

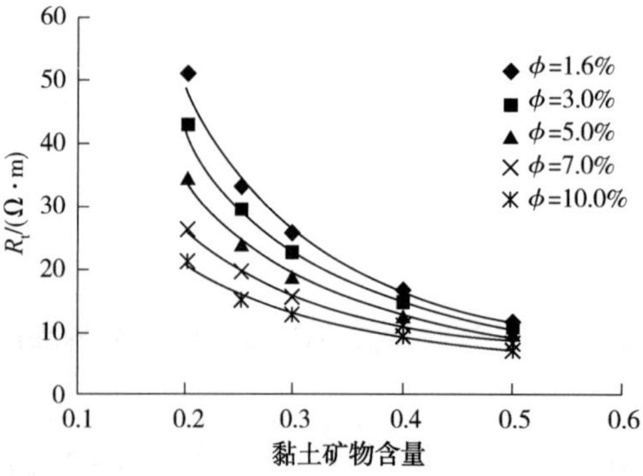

图 4-2-1　黏土矿物含量与页岩储层岩心导电性模拟结果

（5）多元回归法

多元回归法是将岩心实测的 TOC 值与储集层常规测井响应的一种或几种测井值进行相关分析来预测 TOC。

（6）双泥质含量法

泥岩导电是靠岩石孔隙中地层水所含的离子导电，这意味着电阻率测井确定的泥质是含水泥质 V_{shw}。Nie 等利用数字岩心进行了页岩储层导电性的数值模拟，其中黏土矿物含量与储层岩心导电性的模拟结果见图 4-2-1。

由模拟结果可知，理想状态下泥页岩中含水黏土含量 V_{shw} 与地层有效电阻率的关系为

$$R_{\mathrm{t}}=cV_{\mathrm{shw}}^{-d} \tag{4-2-5}$$

式中 c——地层纯泥质电阻率，计算中可取纯泥质岩井段最低电阻率值；

d——与黏土矿物的导电性、地层含气性和孔隙度大小有关，取值范围为 1~2。

可得出电阻率测井计算泥质含量方法为：

$$V_{\mathrm{shw}}=10\left(\frac{\lg c-\lg R_{\mathrm{t}}}{d}\right) \tag{4-2-6}$$

由图 4-2-1 中简化的页岩储层体积模型可知，含有机质泥质含量 V_{sho} 与总泥质含量 V_{sh}

以及含水泥质含量 V_{shw} 的关系为

$$V_{sho}=V_{sh}-V_{shw} \tag{4-2-7}$$

将求出的含有机质页岩体积乘以泥质地层总孔隙度 ϕ_{tsh}，即可求出泥质地层中的有机质体积相对含量 TOC(别凡等，2016)。

$$TOC=V_{sho}\phi_{tsh}=(V_{sh}-V_{shw})\phi_{tsh} \tag{4-2-8}$$

(7) 干酪根转换法

页岩气储层中干酪根的密度比岩石骨架的密度低将近一半，可以由式(4-2-9)计算干酪根含量，也可以通过求解地层组分求得。总有机碳含量转换关系式如下：

$$V_k=(\rho-\rho_m)/(\rho_k-\rho_m) \tag{4-2-9}$$

$$TOC=\frac{V_k\cdot\rho_k}{\rho\cdot K} \tag{4-2-10}$$

式中 ρ、ρ_m、ρ_k——岩石密度、不含干酪根的岩石密度和干酪根密度；

V_k——干酪根体积含量；

K——干酪根转换因子。

(8) ΔlgR 法

ΔlgR 方法利用测井资料中的孔隙度测井及电阻率测井曲线纯泥岩段重叠，对有机质岩层进行识别，并计算地层的总有机碳含量。在特殊刻度中，孔隙度测井曲线和电阻率测井曲线在有机质含量较低的非烃源岩层段重叠可以识别有机质岩层。同时，通过密度和中子测井曲线与电阻率测井曲线叠加可以计算 TOC 含量。

在运用 ΔlgR 方法时，通常选取井眼影响小的测井曲线。声波曲线比密度、中子曲线受井眼的影响小，因此通常采用声波曲线与电阻率曲线组合的方法计算 TOC。

在非烃源岩层段，声波测井曲线和电阻率曲线重叠在一起作为基线，当测量地层中有机碳含量较高时，两条曲线存在一定的幅度差，把这两条曲线的幅度差定义为 ΔlgR。

对于页岩这种非渗透性岩层，含有机质较高，在测井响应上表现为声波时差变大。随着烃源岩成熟度的增高，电阻率测井值也随之增高，声波和电阻率都是变大的。

把有机质含量低层段的电阻率曲线与声波曲线重叠或平行的位置定义为基线位置，重叠基线参数变量式为：

$$R_1=\lg\left(\frac{R}{R_0}\right) \tag{4-2-11}$$

$$\Delta t_2=-0.02(\Delta t-\Delta t_0) \tag{4-2-12}$$

根据声波时差与电阻率重叠关系推出 ΔlgR 的数学表达式为：

$$\Delta\lg R=\lg\left(\frac{R}{R_0}\right)+0.02(\Delta t-\Delta t_0) \tag{4-2-13}$$

式中 R——地层实测电阻率测井值；

Δt——地层声波时差；

Δt_0——参考状态下的声波传播时间差，为基准时间差；

R_0——有机质含量低地层对应的 Δt_0的电阻率测井值。

把两条曲线叠加起来，根据基线，即重叠或平行所在位置，通过两条曲线的幅度差可以识别出含有机碳量高的层段，经验公式为：

$$TOC = (\Delta \lg R) \times 10^{2.297-0.1699LOM} \tag{4-2-14}$$

式中 $\Delta \lg R$——声波测井与电阻率曲线的幅度差。

可以通过多种岩相分析数据如镜质体反射率、热变值数据得到，也可以从地层埋藏演变历史得到，当 *LOM* 被错误计算时，计算得到的 TOC 含量也将会有所偏差，但从纵向上可以反映出 TOC 变化的基本趋势(张炎，2016)。

4.2.2 有机碳含量计算方法对比(表 4-2-1)

表 4-2-1 有机碳含量计算方法及适用性

计算方法	影响因素	适用性
自然伽马法	自然伽马基线值的确定	适用于岩性相对稳定的地层
体积密度法	受井眼扩径影响较大	
自然伽马能谱法	特殊的放射性矿物	
等效饱和度法	导电矿物对计算结果有影响	
双泥质含量法	计算两个泥质含量的经验参数需选准确	假设泥页岩的体积模型为岩石骨架、孔隙流体和固态有机质。计算精度受限于各参数值的选取
多元回归法	回归参数多则影响因素多，需考虑权重	计算较为复杂
干酪根转换法	需准确计算干酪根含量	应用前提是不受地层岩性变化的影响
$\Delta \lg R$ 法	受电阻率异常及成熟度的影响	岩性相对复杂、变化大，有机碳含量较高时计算结果误差较大；对过成熟含气页岩计算得到的 TOC 偏低；需要人为确定曲线基线和成熟度参数，主观因素较多

4.2.3 单测井参数与 TOC 相关性分析

单参数的计算结果比较粗糙，这是因为只利用了一种测井信息进行计算，与分析数据相比相关性较差。见图 4-2-2～图 4-2-10。

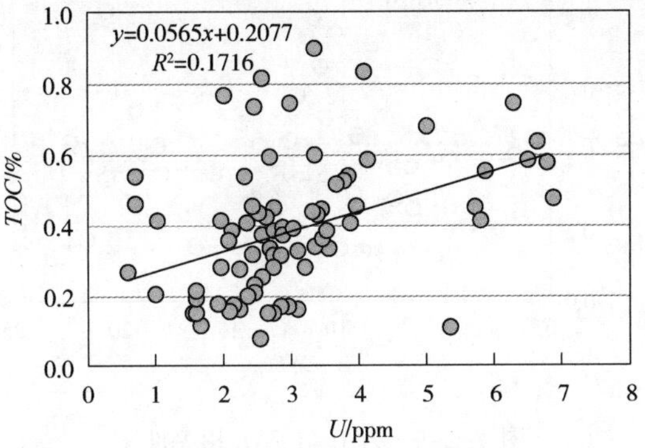

图 4-2-2　*TOC* 与 *U* 相关性图

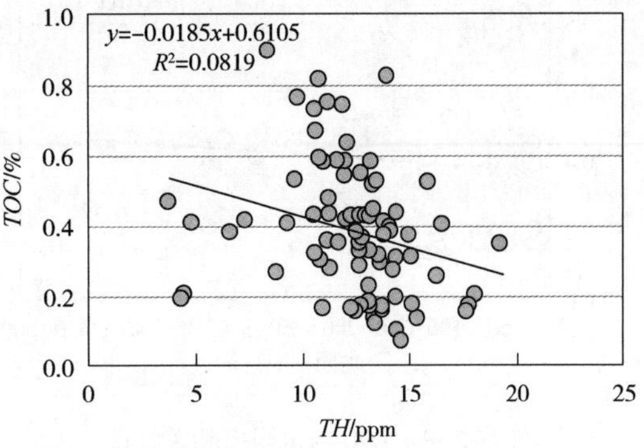

图 4-2-3　*TOC* 与 *TH* 相关性图

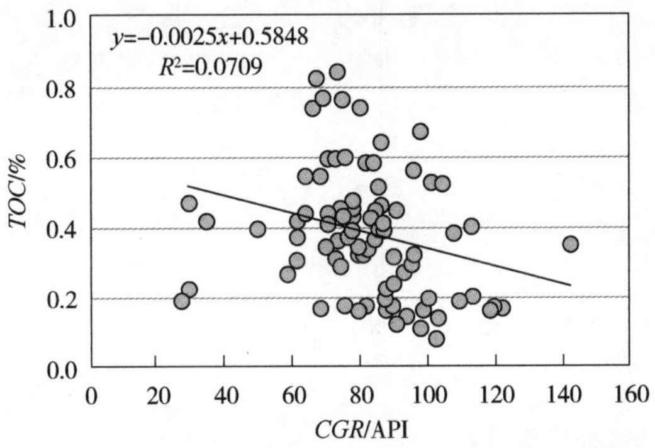

图 4-2-4　*TOC* 与 *CGR* 相关性图

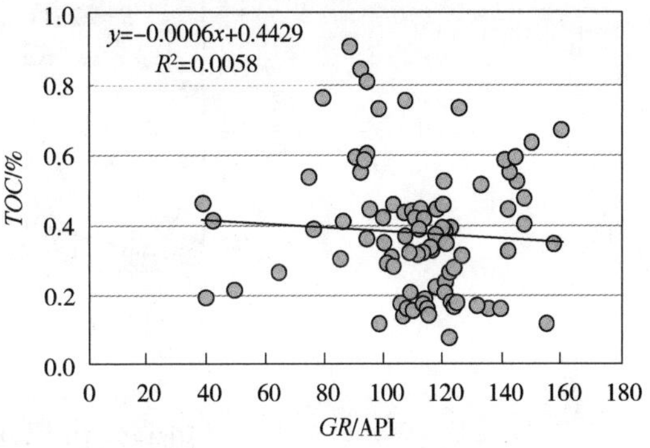

图 4-2-5　*TOC* 与 *GR* 相关性图

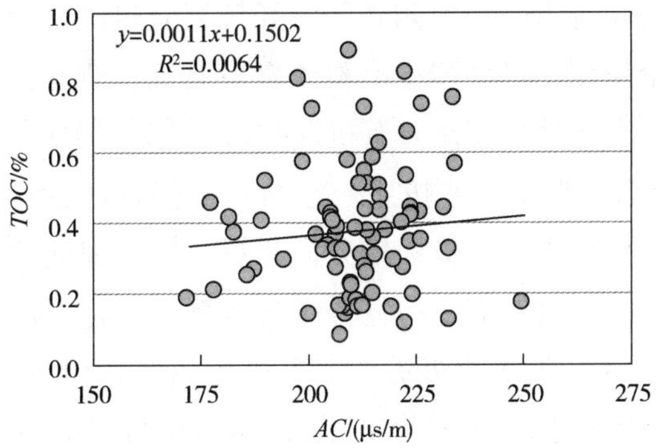

图 4-2-6　*TOC* 与 *AC* 相关性图

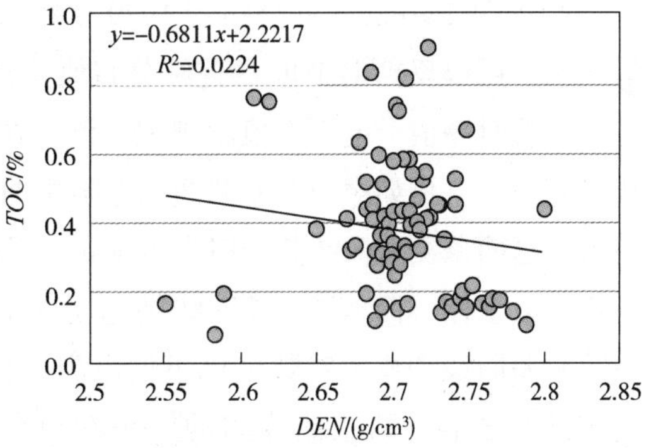

图 4-2-7　*TOC* 与 *DEN* 相关性图

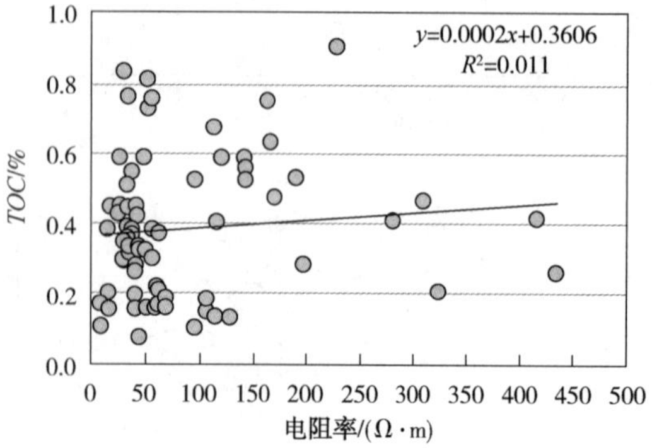

图 4-2-8　*TOC* 与电阻率相关性图

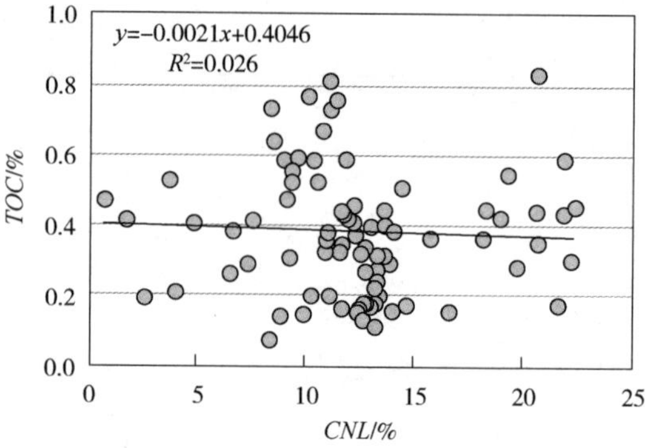

图 4-2-9　*TOC* 与 *CNL* 相关性图

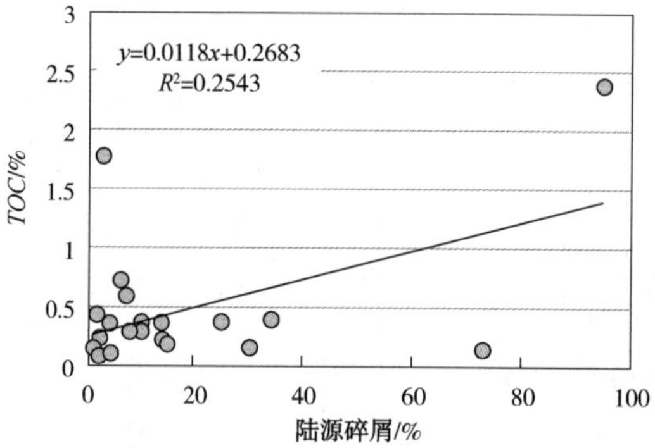

图 4-2-10　*TOC* 与陆源碎屑相关性

4.2.4　ΔlgR 法应用分析

ΔlgR 是 Exxon/Esso 公司于 1979 年推导和实验得出的一种测井预测烃源岩有机碳含量的技术，可以反算出 TOC 的连续分布值。其理论依据是烃源岩中有机质含量越高，测井信息上声波时差值、电阻率值就越大。该方法实际建立时，选择对有机质响应敏感的测井曲线进行叠合，例如声波时差曲线和电阻率曲线叠合，但是需要按照一定的比例（对应关系）进行。这两条测井曲线叠合时，遵循的原则是：两条曲线的坐标轴方向相反，电阻率曲线选用对数坐标，而声波时差曲线则选用算术坐标；以预先给定的叠合系数将算术坐标下的声波时差曲线和算术对数坐标下的电阻率曲线，在非泥页岩处叠合，并确定为基线位置。确定基线之后，两条曲线间的间距在对数电阻率坐标上的读数即为 ΔlgR，解释结果见图 4-2-11、图 4-2-12。

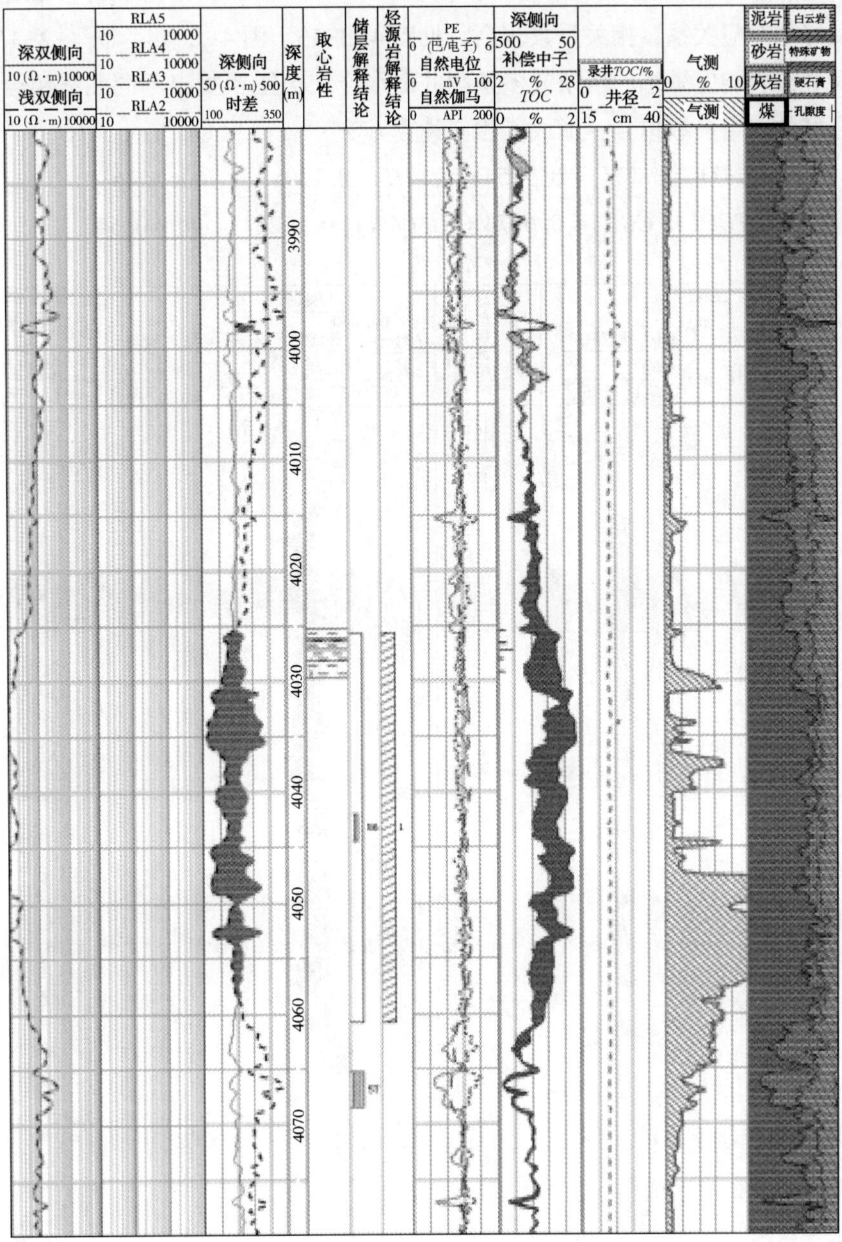

图4-2-11 Z4井乌拉力克组烃源岩测井解释成果图

4.2.5 TOC多参数回归计算模型的建立

为了使统计法对TOC的计算精度提高，可以选择多条对TOC敏感的测井信息进行拟合。对敏感测井信息作遍历分析，运用各种搭配组合分别进行计算，最后比较计算精度，从而筛选出一组最优的回归关系式计算出连续、准确的烃源岩TOC值，为后续的烃源岩正确评价提供重要参数。经过相关性分析，*DEN*、*U/TH*、*U/CGR* 三组测井参数组合与 TOC 含量具有良好的对应关系，相关系数较高，见图 4-2-13、图 4-2-14、图 4-2-15。

选择对烃源岩响应敏感的两条或多条测井曲线作交会图，找出不同曲线组合与 TOC 含量相关性最好的三组参数拟合，形成了相应计算方法。

$$TOC(U/TH)=0.9854\times(U/TH)+0.1298 \qquad R^2=0.46 \tag{4-2-15}$$

$$TOC(U/CGR)=6.6474\times(U/CGR)+0.1026 \qquad R^2=0.54 \tag{4-2-16}$$

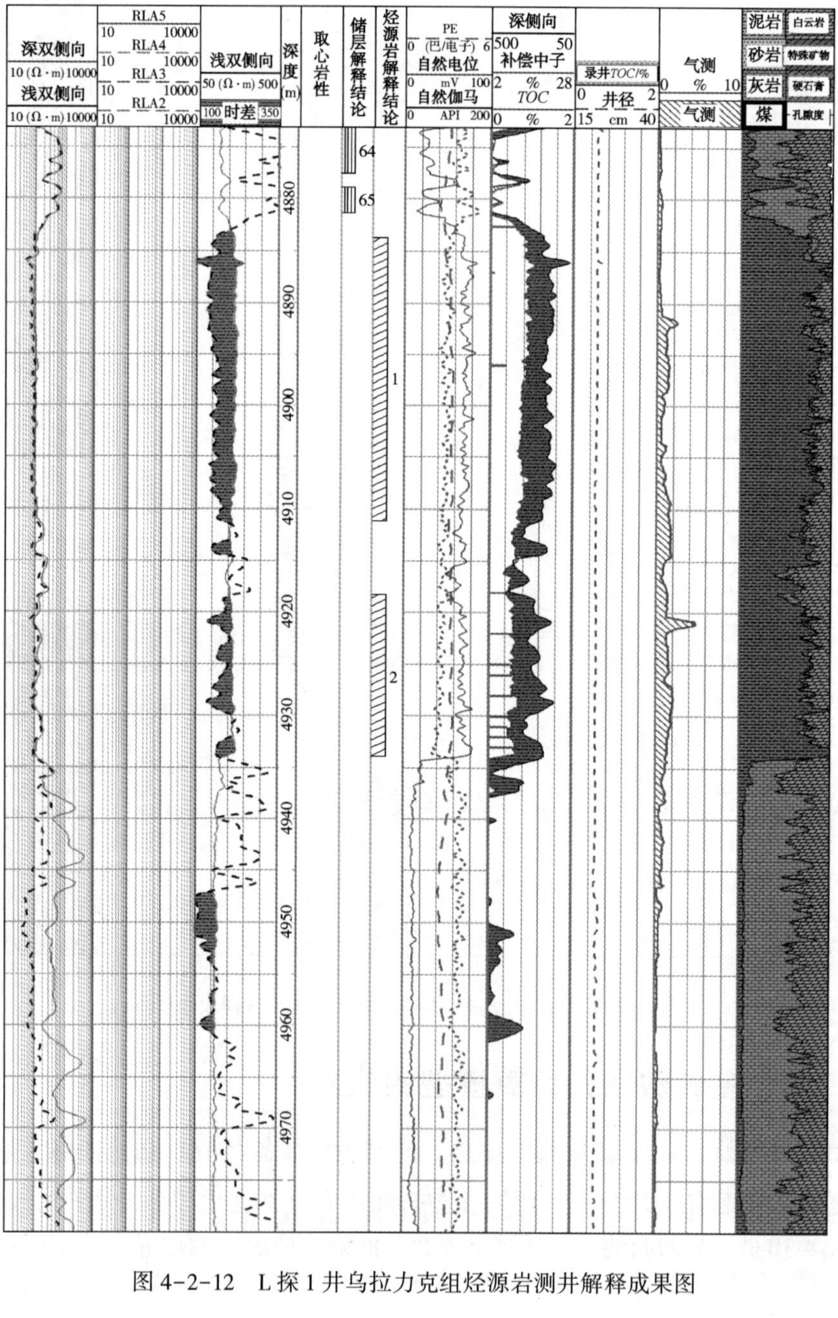

图 4-2-12　L 探 1 井乌拉力克组烃源岩测井解释成果图

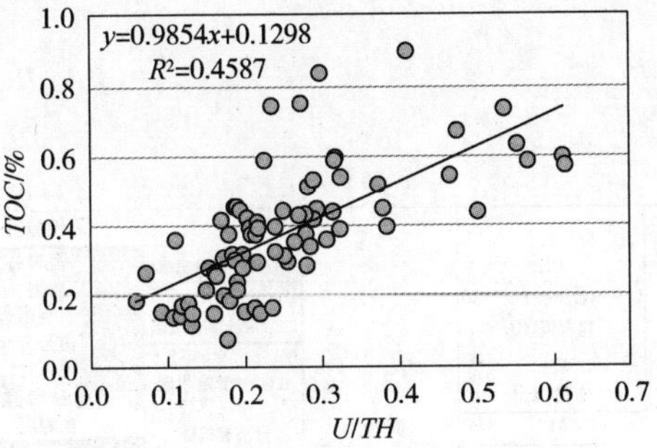

图 4-2-13 *U/TH* 与 *TOC* 相关性图

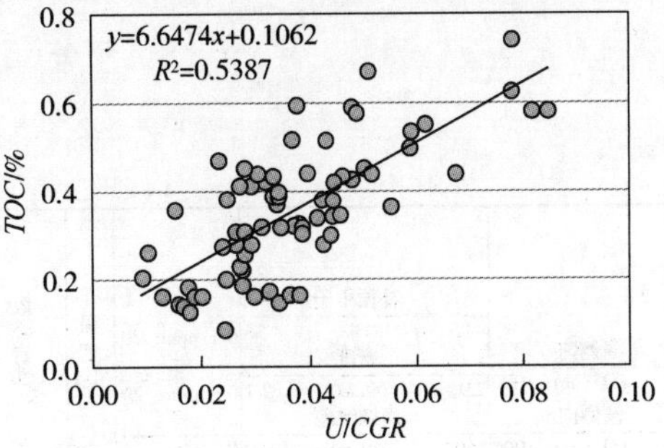

图 4-2-14 *U/CGR* 与 *TOC* 相关性图

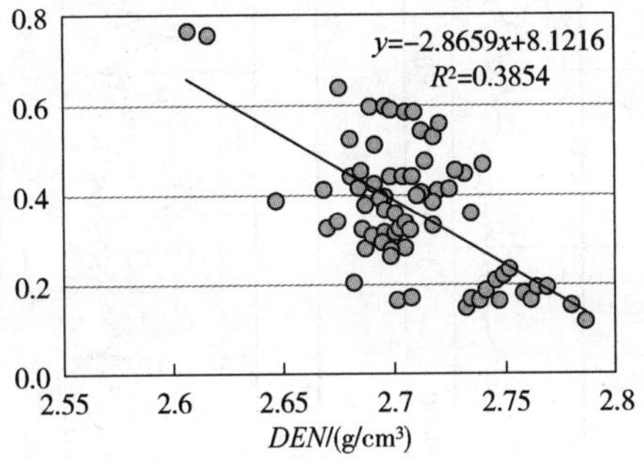

图 4-2-15 *DEN* 与 *TOC* 相关性图

$$TOC(DEN) = -2.8659 \times DEN + 8.1216 \qquad R^2 = 0.39 \tag{4-2-17}$$

式中 *U*、*TH*——测井 *U*、*TH* 曲线值，ppm；

CGR——测井去铀伽马曲线值，API；

DEN——测井体积密度曲线值，g/cm^3；

U/TH、*U/CGR*——对应曲线数值比值，无量纲。

4.3 有机碳计算方法验证及应用效果评价

基于上述实验数据与测井曲线分析、选取敏感参数，建立了鄂尔多斯盆地西缘乌拉力克组页岩气 TOC 含量预测模型，利用该模型通过测井资料进行了多口井的 TOC 含量计算，计算结果见图 4-3-1~图 4-3-4，各方法均能有效预测该区 TOC 含量，与实验分析结果有较好对应关系。

通过对计算结果进行相关性分析，*U/TH* 法与 *U/CGR* 法计算结果优于 ΔlgR 重叠法。单密度拟合法由于密度曲线受井眼影响较大，实际应用中有很大的局限性。利用 *U/TH* 法与 *U/CGR* 法计算就能得到单井连续 TOC 含量，与实测 TOC 含量相比，吻合度较高，见图 4-3-5~图 4-3-8。该计算模型精度整体较高，能满足生产应用的要求。

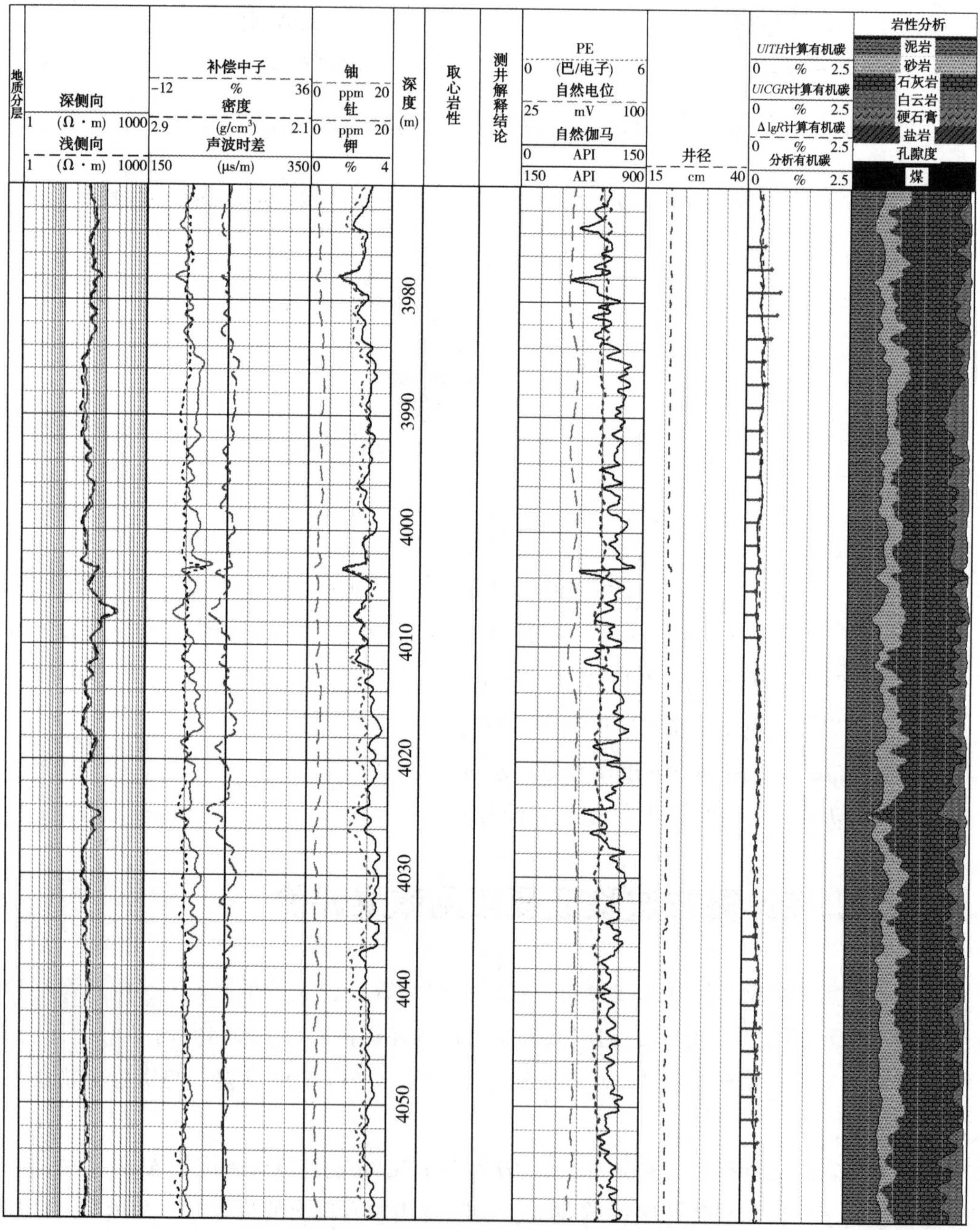

图 4-3-1　余 3 井乌拉力克组有机碳含量计算成果对比图

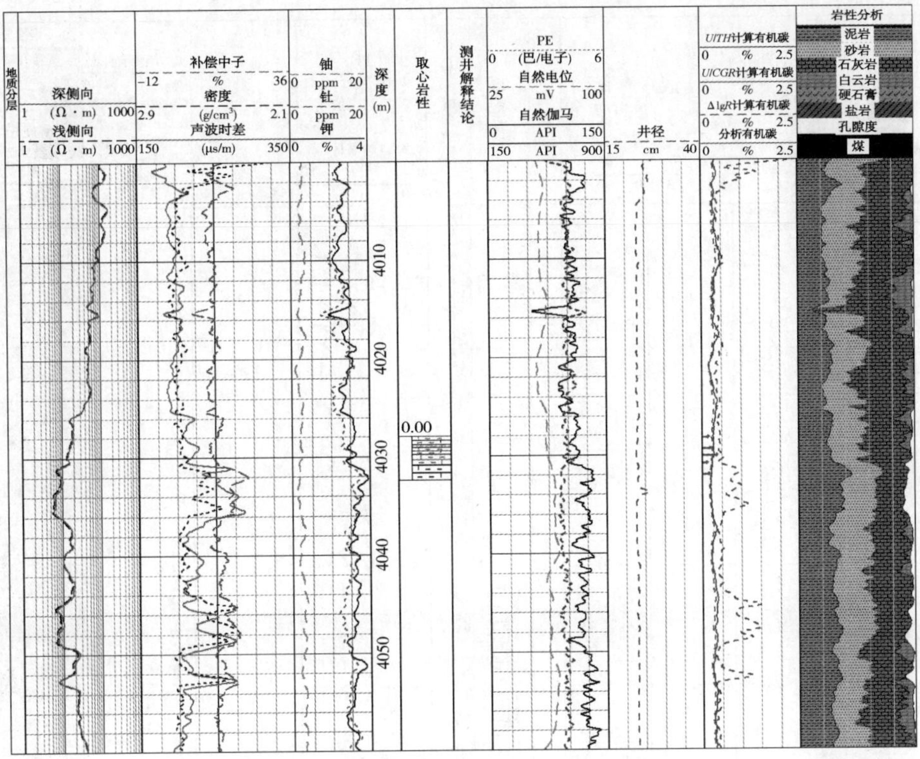

图 4-3-2　Z4 井乌拉力克组有机碳含量计算成果对比图

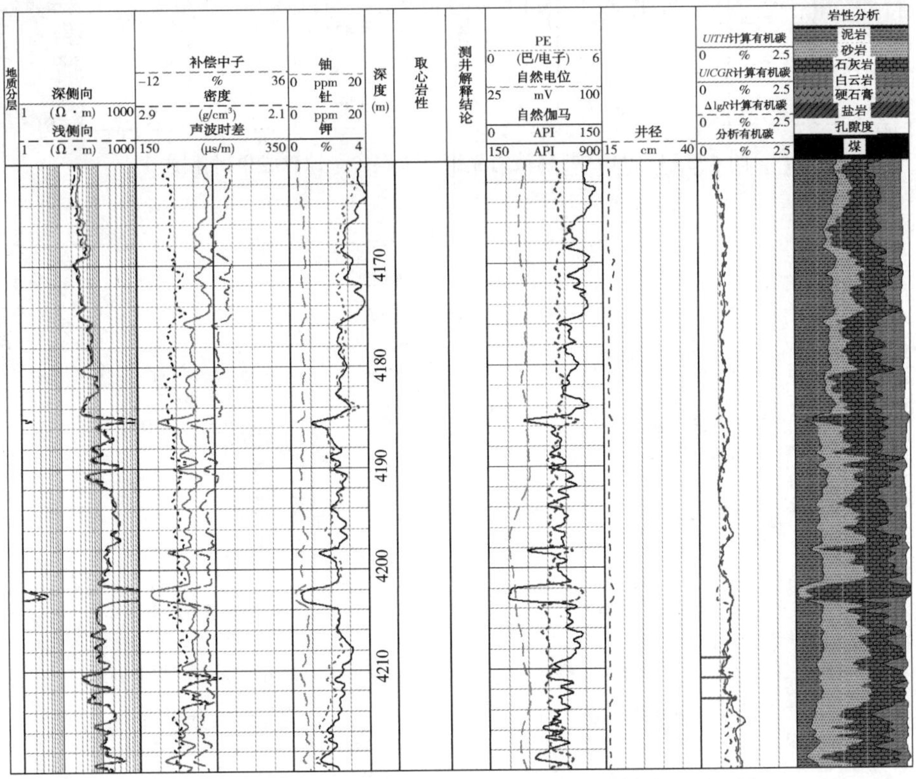

图 4-3-3　Z 探 1 井乌拉力克组有机碳含量计算成果对比图

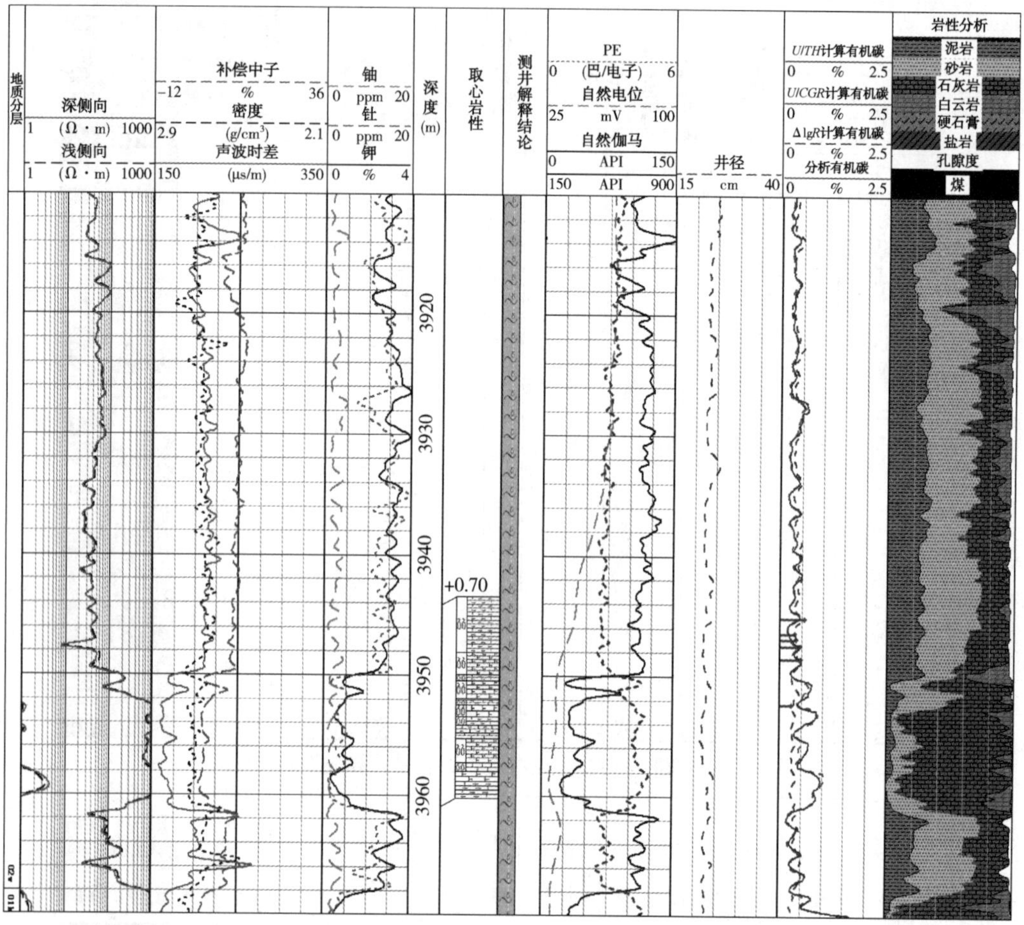

图 4-3-4 R103 井乌拉力克组有机碳含量计算成果对比图

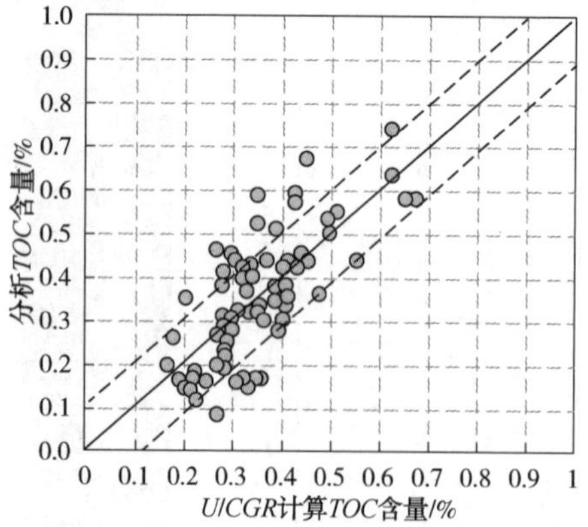

图 4-3-5 *U/CGR* 计算 *TOC* 含量误差分析图

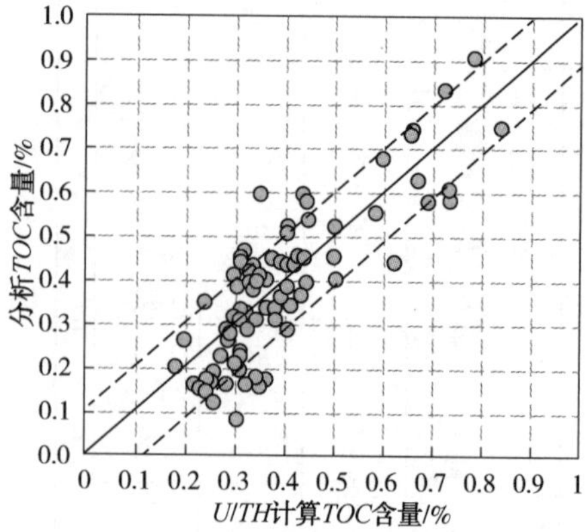

图 4-3-6 *U/TH* 计算 *TOC* 含量误差分析图

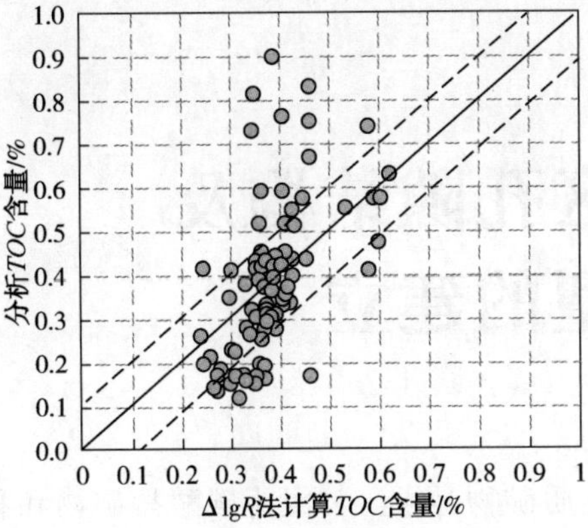

图 4-3-7　ΔlgR 法计算 TOC 含量误差分析图

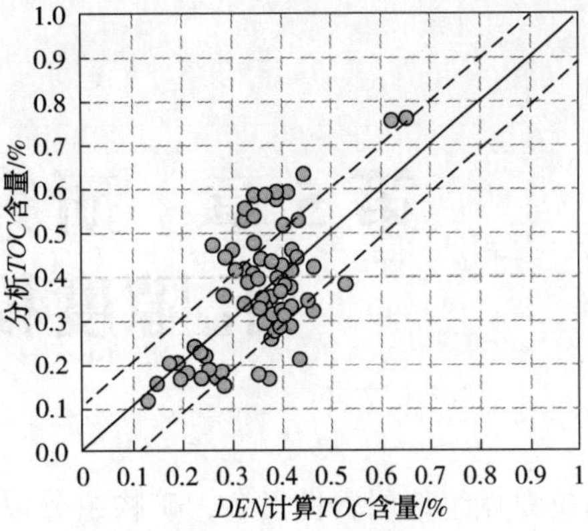

图 4-3-8　DEN 计算 TOC 含量误差分析图

第5章　研究区孔隙结构及孔隙度模型的建立

乌拉力克组地层岩性复杂，矿物组分以长英质矿物为主，其次为碳酸盐矿物和黏土矿物，含有少量的硬石膏、黄铁矿和菱铁矿。孔隙类型有粒间孔、晶间孔、溶蚀孔和微裂缝，孔径大小以介孔为主，大孔径的孔隙占比小。乌拉力克组孔隙度主要分布在2.0%以下，渗透率主要分布在0.05mD以下，为典型的特低孔渗地层；孔渗关系复杂，测井曲线与孔隙度的相关性差，因此无法利用单参数建立孔隙度模型，利用多元回归建立孔隙度模型效果较好，通过误差分析和实例验证，多元回归孔隙度模型计算的精度较高，可以满足生产需求。

5.1　页岩气储层物性特征及孔隙度计算方法

5.1.1　乌拉力克组孔隙类型

页岩储层属于低孔低渗储层，低孔低渗储层的一个重要特征是该类储层发育多种类型的孔隙空间。通过SEM、铸体薄片观察，乌拉力克组泥页岩地层十分致密，孔隙发育程度较差，储集空间有粒间孔(晶间孔)、溶蚀孔、黏土矿物层间缝等，偶见有机孔，基本不发育。如图5-1-1~图5-1-14所示。

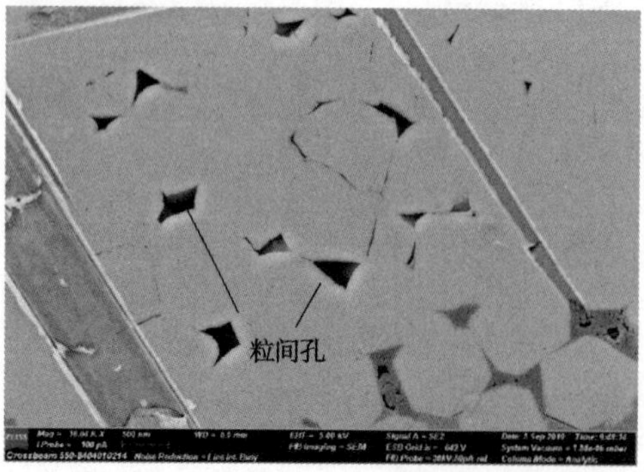

图5-1-1　Z平1井，黄铁矿粒间孔

图5-1-2　E7井，4128m，晶间孔

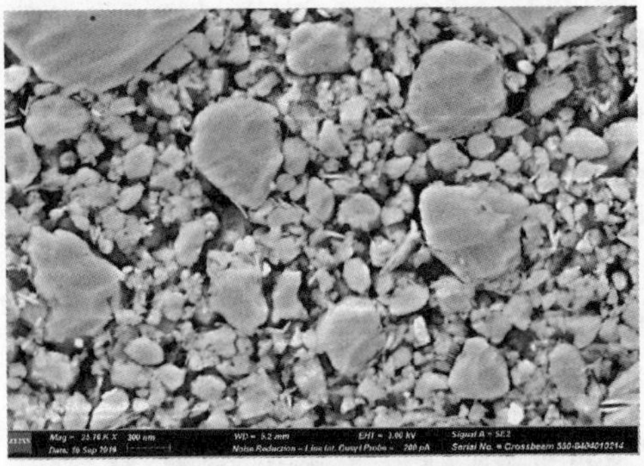

图5-1-3 Z平1井，4269.53m，石英-黏土粒间孔

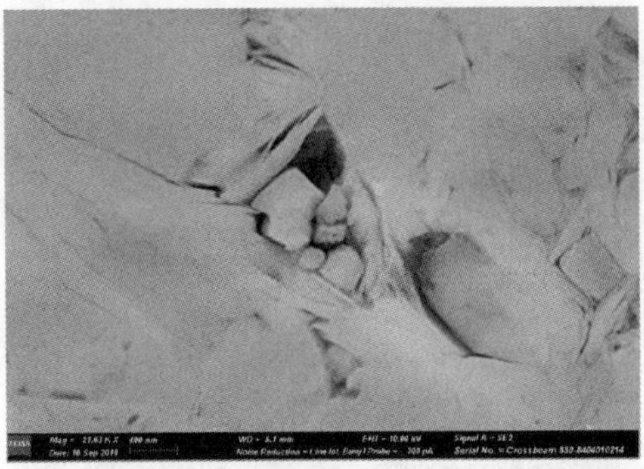

图5-1-4 Z平1井，9-41，碎屑颗粒粒间孔

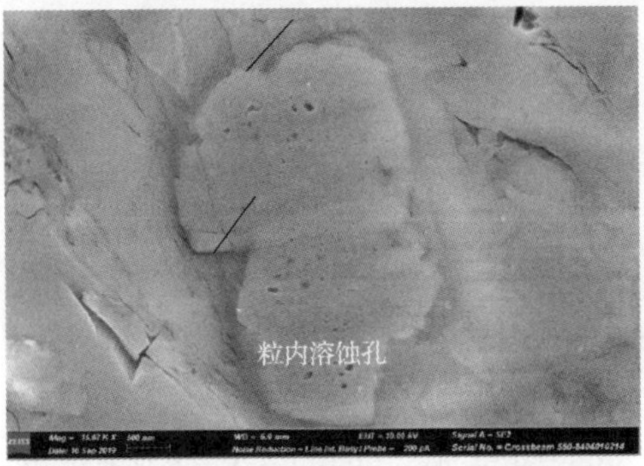

图5-1-5 Z平1井乌拉力克组，粒内溶蚀孔

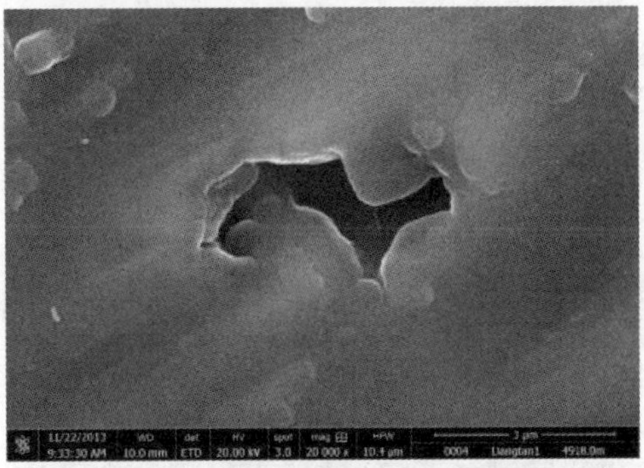

图5-1-6 L探1井乌拉力克组，白云石粒内溶蚀孔

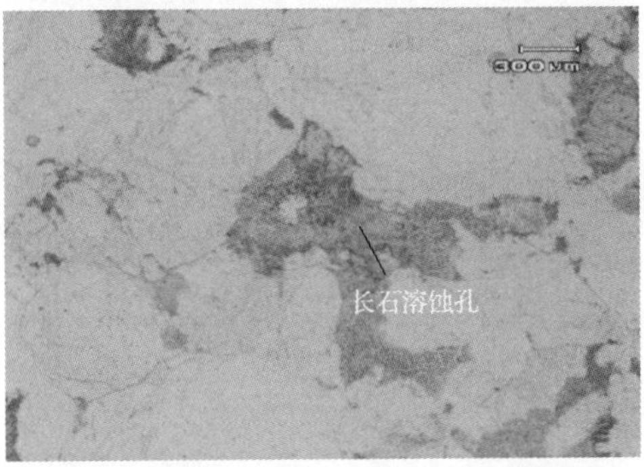

图5-1-7 R28井，3746m，长石溶蚀孔

图5-1-8 Z平1井，4260.6m，白云石溶蚀产生粒内溶孔

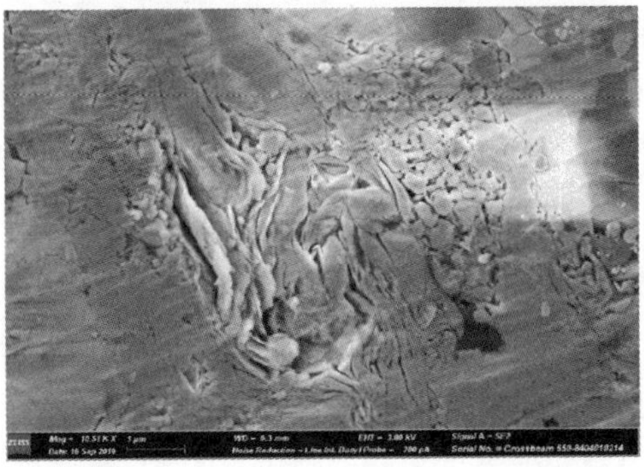

图5-1-9 Z平1井乌拉力克组，裂缝发育

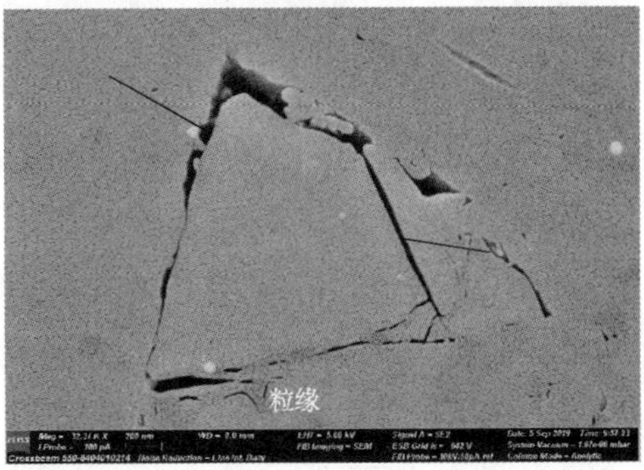

图5-1-10 Z平1井乌拉力克组，裂缝发育

图 5-1-11　R28 井，4012m，沥青质充填裂缝

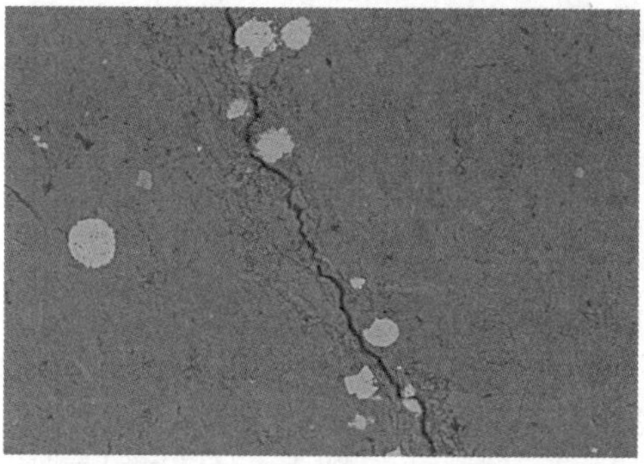

图 5-1-12　Z 平 1 井乌拉力克组，裂缝发育

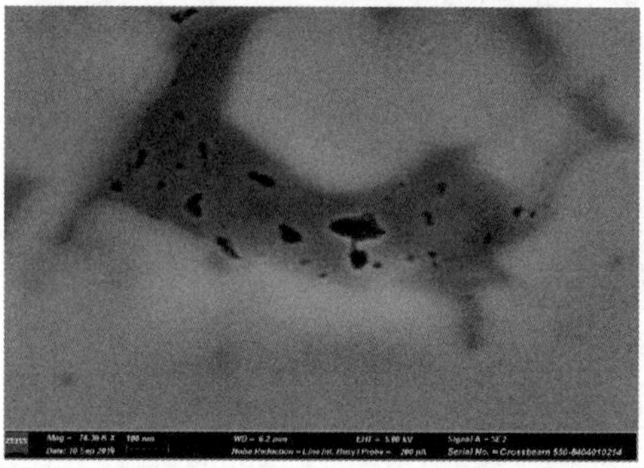

图 5-1-13　Z 平 1 井，有机质生气形成有机孔

图 5-1-14　Z 平 1 井，有机质充填黄铁矿粒间孔

5.1.2　乌拉力克组孔隙形状

孔隙类型最主要为 H2 型与 H3 型，分别对应墨水瓶型与槽状孔隙；H4 型吸附量最小，5 个样品的最大吸附量均小于 $2cm^3/gSP$，岩性均为灰岩，表明灰岩纳米孔隙不发育，不利于页岩气的富集。如图 5-1-15 所示。

5.1.3　乌拉力克组孔隙大小及分布特征

一般页岩气按照孔隙直径大小分为微孔、介孔和宏孔，孔隙直径<2nm 为微孔；2～50nm 为介孔；>50nm 为宏孔。通过实验得到盆地西部乌拉力克组储层以介孔为主，对孔体积贡献达到 65.43%；其次为微小孔，占总孔体积比例为 21.02%；宏孔对孔体积贡献较低，只占总孔体积的 13.55%。介孔提供了主要的孔隙表面积，对孔隙表面积贡献达到 82.53%，如图 5-1-16 和图 5-1-17 所示。

比表面积范围介于 0.15～13.96m^2/g，均值为 7.7m^2/g，峰值出现在 6m^2/g。随着灰质含量的增加，孔隙体积减小，介孔所占的孔体积比例逐渐减小，不同类型的孔隙比表面积逐渐降低。泥质灰岩和泥岩的比表面积远大于灰岩；泥质含量增加，比表面积增加。如图 5-1-18～图 5-1-23 所示。

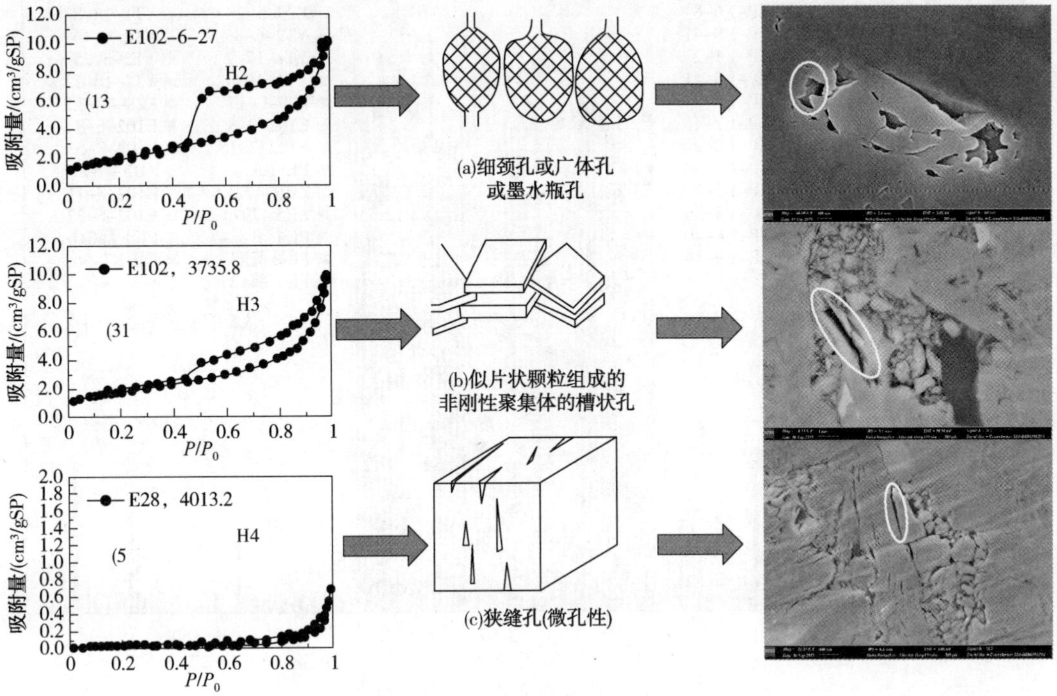

图 5-1-15 乌拉力克组不同孔隙形状

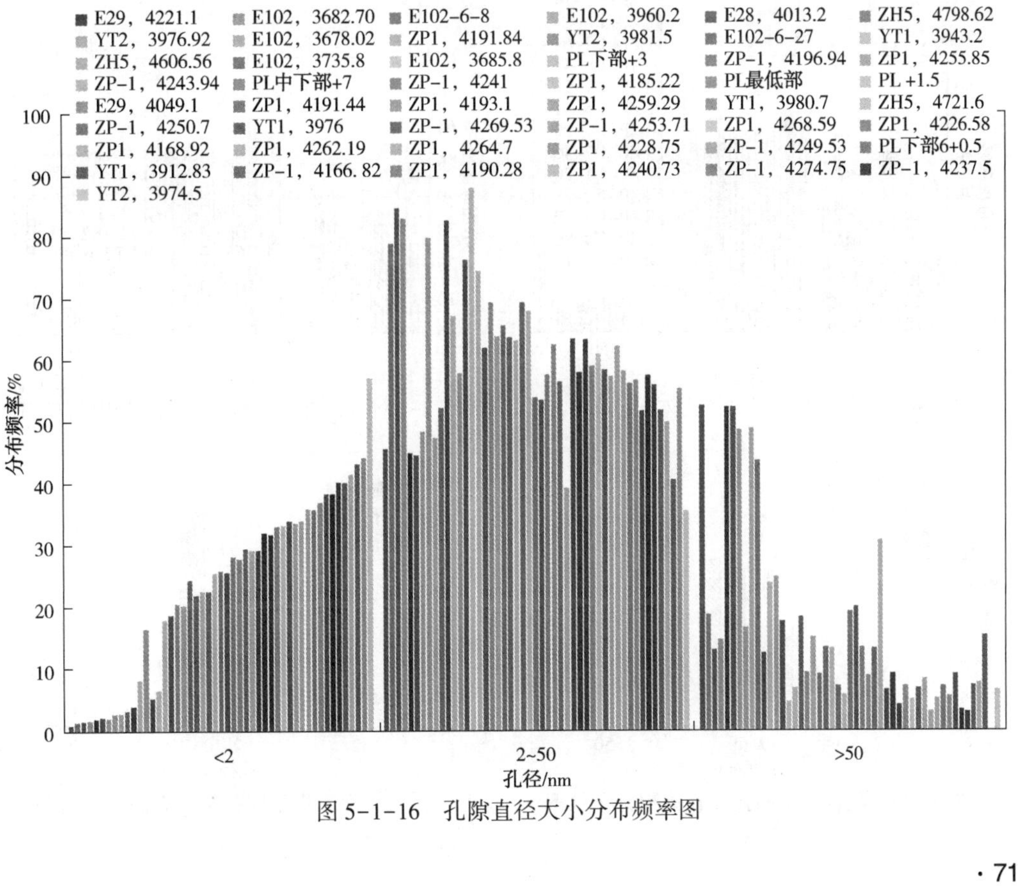

图 5-1-16 孔隙直径大小分布频率图

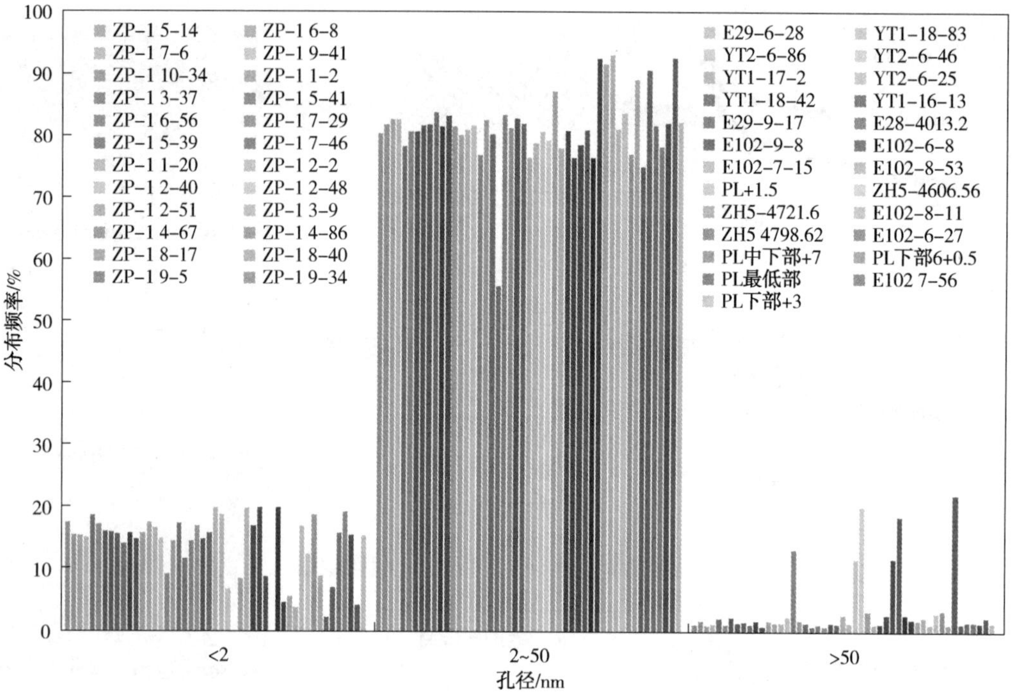

图 5-1-17　孔隙表面积大小分布频率图

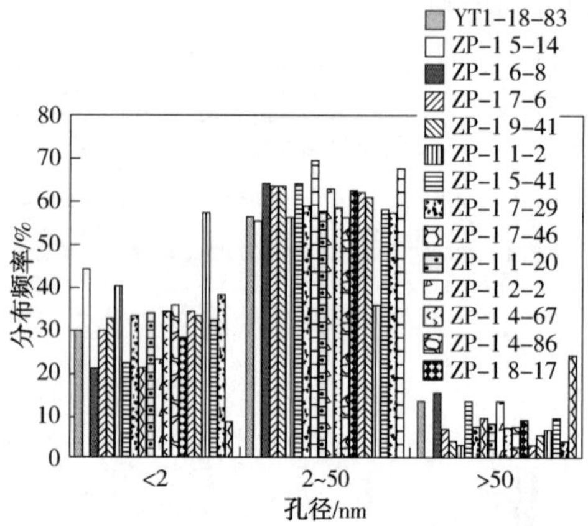

图 5-1-18　泥岩中不同孔径孔体积分布频率

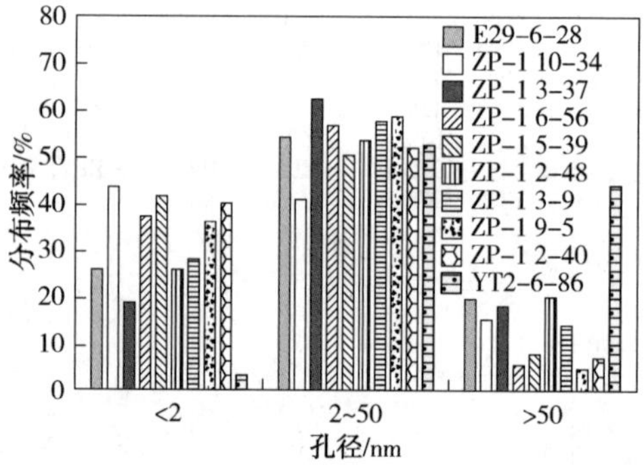

图 5-1-19　灰质泥岩中不同孔径孔体积分布频率

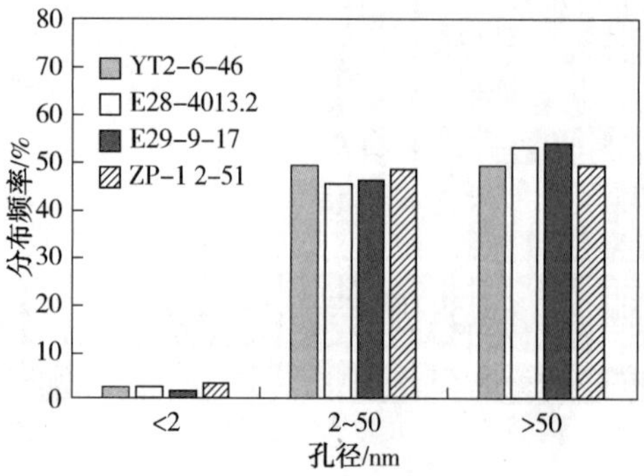

图 5-1-20　灰岩中不同孔径孔体积分布频率

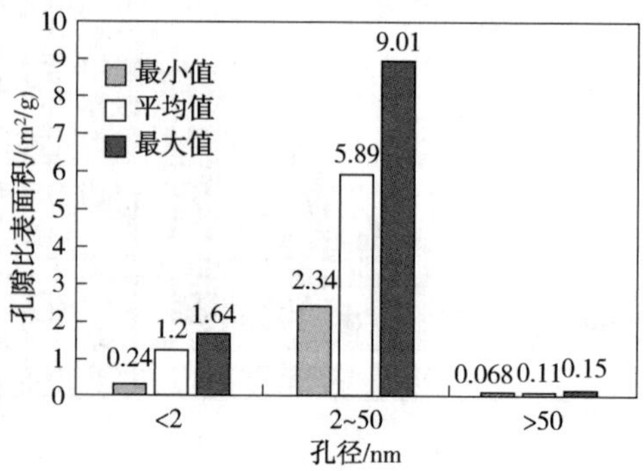

图 5-1-21　泥岩中不同孔径比表面积最值分布

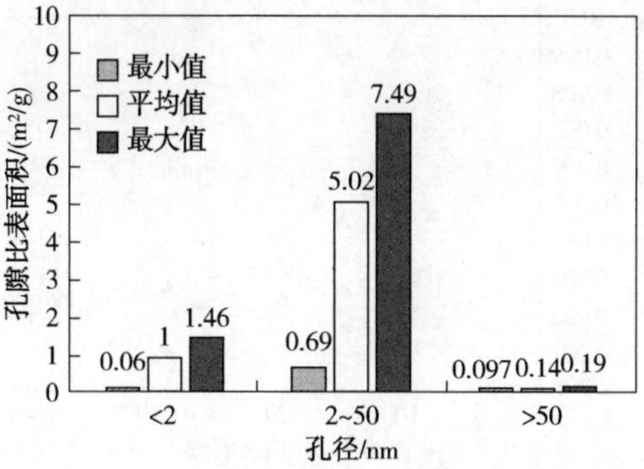

图 5-1-22 灰质泥岩中不同孔径比表面积最值分布

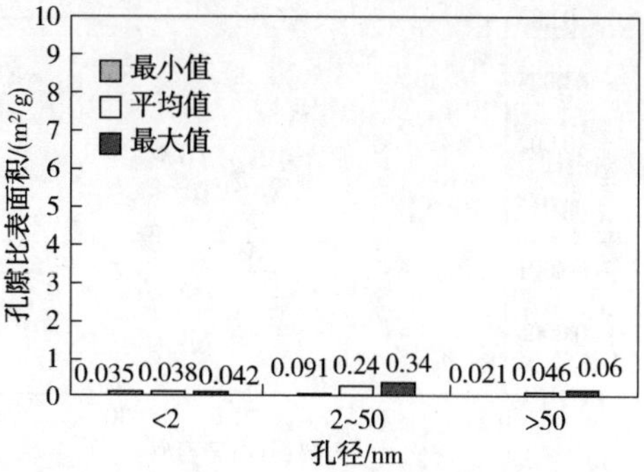

图 5-1-23 灰岩中不同孔径比表面积最值分布

石英+长石含量与微孔和介孔的发育程度呈正相关，与碳酸盐类矿物含量呈负相关，石英和长石有关的微小孔是主要孔隙空间，宏孔发育与石英、长石、碳酸盐类矿物含量无关。如图 5-1-24 和图 5-1-25 所示。

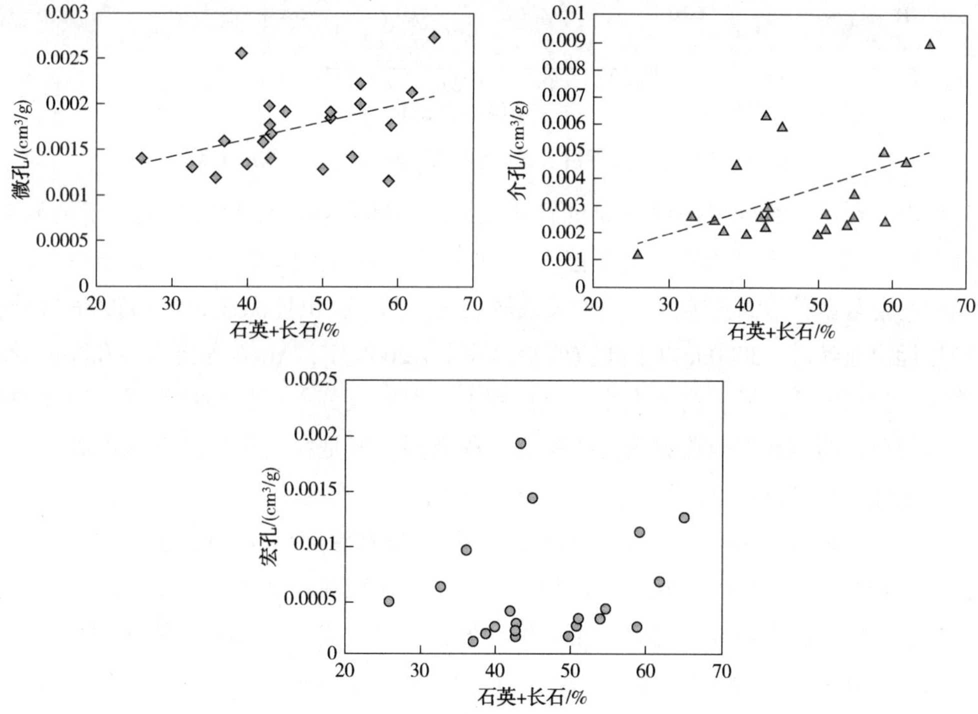

图 5-1-24 石英+长石含量与微孔、介孔、宏孔的关系

5.1.4 页岩孔隙度影响因素

泥页岩分布较为广泛，约占沉积岩总体积的 59%，也是油气勘探开发中一个重要方向。目前还没有一套比较完善的页岩孔隙度测量及评价标准，所以探讨泥页岩孔隙度的演化规律和影响因素，建立页岩储层孔隙度测量标准显得尤为重要。早在 20 世纪 30 年代，Athy

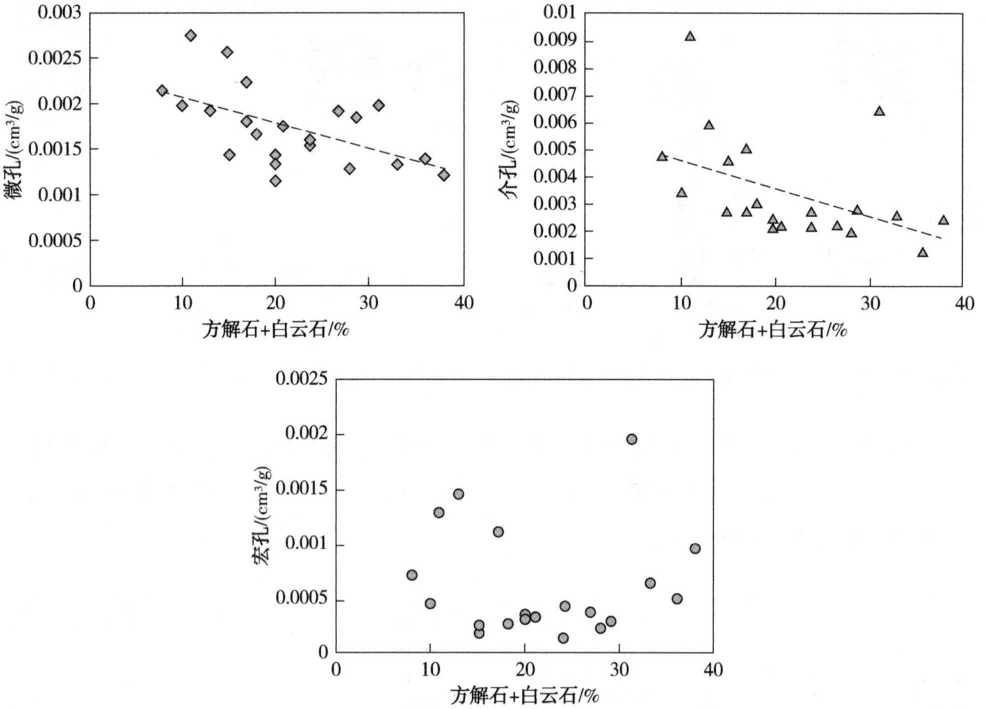

图 5-1-25　方解石+白云石含量与微孔、介孔、宏孔的关系

就已经指出，在正常的压实条件下泥页岩的孔隙度会随着埋藏深度的变化呈现指数变化，这个理论被大部分泥页岩研究学者所接受。1978 年，Selley 收集整理大量关于埋深和孔隙度之间的实验数据，绘制孔隙度与埋深关系散点交会图，指出埋深在 500～3000m 区域孔隙变化剧烈且快速降低，3000m 以下孔隙度变化较小。2005 年，Allen 等指出，孔隙度受众多因素影响，包括岩性特征、粒度大小、分选程度、泥质成分、框架颗粒组成、温度和埋藏时间，尽管单一的因素影响孔隙度变化的程度很有限，但是在特定的埋藏深度处由于内部因素的复杂性，也可以用单一的因素与孔隙度的线性关系研究。

国外大量的数据表明，泥页岩在埋藏过程中孔隙度和深度呈现反比关系，图 5-1-26 中所示的 18 条曲线中，第 16 条接近平均值，可见页岩储层在埋藏深度小于 1000m 时，孔隙度会随着埋藏深度的增加急剧减小，在 1000m 处，平均孔隙度从 59%降低到 26%，降低的速率为 3.3%/100m；在 2000m 时，孔隙度值已经下降到 15%，速率约为 1.1%/100m；在 3000m 时，平均孔隙度已经下降到 10%，速率约为 0.5%/100m；孔隙度在 4000m 时有微弱的变化趋势。从泥页岩测井解释孔隙度数据和岩心实验测试孔隙度数据统计结果显示出国内和国外有相似的泥页岩孔隙度变化规律，如图 5-1-27 所示，其中准噶尔盆地东部泥岩最具有代表性，在 1000m 处对应的孔隙度为 25%，2000m 处对应为 13%，3000m 处对应为 6%，与图 5-1-26 中第 16 条线相比，国内的曲线下降的幅度更为显著。

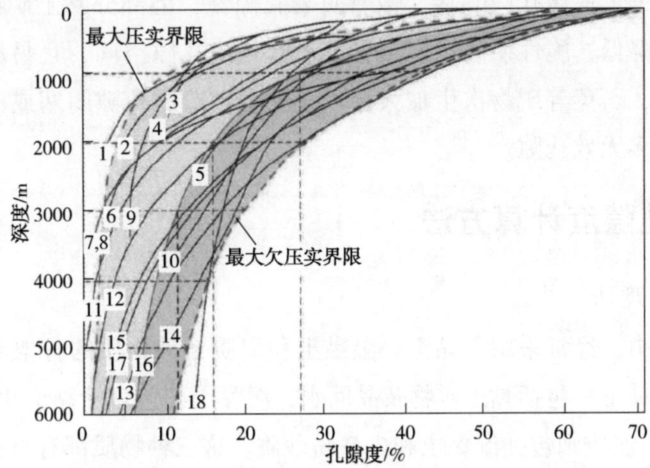

图 5-1-26 国外泥页岩孔隙度随深度变化趋势(据郭秋麟等，2017)

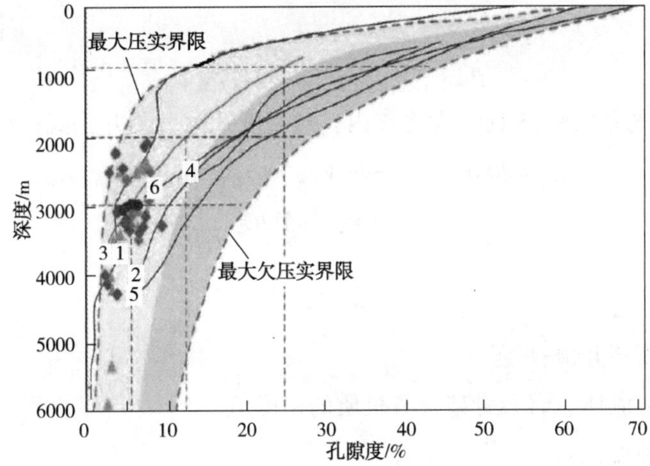

图 5-1-27 国内泥页岩孔隙度随深度变化趋势(据郭秋麟等，2017)

总之，页岩储层经过地质沉积，在压实作用下经过时间的推移形成岩石，并伴随着有机物转化为烃等一系列演化过程，泥页岩的孔隙度变化都是从高到低，但也会出现个别特殊情况会有所增大，但是总体来看符合由大到小的规律。

除了埋深对孔隙度变化的影响外，TOC 含量的变化也会影响泥页岩孔隙度的变化。页岩中的有机质分布分散，颗粒较细，具有较高的比表面积，内部常发育孔裂隙。对于热演化程度较高的有机质，由于生烃膨胀作用，压力增大，生成微孔隙和微裂缝，成为页岩气生成后存储的原始空间。因此，总有机碳含量对页岩孔隙空间的改善及页岩气赋存具有积极作用。

页岩中不同矿物含量对孔隙度的影响具有多样性和复杂性。一般情况下，细粒黏土矿物之间存在细微孔隙，孔隙密度较大，在成岩作用过程中，不同黏土矿物之间会相互转化，在此过程中体积收缩形成微孔(裂)隙，改善页岩孔隙性，但部分黏土矿物易吸水膨胀，导致孔喉堵塞，物性降低；脆性矿物以岩石骨架形式构成孔隙空间，且易压裂形成裂缝，增大孔隙空间，同时，石英等矿物次生加大会填充孔道，造成孔隙闭塞或消失，降低孔隙间的连通性，形成诸多无效孔隙。

5.1.5 页岩孔隙度计算方法

(1) 变骨架密度法

测井地层评价中，经常采用干黏土、湿黏土和泥质三种物质的骨架参数确定总孔隙度和有效孔隙度。干黏土只包括黏土矿物及晶间水，湿黏土则包含干黏土和束缚水(毛管束缚水和薄膜束缚水)，泥质则包括湿黏土和少量粉砂质。这三种物质都有自己的骨架参数，包括骨架密度、骨架声波时差和骨架中子值。利用干黏土骨架参数确定总孔隙度，而利用湿黏土和泥质骨架参数确定有效孔隙度(李军等，2014)。依据体积模型，密度测井响应方程如下：

$$\rho_{\text{测井}}=\phi\times\rho_{\text{流体}}+(1-\phi)\times\rho_{\text{骨架}} \tag{5-1-1}$$

但考虑到页岩气储层应将 TOC 考虑在内，对密度孔隙度测井公式进行改进：

$$\rho_{\text{测井}}=\phi\times\rho_{\text{流体}}+(1-\phi-V_{\text{TOC}})\times\rho_{\text{骨架}}+\rho_{\text{TOC}}\cdot V_{\text{TOC}} \tag{5-1-2}$$

$$\phi=\frac{\rho_{\text{骨架}}-\rho_{\text{测井}}\left(\dfrac{\rho_{\text{骨架}}\cdot TOC}{\rho_{\text{TOC}}}-TOC+1\right)}{\rho_{\text{骨架}}-\rho_{\text{流体}}} \tag{5-1-3}$$

式中 $\rho_{\text{测井}}$——密度测井值；

$\rho_{\text{流体}}$、$\rho_{\text{骨架}}$——地层流体、岩石骨架及有机质的密度值；

ϕ——孔隙度；

V_{TOC}——有机质含量；

TOC——总有机碳含量。

该方法得到的孔隙度计算结果精度高，但需要测井资料足够丰富，普适性不强。

(2) 线性拟合法

将岩心孔隙度和常规测井曲线作相关性分析，优选出与岩心孔隙度相关性较好的测井曲线，然后应用数理统计方法拟合得到孔隙度和该曲线的一元线性方程，建立计算页岩气储层孔隙度的模型：

$$\phi=a\times\omega+b \tag{5-1-4}$$

式中 ω——岩心孔隙度相关性最佳的测井曲线值；

a、b——地区经验系数。

线性拟合法应用前提是不受地层岩性变化的影响。在误差允许的范围内，该方法计算过程简便，经济高效，但不具有普适性。

(3) 体积模型法

密度孔隙度指示地层的总孔隙度，体积模型法是以页岩的岩石物理体积模型为基础，将页岩看作由岩石骨架、有机质、孔隙组成，对总孔隙度进行泥质、有机质含量校正，从而得到页岩的有效孔隙度(张晋言等，2012)。

计算公式为：

$$\phi_e=\phi_d-TOC\times\frac{\rho_{ma}-\rho_{TOC}}{\rho_{ma}-\rho_f}-SH\times\frac{\rho_{ma}-\rho_{SH}}{\rho_{ma}-\rho_f} \tag{5-1-5}$$

式中 ϕ_e——有效孔隙度；

ϕ_d——密度孔隙度；

SH——泥质含量；

ρ_{ma}——骨架密度；

ρ_f——流体密度；

ρ_{TOC}——有机碳密度；

ρ_{SH}——泥质密度。

该方法计算过程简单，具有一定的普适性。

(4) 联合声波时差-核磁共振测井法

① 核磁共振测井计算孔隙度

根据核磁共振测井的基本原理，利用核磁共振测井资料计算含气储层孔隙度的公式为：

$$CMRP=\phi\times S_g\times HI_g\times P_g+\phi\times HI_f\times(1-S_g) \tag{5-1-6}$$

其中

$$P_g=1-e^{-\frac{T_w}{T_{1g}}} \tag{5-1-7}$$

式中 ϕ——地层真实孔隙度；

S_g——含气饱和度；

HI_g——气体的含氢指数；

HI_f——孔隙流体含氢指数；

P_g——气体的极化因子；

T_w——等待时间；

T_{1g}——气体纵向弛豫时间。

如果储层孔隙流体为地层水，即 $HI_f=1.0$，则式(5-1-7)可转化为

$$CMRP=\phi\times[1-S_g\times(1-HI_g\times P_g)] \tag{5-1-8}$$

即

$$\frac{CMRP}{\phi}=1-S_g\times(1-HI_g\times P_g) \quad (5-1-9)$$

② 声波时差测井计算孔隙度

依据纯砂岩气层的岩石体积物理模型，其声波时差测井的响应方程为：

$$\Delta t=\Delta t_{ma}\times(1-\phi)+\Delta t_w\times\phi\times(1-S_g)+\Delta t_g\times\phi\times S_g \quad (5-1-10)$$

式中 Δt——声波时差测井值；

Δt_{ma}——岩石骨架声波时差，对于砂泥岩地层而言，一般取55.5μs/ft；

Δt_w——地层水声波时差，一般取189μs/ft；

Δt_g——气体的声波时差。

目前利用声波时差测井资料计算储层孔隙度的威力公式为：

$$PHIS=\frac{\Delta t-\Delta t_{ma}}{\Delta t_f-\Delta t_{ma}} \quad (5-1-11)$$

将式(5-1-10)代入式(5-1-11)，得

$$PHIS=\phi\left[1+S_g\left(\frac{\Delta t-\Delta t_{ma}}{\Delta t_f-\Delta t_{ma}}\right)\right] \quad (5-1-12)$$

即

$$\frac{PHIS}{\phi}=1+S_g\left(\frac{\Delta t-\Delta t_{ma}}{\Delta t_f-\Delta t_{ma}}\right) \quad (5-1-13)$$

③ 联合声波时差测井-核磁共振测井计算孔隙度

假设存在两个参数 α 和 β，并令

$$\alpha=\frac{\Delta t-\Delta t_{ma}}{\Delta t_f-\Delta t_{ma}}\beta=1-HI_g\times P_g$$

将其分别代入式(5-1-13)和式(5-1-9)中得

$$\frac{CMRP}{\phi}=1-S_g\times\beta \quad (5-1-14)$$

$$\frac{PHIS}{\phi}=1+S_g\times\alpha \quad (5-1-15)$$

联立式(5-1-14)和式(5-1-15)并进行化简得到地层真实孔隙度的计算公式为：

$$\phi=\left(\frac{\beta}{\alpha+\beta}\right)\times PHIS+\left(\frac{\alpha}{\alpha+\beta}\right)\times CMRP \quad (5-1-16)$$

如果令 $m=\frac{\beta}{\alpha+\beta}$，$n=\frac{\alpha}{\alpha+\beta}$，则式(5-1-16)可表示为

$$\phi=m\times PHIS+n\times CMRP \quad (5-1-17)$$

式中 $m+n=1$。

通过对式(5-1-16)进行分析可知，在确定出 m 和 n 的值后，就可以结合利用声波时差计算的孔隙度和核磁共振测井孔隙度计算出地层的真实孔隙度值。该方法的主要优势在于避免了利用单一方法计算孔隙度时首先要获取地层含气饱和度、含氢指数以及极化因子等参数的问题，不受总有机碳含量影响。

5.2 乌拉力克组孔隙度计算模型的建立

5.2.1 乌拉力克组孔隙度和渗透率分布特征

孔隙度是储层岩石孔隙体积所占岩石总体积的百分比，反映储层孔隙空间的大小，用来衡量储层储集流体的能力。孔隙度是储层物性的重要参数，通过薄片分析认为乌拉力克组以页岩气为主，物性分析数据显示孔隙度分布在 0~6.0%。

对研究区内 12 口探井，收集乌拉力克组岩石物性分析数据 366 块样品，通过分析得到乌拉力克组孔隙度集中分布在 0.3%~2.0%，孔隙度大于 5.0%的样品数量只有 3.0%，平均孔隙度为 1.38%。孔隙度分布在 0.5%~2.0%区间的占比为 56.3%，总体来说乌拉力克组地层孔隙度很低，见图 5-2-1。

对研究区内 12 口探井，收集乌拉力克组岩石物性分析数据 283 块样品，通过分析得到乌拉力克组渗透率集中分布在 0.001~0.05mD，渗透率大于 0.1mD 的样品数量只有 16.96%，渗透率大于 1.0mD 的样品数量只有 3.53%，平均渗透率为 0.0093mD。总体来说乌拉力克组地层渗透率很低，属于典型的低渗地层。见图 5-2-2。

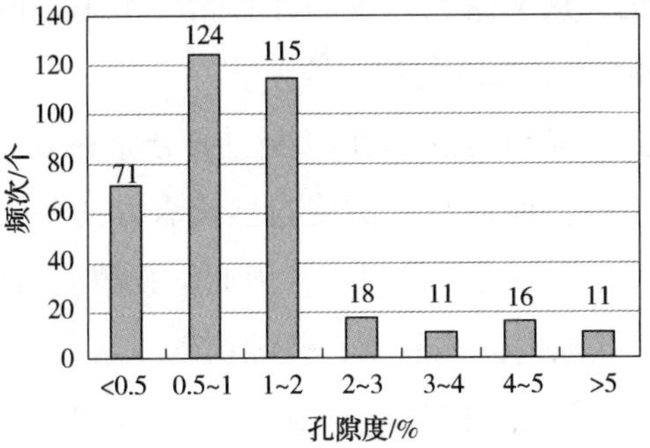

图 5-2-1 乌拉力克组地层孔隙度分布图

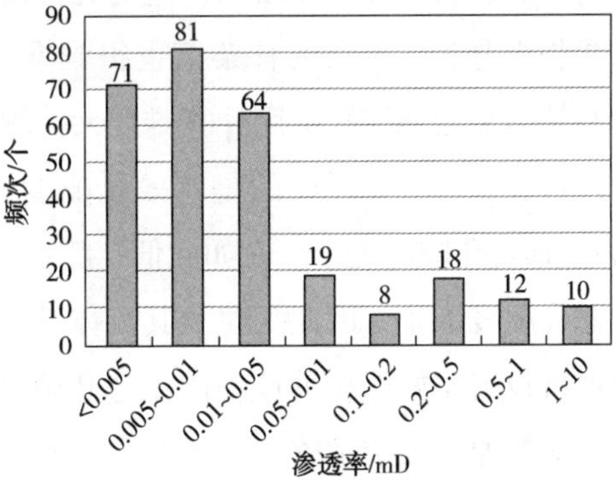

图 5-2-2 乌拉力克组地层渗透率分布图

乌拉力克组由于岩性复杂，孔隙结构复杂，局部有裂缝发育，因此孔隙度和渗透率相关性差，无法利用孔隙度拟合渗透率计算模型。孔隙度和渗透率相关性见图 5-2-3。

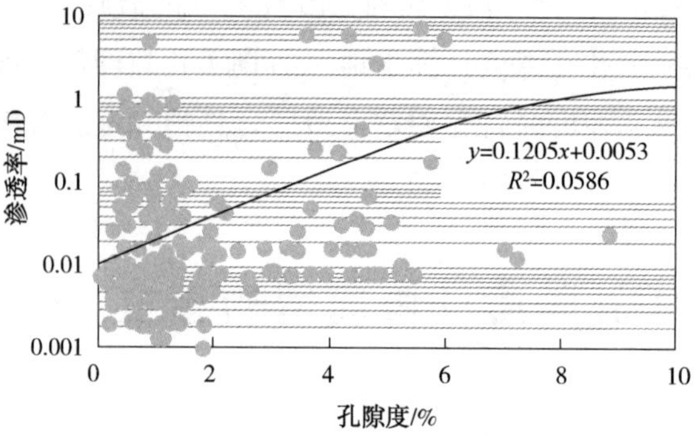

图 5-2-3　乌拉力克组孔隙度和渗透率关系图

5.2.2　乌拉力克组孔隙度与测井曲线相关性研究

由于乌拉力克组地层为页岩气，岩石成分复杂，方解石、白云石、石英、黏土等，填隙物种类多，并且各矿物组分含量变化大，孔隙类型多、孔隙结构复杂、胶结方式复杂。而对于常规储层来说，储层内岩性较为简单，储层总孔隙度和有效孔隙度较大，孔隙度测井曲线与孔隙度相关性好。

基于乌拉力克组地层存在以上复杂的岩性和孔隙特征，可以确定乌拉力克组地层已经不属于常规储层，类似于海相页岩地层。测井曲线主要反映的是岩性，而孔隙及其流体性质对测井曲线的贡献量很小，因此，测井曲线很难准确地反映储层的孔隙。而目前计算孔隙度模型都是在确定岩性的基础上计算的，由于常规测井曲线识别岩石矿物组分的精度低，确定岩石的矿物组分误差较大，这对孔隙度的计算精度带来了很大的影响。即便确定了岩石的矿物组分，各矿物的骨架值也很难准确确定，这又给孔隙度的计算精度带来了困难。因此乌拉力克组地层孔隙度计算难度大，测井曲线与孔隙度的相关性差。

声波孔隙度主要反映的是有效孔隙度，乌拉力克组地层总孔隙度主要分布在 0.3%～2.0%，有效孔隙度更小。在如此低孔隙度地层，声波曲线与孔隙度自然没有好的相关性。由于总孔隙度太小，因此孔隙及其流体性质对密度测井贡献量很小，因此，孔隙度与密度测井曲线没有很好的相关性；由于总孔隙度小，孔隙内流体复杂，孔隙内气、水共存，由于中子对氢原子反应敏感，在超低孔以及未充满水的孔隙内氢原子数量有限，因此中子与孔隙度曲线相关性差。

由于电阻率曲线与岩石骨架的导电性有一定的关系，岩性对孔隙度有一定的控制作用，因此，电阻率与孔隙度有一定的相关性，但是相关性差。光电吸收截面、自然伽马和自然伽马能谱测井主要反映岩性，由于岩性与孔隙性存在一定的关系，因此，岩性测井曲线与孔隙度存在一定的相关性，但是相关性较差。

通过对测井曲线与孔隙度相关性分析，从单条测井曲线与孔隙度交会图分析发现，测井曲线与孔隙度的相关性差，因此无法用单参数与孔隙度建立解释模型。相比而言深侧向与孔隙度的相关性最高，R^2 为0.1068；其次从高到低依次是密度、*PE*、自然伽马、声波时差、补偿中子。具体相关性见图5-2-4~图5-2-9。

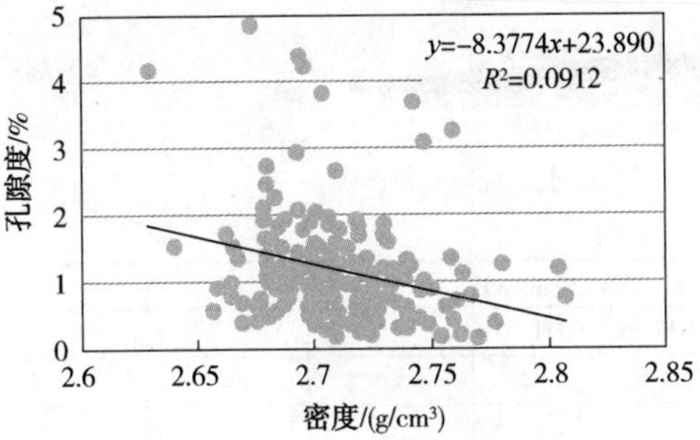

图5-2-4　密度-孔隙度的相关性

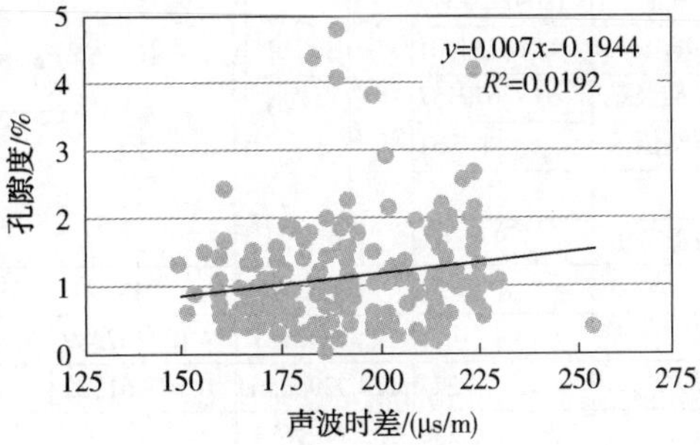

图5-2-5　声波时差-孔隙度的相关性

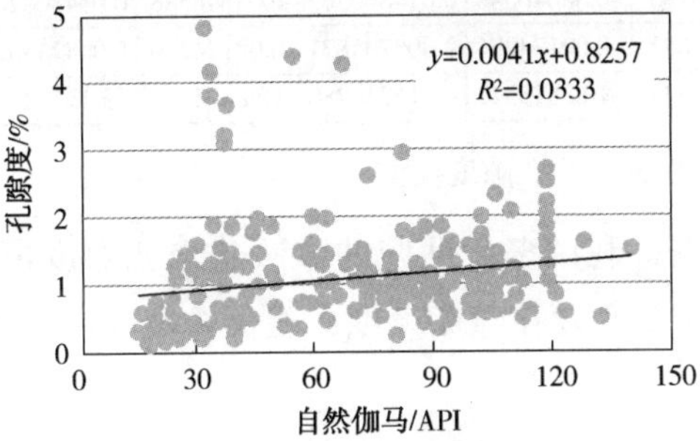

图5-2-6　自然伽马-孔隙度的相关性

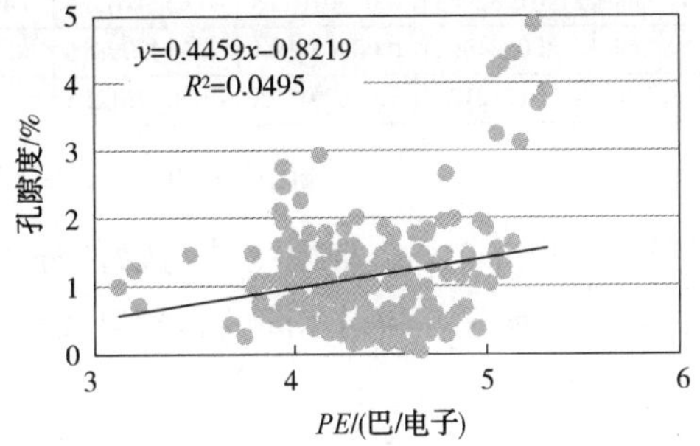

图5-2-7　*PE*-孔隙度的相关性

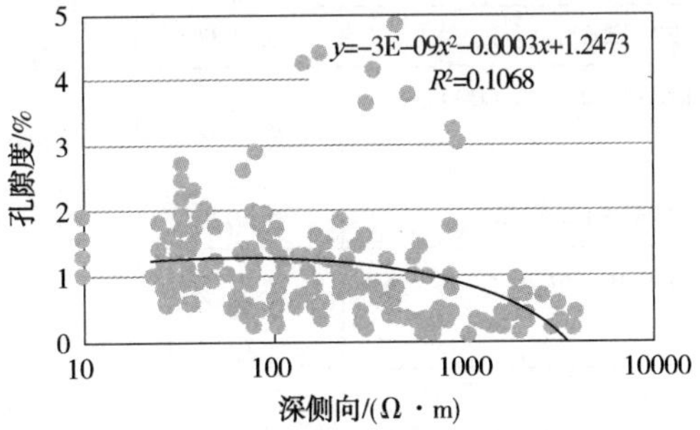

图5-2-8　深侧向-孔隙度的相关性

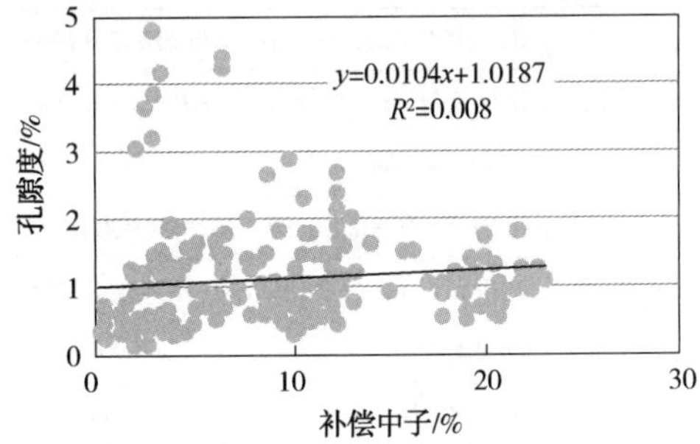

图5-2-9　补偿中子-孔隙度的相关性

5.2.3　乌拉力克组有效孔隙度计算模型的建立和应用效果评价

单条测井曲线与孔隙度相关性差，相关系数 R^2 小于0.1，因此利用单参数无法准确计算孔隙度，利用多参数才可以求取较为准确的孔隙度。通过对岩石物理实验分析得出的氦孔隙度、水分析孔隙度及核磁分析孔隙度分析建模，对建立的模型验证后得出氦孔隙度模型更接近于岩石有效孔隙度，核磁总孔隙度模型更接近于岩石总孔隙度。

SUMMARY OUTPUT	
Multiple R	0.303696137
R Square	0.092231343
Adjusted R	0.080234401
标准误差	0.73679137
观测值	231
方差分析	

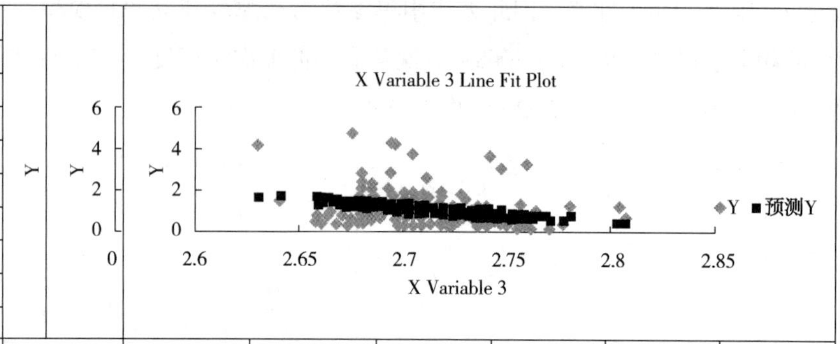

	df	SS	MS	F	Significance F			
回归分析	3	12.52040187	4.173467289	7.687904037	6.48037E-05			
残差	227	123.2295656	0.542861522					
总计	230	135.7499674						
	Coefficientst	标准误差	t Stat	P-value	Lower 95%	Upper 95%	下限 95.0%	上限95.0%
Intercept	19.97492562	5.327523156	3.749383163	0.000224996	9.47720394	30.4726473	9.47720394	30.4726473
X Variable	-0.010829837	0.013010118	-0.832416535	0.406048753	-0.03646588	0.014806203	-0.03646588	0.014806203
X Variable	0.00349651	0.002658944	1.314999816	0.18983682	-0.00174286	0.008735877	-0.00174286	0.008735877
X Variable	-7.017521281	1.948791126	-3.600961225	0.00038938	-10.8575547	-3.17748788	-10.8575547	-3.17748788

图 5-2-10　三元回归的方法建立的孔隙度模型

整理 7 口井 219 个常规测井与物性分析数据，利用多元回归的方法建立孔隙度模型。如图 5-2-10 所示：利用不同的参数组合建立 15 个有效孔隙度模型，相关系数较高的模型见表 5-2-1。

表 5-2-1　有效孔隙度模型及优选次序

类型	孔隙度模型	R^2	选取次序
有效孔隙度	0. 001516×*GR*−0. 00023×*RLLD*−7. 17033×*DEN*+20. 42533	0. 6087	1
	0. 01487×*AC*−0. 0023×*CGR*−3. 9552×*DEN*−0. 1768×*PE*−0. 00008397×*RLLD*+9. 684	0. 5601	2
	0. 0149×*AC*−0. 00188×*CGR*−3. 9088×*DEN*−0. 1824×*PE*+9. 5215	0. 5029	3
	1. 082114×*PE*+0. 002996×*AC*+0. 005213×*GR*−0. 0002×*RLLD*−7. 02918×*DEN*+14. 6276	0. 5239	4
	0. 019067×*AC*−0. 002846*CGR*−4. 7985×*DEN*+10. 4565	0. 5197	5
	0. 02592×*AC*−0. 00571×*CGR*−3. 668015	0. 4906	6

Z 平 1 井通过 8 个孔隙度模型计算的孔隙度与岩石物理实验分析孔隙度对比可以看出，POR_ACCGRDENPERLLD、孔隙度(三元回归)、POR_ACCGRDENPE、POR_CGRDEN 与实验分析孔隙度大小接近，相关性好。如图 5-2-11 所示。

Y 探 1 井通过 8 个孔隙度模型计算的孔隙度与岩石物理实验分析孔隙度对比可以看出，POR_ACCGRDENPERLLD、孔隙度(三元回归)、POR_ACCGRDENPE、POR_CGRDEN 与实验分析孔隙度大小接近，相关性好。如图 5-2-12 所示。

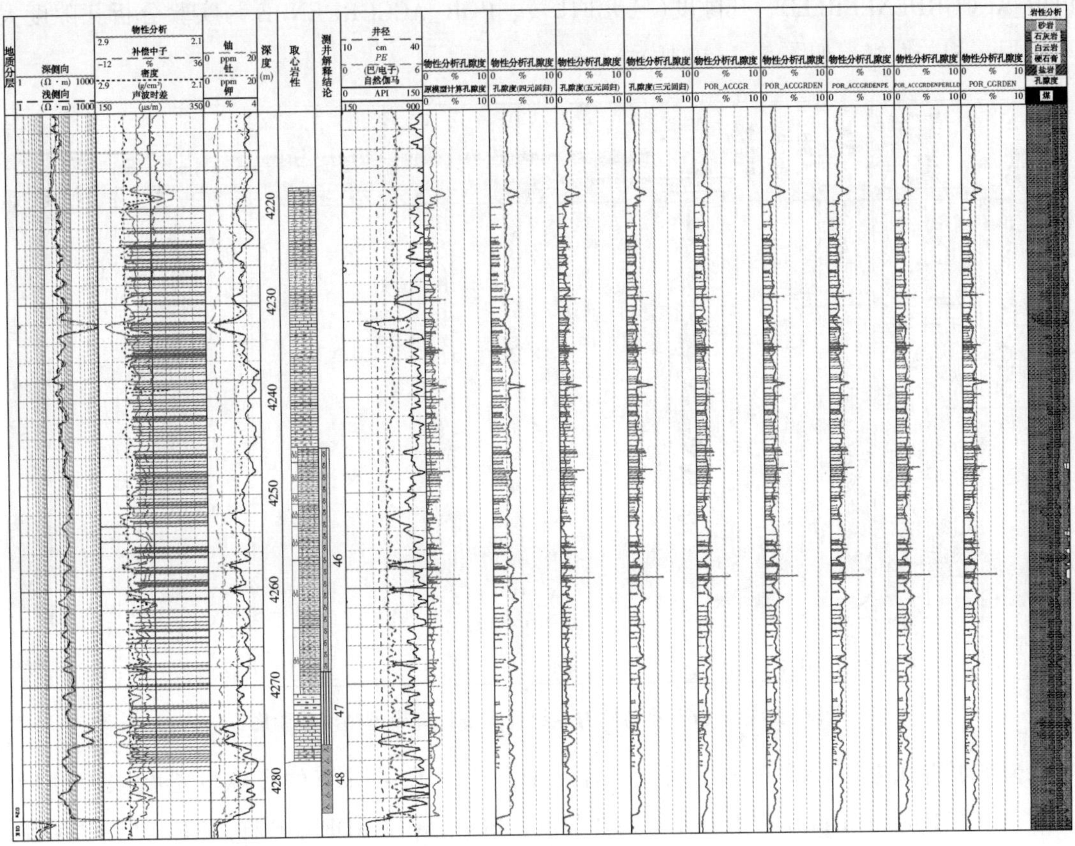

图 5-2-11　Z 平 1 井乌拉力克组孔隙度计算模型精度检验图

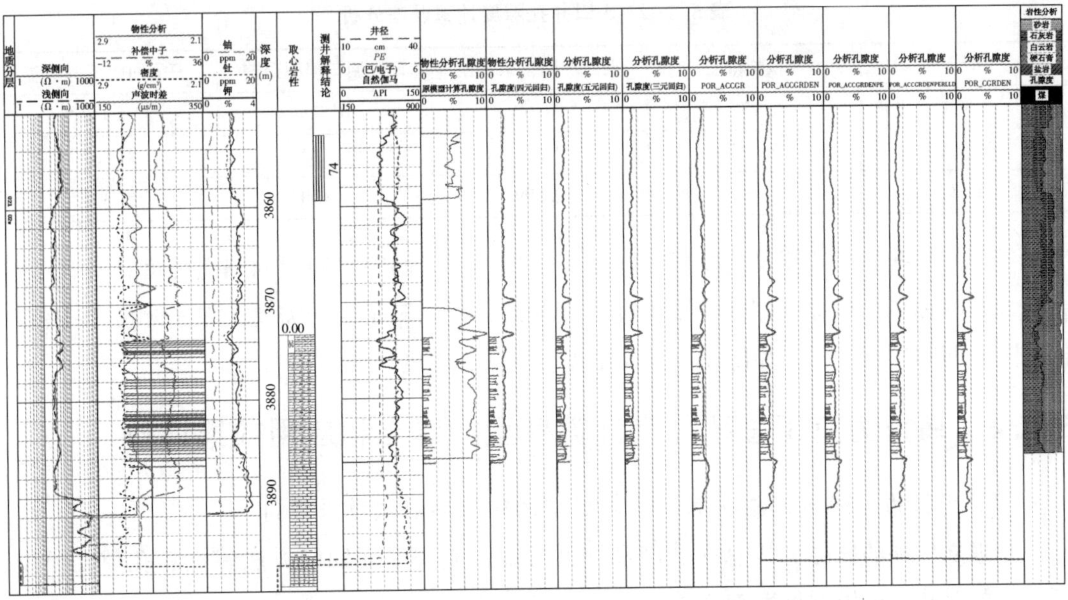

图 5-2-12　Y 探 1 井乌拉力克组孔隙度计算模型精度检验图

R68 井通过 8 个孔隙度模型计算的孔隙度与岩石物理实验分析孔隙度对比可以看出，POR_ACCGRDENPERLLD、孔隙度(三元回归)、POR_ACCGRDENPE 与实验分析孔隙度大小接近，相关性好。如图 5-2-13 所示。

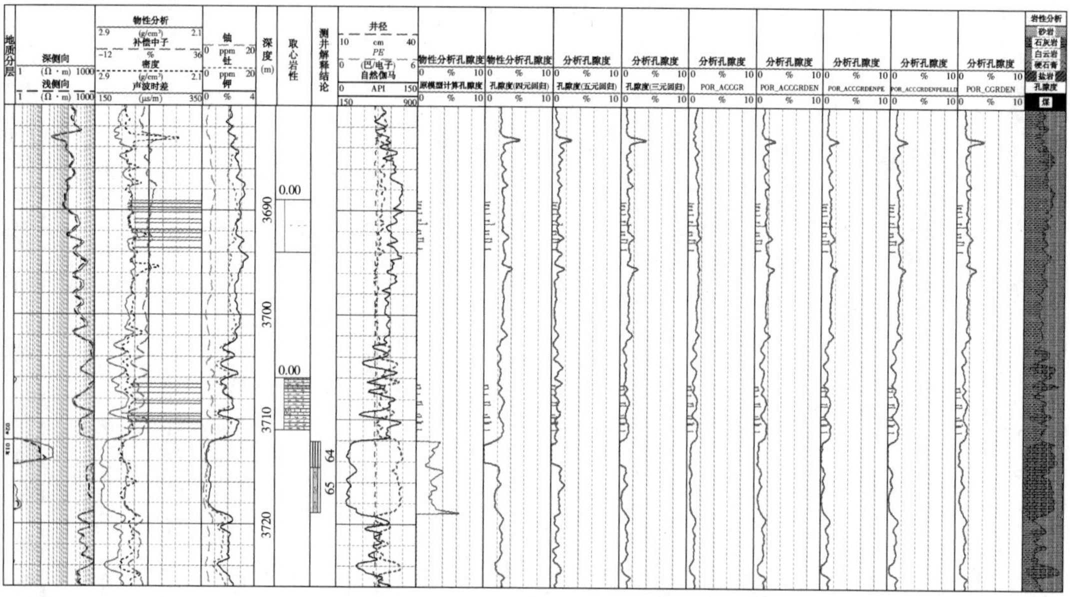

图 5-2-13　R68 井乌拉力克组孔隙度计算模型精度检验图

为了更直观表征计算孔隙度误差大小，对以上 3 口井计算的孔隙度进行误差分析，POR_ACCGRDENPERLLD 称为五元回归孔隙度，POR_ACCGRDENPE 称为四元回归孔隙度，孔隙度(三元回归)称为三元回归孔隙度。此 3 种孔隙度误差小，对比结果见表 5-2-2。

表 5-2-2　3 口井孔隙度计算误差分析　　%

井号	原模型误差	五元回归模型误差	四元回归模型误差	三元回归模型误差
Z 平 1	1.777	0.469	0.525	0.448
Y 探 1	5.726	0.509	0.562	0.307
R68	—	0.599	0.498	0.324

三元回归孔隙度计算误差控制在 0.45%以内；五元回归和四元回归孔隙度计算误差控制在 0.60%以内，较原孔隙度模型精度大大提高，可以满足生产需要。在实际应用中依次选取三元回归、五元回归和四元回归模型进行有效孔隙度计算。

5.2.4　乌拉力克组总孔隙度计算模型的建立和应用效果评价

(1) 乌拉力克组页岩总孔隙度计算模型的建立和应用效果评价

整理 9 口井的核磁分析总孔隙度和测井数据，利用多元回归方法建立总孔隙度模型，所建立的总孔隙度模型见表 5-2-3。

表 5-2-3　有效孔隙度模型及优选次序

序号	总孔隙度模型	R^2	说明	选取次序
1	0. 088716×*AC*-0. 00862×*CGR*-1. 01506×*PE*-9. 5375	0. 777	三元	1
2	0. 108747×*AC*-0. 00665×*CGR*-17. 5410	0. 764	二元	2
3	0. 070765×*AC*+0. 002218×*CGR*-6. 74672×*DEN*-0. 60523×*PE*+9. 9018	0. 791	四元	3
4	0. 026914×*CGR*-13. 4043×*DEN*-1. 51071×*PE*+43. 9149	0. 734	三元	4
5	0. 078013×*AC*+0. 005206×*CGR*-7. 96343×*DEN*+9. 2181	0. 787	三元	5
6	0. 098382×*AC*-0. 00136×*CGR*-7. 07149×*DEN*-0. 25745×*PE*-0. 155×*CNL*+5. 7426	0. 813	五元	6

Z 平 1 井核磁总孔隙度模型计算孔隙度略小于核磁分析总孔隙度，与核磁测井计算总孔隙度相当，相关性较好。如图 5-2-14、图 5-2-15 所示。

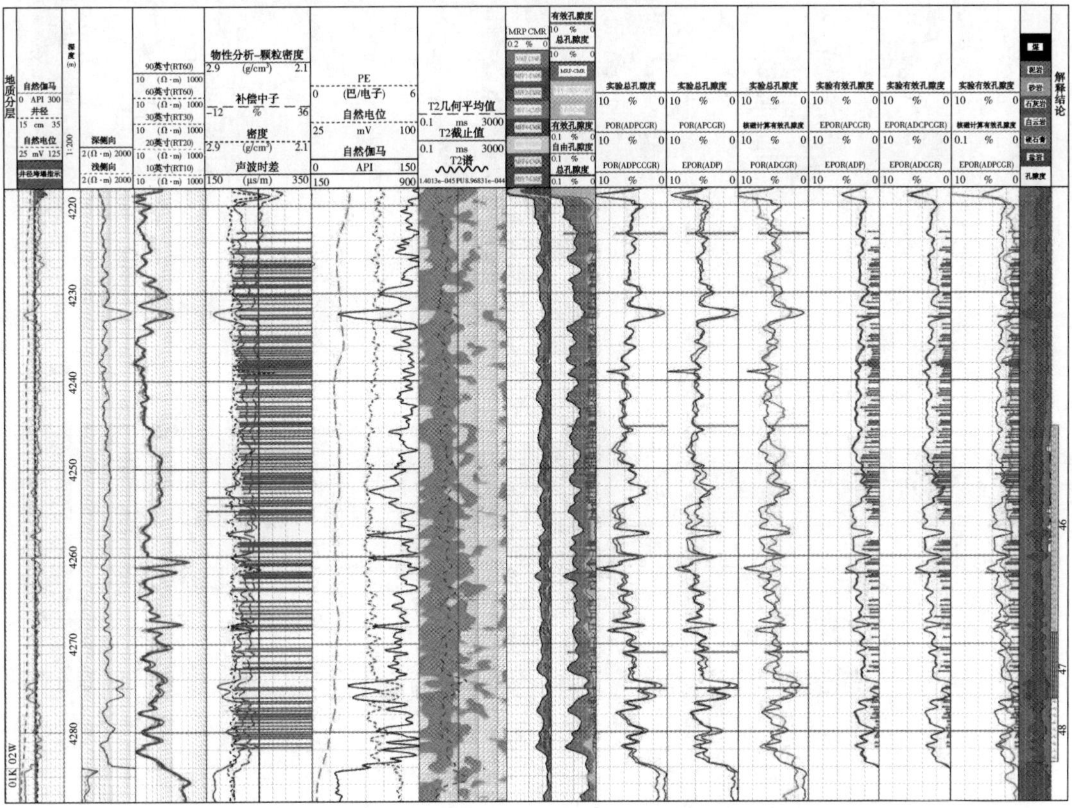

图 5-2-14　Z 平 1 井乌拉力克组孔隙度计算模型精度检验图(一)

L 探 1 井核磁总孔隙度模型计算孔隙度与核磁测井计算总孔隙度相当，相关性较好。如图 5-2-16 所示。

(2) 乌拉力克组灰岩总孔隙度计算模型的建立和应用效果评价

① 乌拉力克组灰岩总孔隙度计算模型

从岩石物理实验数据中整理出岩性较纯灰岩储层孔隙度，结合测井参数，利用多元回归建立的灰岩孔隙度计算模型如表 5-2-4 所示。

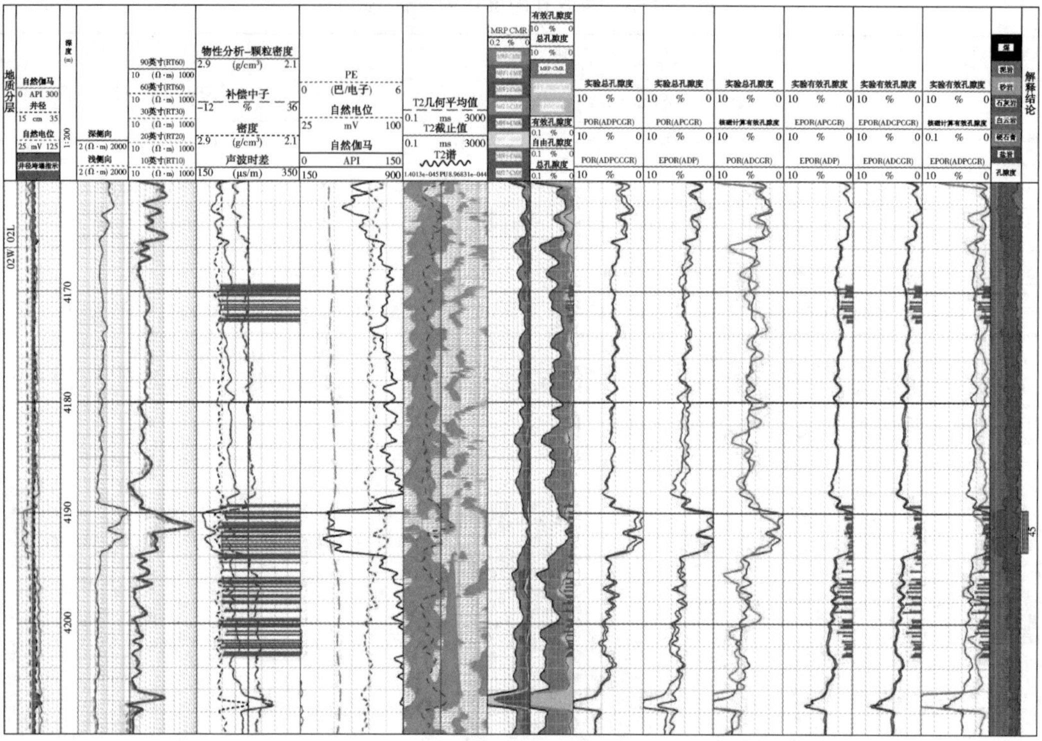

图 5-2-15　Z 平 1 井乌拉力克组孔隙度计算模型精度检验图(二)

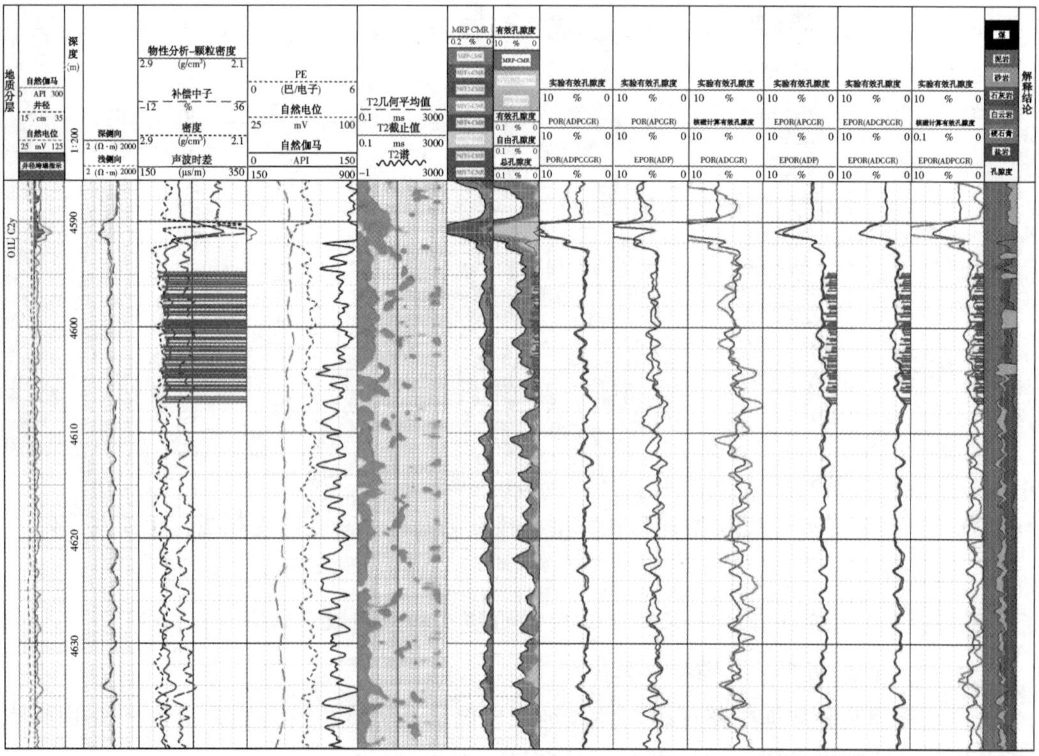

图 5-2-16　L 探 1 井乌拉力克组孔隙度计算模型精度验证图

表 5-2-4　乌拉力克组灰岩孔隙度计算模型

序号	乌拉力克石灰岩孔隙度模型	R^2	说明
1	0.019252×*AC*+1.16621×*K*+0.191872×*PE*+2.08546×*DEN*+0.046933×*GR*−8.7582	0.7493	五元
2	0.022933×*AC*−3.01323×*K*−11.7084×*DEN*+2.63052×*PE*+0.356214×*CGR*−1.16431×*TH*+15.38572	0.6246	六元
3	0.036003×*AC*+0.037574×*GR*−5.98201	0.4842	二元
4	0.043537×*AC*+0.036228×*GR*+0.00000914×*RLLD*−7.2298	0.3936	三元

② 乌拉力克组灰岩孔隙度对比分析

E19 井二元和三元孔隙度模型计算孔隙度与实验分析孔隙度接近，与实验分析孔隙度相关性较好，如图 5-2-17 所示。其余模型计算孔隙度与实验分析孔隙度相差大，效果差，误差分析如表 5-2-5 和图 5-2-18 所示。

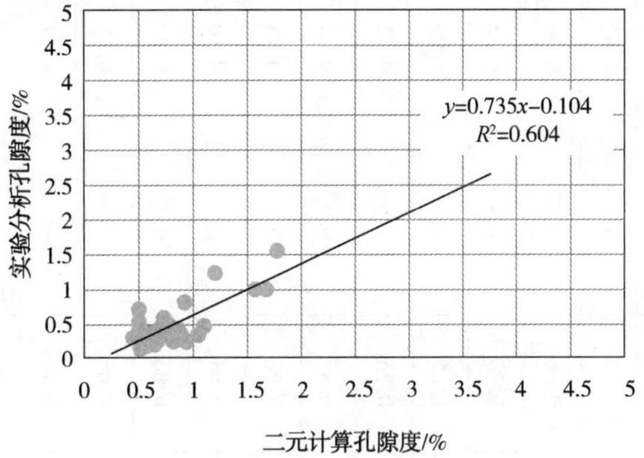

(a)灰岩二元孔隙度模型计算孔隙度对比图

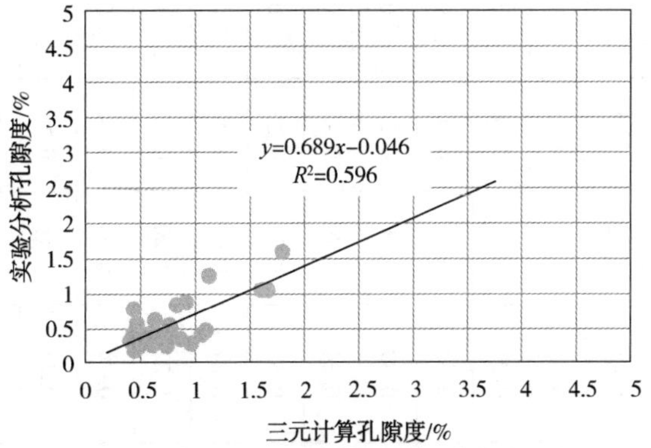

(b)灰岩三元孔隙度模型计算孔隙度对比图

图 5-2-17　E19 井乌拉力克组灰岩计算孔隙度与物性分析孔隙度对比图

表 5-2-5　E19 井乌拉力克组灰岩孔隙度计算精度对比表

校深/m	氦孔隙度/%	PL_ACGR	绝对误差/%	PL_GRAVRLL	绝对误差/%	PL_ACGRDENPE	绝对误差/%	PL_ CGRKTHDENPEAC	绝对误差/%	PL_CGRKTHPEAC	绝对误差/%
3910. 10	1. 01	1. 58	0. 57	1. 60	0. 559	0. 08	0. 93	-0. 08	1. 09	-0. 16	1. 17
3910. 23	1. 01	1. 65	0. 64	1. 67	0. 66	0. 30	0. 72	0. 07	0. 94	0. 02	0. 99
3911. 16	1. 55	1. 76	0. 21	1. 80	0. 25	0. 29	1. 26	0. 41	1. 15	0. 46	1. 09
3911. 55	0. 44	1. 11	0. 67	1. 13	0. 69	-0. 18	0. 62	-0. 24	0. 65	-0. 45	0. 89
3911. 70	0. 38	1. 03	0. 65	1. 04	0. 66	0. 02	0. 36	-0. 02	0. 40	-0. 30	0. 68
3911. 96	0. 27	0. 95	0. 68	0. 97	0. 70	0. 40	0. 13	0. 41	0. 14	0. 22	0. 05
3912. 16	0. 33	0. 89	0. 56	0. 88	0. 55	0. 33	0. 00	0. 30	0. 03	0. 08	0. 25
3912. 53	0. 49	0. 76	0. 27	0. 75	0. 26	0. 61	0. 12	0. 53	0. 04	0. 04	0. 45
3912. 73	0. 34	0. 79	0. 45	0. 79	0. 45	0. 37	0. 03	0. 28	0. 07	-0. 30	0. 64
3912. 97	0. 52	0. 77	0. 25	0. 78	0. 26	0. 07	0. 45	-0. 16	0. 68	-1. 03	1. 55
3913. 10	0. 84	0. 93	0. 09	0. 92	0. 08	0. 08	0. 76	-0. 18	1. 02	-1. 01	1. 85
3913. 44	1. 22	1. 20	0. 02	1. 16	0. 06	0. 42	0. 80	0. 17	1. 06	-0. 38	1. 60
3914. 01	0. 79	0. 93	0. 14	0. 85	0. 05	-0. 04	0. 83	-0. 19	0. 98	-0. 09	0. 88
3914. 26	0. 34	0. 88	0. 54	0. 80	0. 46	-0. 30	0. 64	-0. 42	0. 76	-0. 36	0. 70
3914. 46	0. 25	0. 82	0. 57	0. 75	0. 50	-0. 53	0. 78	-0. 64	0. 89	-0. 62	0. 87
3914. 53	0. 44	0. 71	0. 27	0. 64	0. 20	-0. 84	1. 2	-0. 93	1. 37	-0. 86	1. 30
3914. 71	0. 35	0. 59	0. 24	0. 53	0. 18	-1. 04	1. 39	-1. 11	1. 46	-0. 95	1. 30
3914. 90	0. 39	0. 49	0. 10	0. 44	0. 05	-1. 25	1. 64	-1. 28	1. 67	-0. 98	1. 37
3914. 99	0. 71	0. 49	0. 22	0. 44	0. 27	-1. 25	1. 96	-1. 28	1. 99	-0. 98	1. 69

续表

校深/m	氦孔隙度/%	PL_ACGR	绝对误差/%	PL_GRAVRLL	绝对误差/%	PL_ACGRDENPE	绝对误差/%	PL_ CGRKTHDENPEAC	绝对误差/%	PL_CGRKTHPEAC	绝对误差/%
3915. 22	0. 18	0. 56	0. 38	0. 51	0. 33	-1. 17	1. 35	-1. 24	1. 42	-1. 01	1. 19
3915. 35	0. 30	0. 55	0. 25	0. 50	0. 20	-1. 08	1. 38	-1. 16	1. 46	-0. 99	1. 29
3915. 53	0. 37	0. 59	0. 22	0. 55	0. 18	-0. 89	1. 26	-1. 02	1. 39	-1. 00	1. 37
3915. 73	0. 24	0. 67	0. 43	0. 63	0. 39	-0. 71	0. 95	-0. 85	1. 09	-0. 88	1. 12
3915. 83	0. 58	0. 70	0. 12	0. 65	0. 07	-0. 53	1. 11	-0. 66	1. 24	-0. 69	1. 27
3916. 08	0. 42	0. 74	0. 32	0. 68	0. 26	-0. 32	0. 74	-0. 47	0. 89	-0. 47	0. 89
3916. 31	0. 43	0. 86	0. 43	0. 78	0. 35	-0. 54	0. 97	-0. 67	1. 10	-0. 62	1. 05
3916. 48	0. 37	0. 75	0. 38	0. 67	0. 30	-0. 59	0. 96	-0. 72	1. 09	-0. 67	1. 04
3916. 66	0. 13	0. 51	0. 38	0. 45	0. 32	-0. 48	0. 61	-0. 51	0. 64	-0. 25	0. 38
3916. 82	0. 15	0. 51	0. 36	0. 45	0. 30	-0. 45	0. 60	-0. 44	0. 59	-0. 06	0. 21
3916. 95	0. 33	0. 53	0. 20	0. 47	0. 14	-0. 51	0. 84	-0. 43	0. 76	0. 13	0. 20
3917. 07	0. 12	0. 50	0. 38	0. 46	0. 34	-0. 51	0. 63	-0. 42	0. 54	0. 10	0. 02
3917. 19	0. 29	0. 45	0. 16	0. 41	0. 12	-0. 40	0. 69	-0. 37	0. 66	-0. 11	0. 40
3917. 40	0. 35	0. 45	0. 10	0. 42	0. 07	-0. 27	0. 62	-0. 31	0. 66	-0. 37	0. 72
3917. 60	0. 31	0. 44	0. 13	0. 41	0. 10	0. 00	0. 31	-0. 07	0. 38	-0. 36	0. 67
3917. 78	0. 56	0. 50	0. 06	0. 49	0. 07	0. 28	0. 28	0. 19	0. 37	-0. 29	0. 85
3917. 91	0. 21	0. 63	0. 42	0. 62	0. 41	-0. 14	0. 35	-0. 12	0. 33	-0. 22	0. 43
平均绝对误差/%			0. 40		0. 38		0. 79		0. 79		0. 90

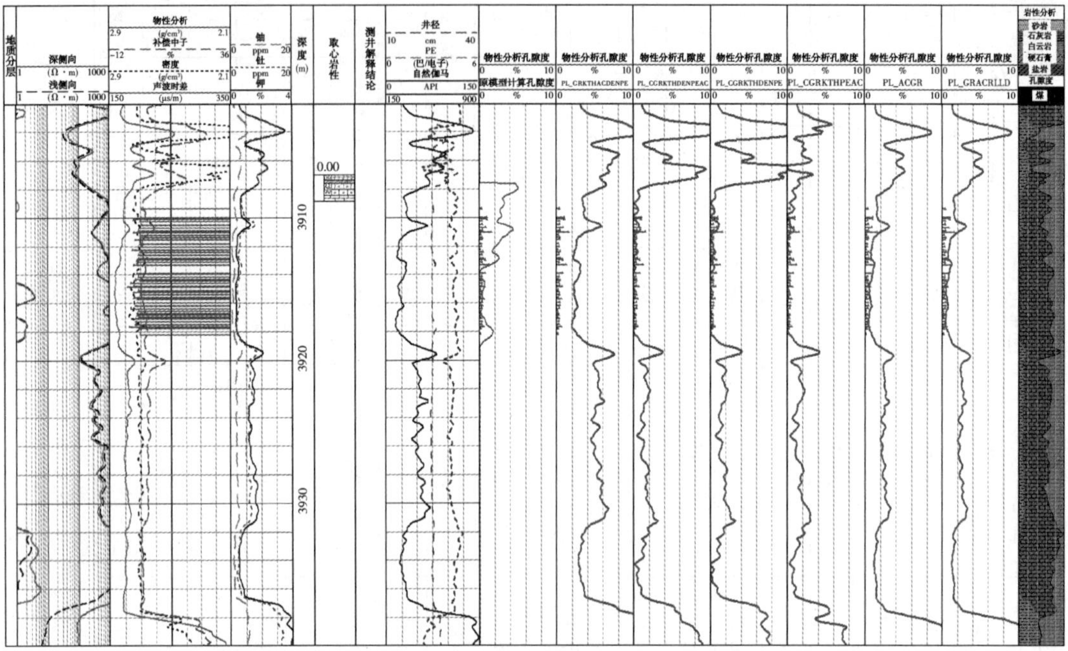

图 5-2-18 E19 井乌拉力克组灰岩计算孔隙度与实验分析孔隙度对比图

R102 井二元和三元孔隙度模型计算孔隙度与实验分析孔隙度接近，与实验分析孔隙度相关性好，其余模型计算孔隙度与实验分析孔隙度相差较大，效果较差。如图 5-2-19～图 5-2-21所示。

Q 探 1 井二元孔隙度模型计算孔隙度与实验分析孔隙度接近，与实验分析孔隙度相关性较好，其余模型计算孔隙度与实验分析孔隙度相差较大，效果较差。如图 5-2-22 所示。

通过对以上三口井计算孔隙度误差分析，总体来说二元和三元模型计算孔隙度与物性分析孔隙度数值接近，相关性较好。E19 井 3909～3913m 井段由于泥质和云质含量较高导致计算的孔隙度偏大，在较纯的石灰岩计算的孔隙度与物性分析孔隙度数值接近，相关性好。具体对比结果如表 5-2-6 所示。

表 5-2-6 3 口井乌拉力克灰岩计算孔隙度与实验分析孔隙度对比表 %

井号	二元绝对误差	三元绝对误差	五元绝对误差	六元绝对误差
E19	0.40	0.38	0.90	0.79
Q 探 1	0.45	0.67	0.57	0.56
Z 平 1	0.90	0.87	2.47	2.17

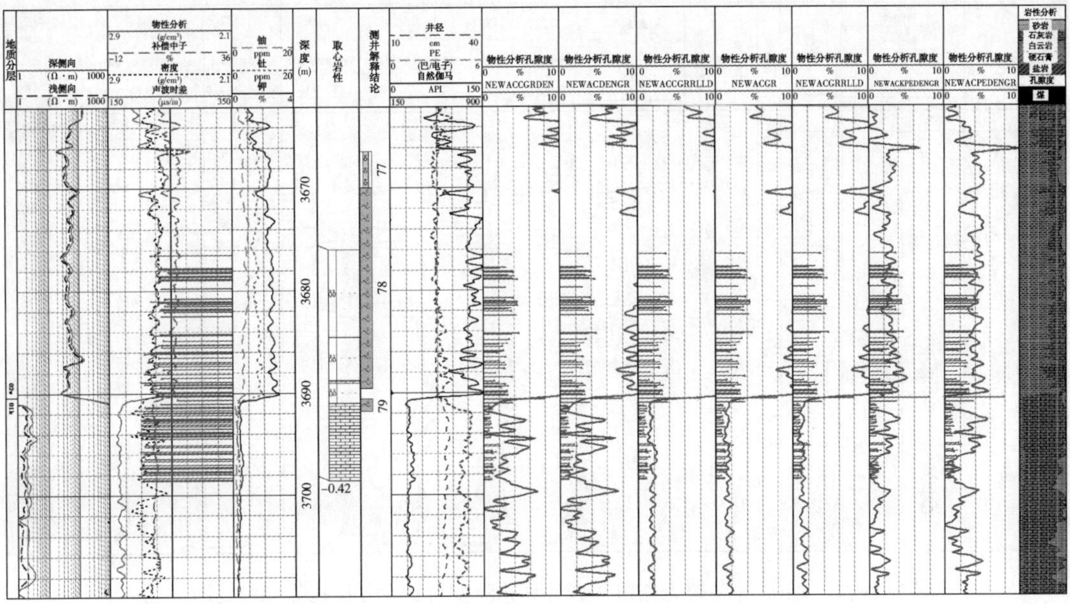

图 5-2-19 R102 井乌拉力克组灰岩计算孔隙度与实验分析孔隙度对比图(一)

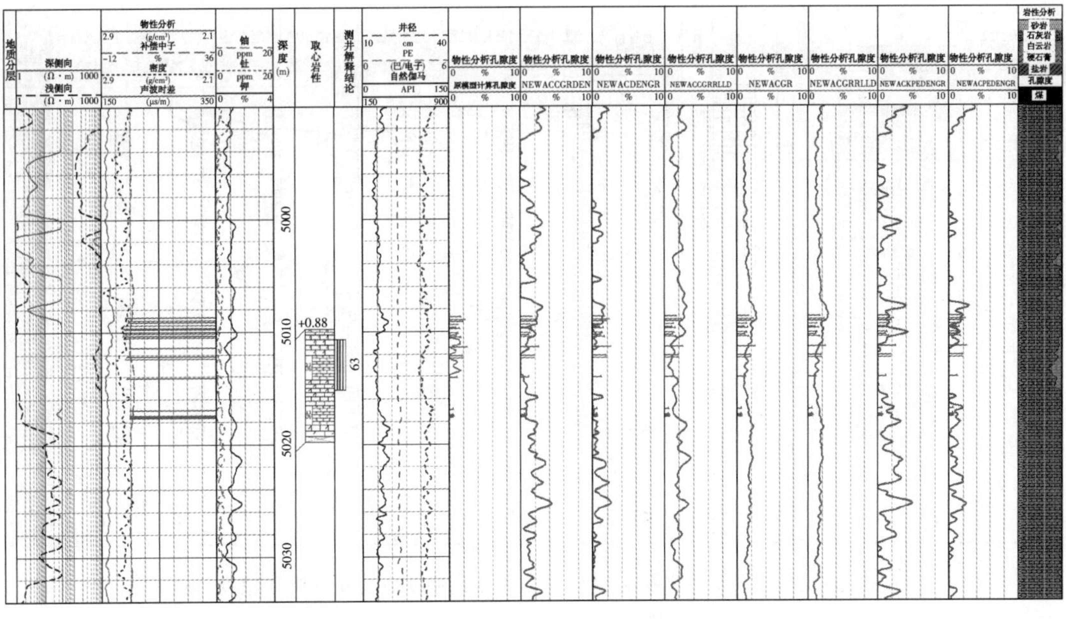

图 5-2-20 R102 井乌拉力克组灰岩计算孔隙度与实验分析孔隙度对比图(二)

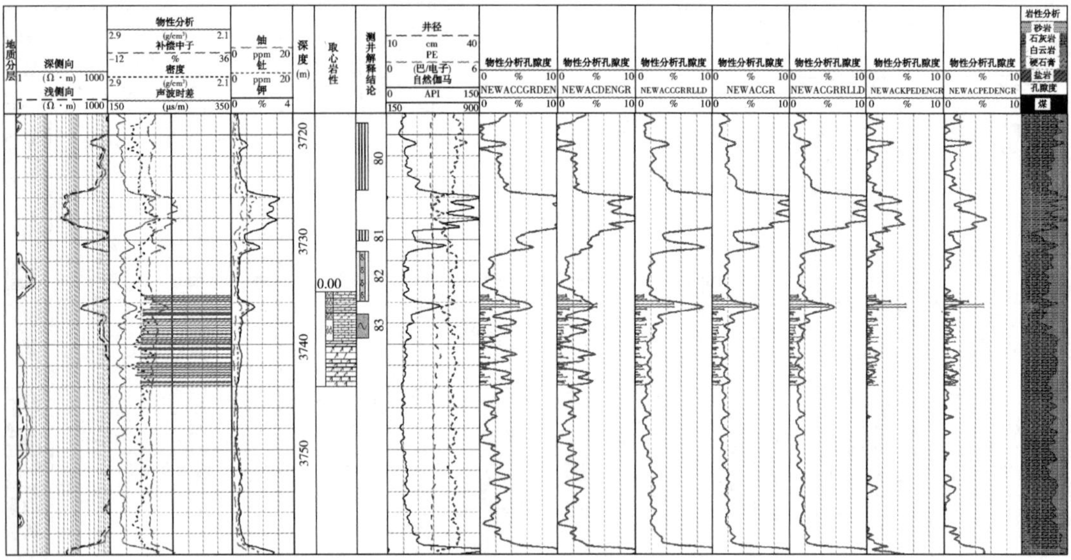

图 5-2-21　R102 井乌拉力克组灰岩计算孔隙度与实验分析孔隙度对比图(三)

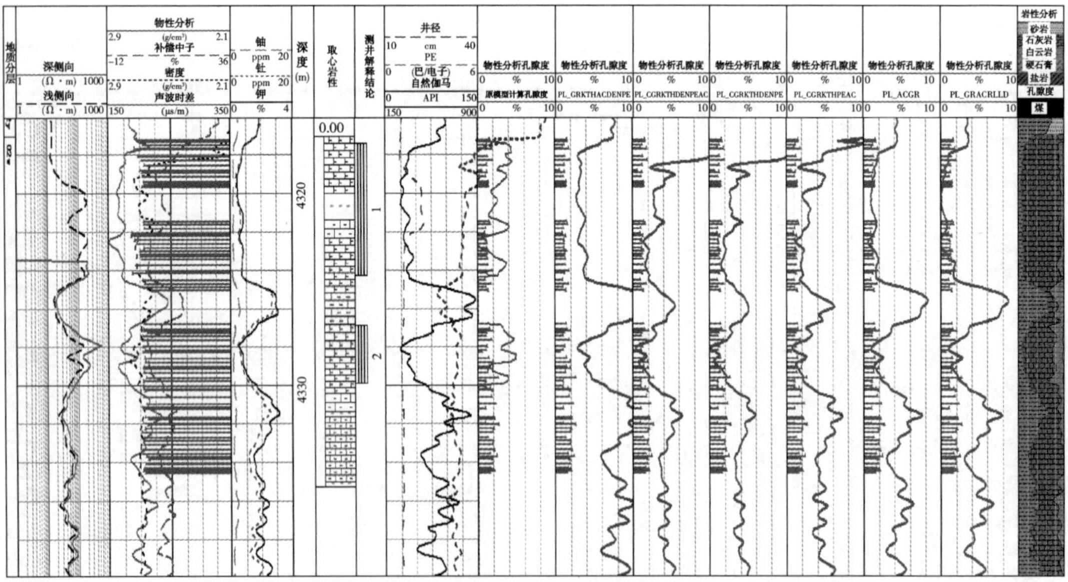

图 5-2-22　Q 探 1 井乌拉力克组灰岩计算孔隙度与实验分析孔隙度对比

从以上误差分析可以看出，误差从小到大依次为二元、三元、五元、四元，二元模型计算孔隙度误差最小，绝对误差在0.6%以内，三元模型计算孔隙度绝对误差0.7%左右，其余模型计算孔隙度误差较大。在实际应用中依次选取二元、三元模型进行乌拉力克灰岩孔隙度计算。

从以上分析可以看出，乌拉力克组孔隙度模型计算精度高，应用效果良好，可以满足生产需求。

第6章 研究区含气量计算方法研究

页岩气在地层的赋存方式主要分为吸附态和游离态，页岩气的总含气量被认为是吸附气含量和游离气含量之和。页岩储层中的吸附气含量主要受总有机碳含量、有机质成熟度、矿物组分含量、温度、压力等因素控制，目前国内外所使用的吸附气含量计算模型众多，有等温吸附法、体积模型法、TOC拟合法等，本次研究根据实验数据以及现有资料选取等温吸附法计算吸附气含量并最终优选出适合研究区的吸附气含量计算模型。游离气含量计算则使用经验公式法，在准确求取含水饱和度的基础上建立游离气含量计算模型。

6.1 含气量影响因素

6.1.1 游离气含量影响因素

游离气也称为自由气，是页岩气储层评价中最重要的参数之一。游离气的赋存方式与常规天然气类似，即以游离形态存在于孔隙空间中，直接影响游离气含量计算的参数包括有效孔隙度、含气饱和度、地层压力、温度和天然气体积压缩因子，其中有效孔隙度、含气饱和度与游离气含量关系最为密切，之所以和地层温度、压力以及天然气的压缩因子有关是因为要将计算结果从井下储层条件换算成地面标准条件。其影响因素主要有四方面。

（1）温度

温度对于游离气含量影响很大，据前人研究，在同等压力条件下，随着地层温度升高，气体分子的能量越来越大，使其变得更容易从页岩的孔隙中逃逸，这就使得气体的保存难度增加。

（2）压力

页岩中游离气含量与地层压力密切相关，根据理想气体状态方程，等温条件下，随着压力增加，相同质量的气体所占的体积减小，即气体的压缩因子变大，导致相同孔隙条件下游离气含量增加，但压力增大到一定程度后，游离气量增加缓慢，在页岩气中甲烷与有机质和黏土存在吸附，一部分甲烷将以吸附形式保存于有机质孔和黏土孔隙中。因此，地层压力对游离气含量影响非常明显。

(3) 含水饱和度

页岩中的水大多以束缚水的形式存在，具有极少的可动水，这部分水占据页岩储层部分孔隙空间，是有效孔隙的一部分，随着含水量的增加，可供页岩气储集的孔隙空间就会减少。因此，对于页岩储层而言，储层含水饱和度的增加，意味着含气储集空间减少，从而降低游离气含量。

(4) 有效孔隙度

页岩储层的有效孔隙与常规储层的有效孔隙存在差异，常规砂岩中有效孔隙度不包括黏土束缚水占据的孔隙空间，而页岩储层中的有效孔隙度包括黏土束缚水所占据的孔隙空间。有效孔隙度是游离气储存的主要空间之一，页岩有效孔隙度大小直接影响到游离气的含量，是测井评价游离气含量需要计算的重要参数。页岩一般具有双重孔隙性质（原生孔隙和次生孔隙），而且含气页岩大多显示出特低孔隙度（小于 10%）的性质，这些孔隙中游离气占有很高的比例。

6.1.2 吸附气含量影响因素

天然气可以被吸附在页岩有机物的表面，也可以在一定程度上被吸附在黏土的表面，这称为吸附气。吸附气被吸附过程受有机质性质（干酪根类型，总有机碳含量，有机质热成熟度）、地层温度和压力、矿物组成、孔隙度、湿度和天然气成分的影响。含气页岩中含有大量的微孔隙（尤其是成熟烃源岩中纳米级的孔隙），比表面积巨大，为吸附气的大量存在提供了物质基础和有利条件，因此含气页岩中吸附气含量不容忽视。

(1) 干酪根类型

干酪根不仅会影响到气体的含量，还会对气体的组分及其赋存方式产生影响。不同类型的干酪根其化学成分和结构都会存在一定的区别，从而对页岩储层中的含气量产生不同影响。有关资料表明，经过一定程度的热演化，不同类型的干酪根都可以生成天然气，而且Ⅰ型干酪根的氢有机质含量高，以生油为主，特点是吸附能力较差。Ⅱ、Ⅲ型干酪根的氢类有机质含量低，以生气为主，特点是吸附能力强，而且不同演化阶段的干酪根其生气量也不一样。

图 6-1-1 表示的是不同类型干酪根的等温吸附曲线，从图中可以看出温度相同的条件下，随着压力的增加吸附气含量也在增加，而且Ⅰ型干酪根吸附能力最差，Ⅱ型干酪根次之、Ⅲ型干酪根吸附能力最好（李亚男，2014）。

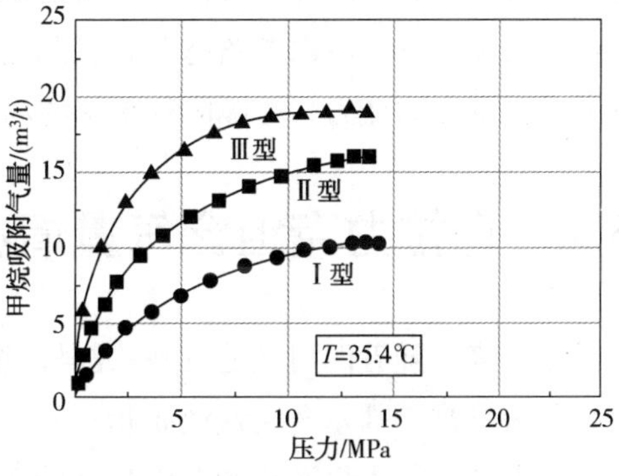

图 6-1-1 不同类型干酪根等温吸附曲线

(2) 总有机碳含量

页岩总有机碳含量是表征有机质含量的重要

参数，是生烃的物质基础，它决定着生烃量的多少。页岩中有机物质不仅是气体的母源，也是“范德华力”吸附气体的主要着床部位。页岩对气体的吸附量与页岩的总有机碳含量之间存在正相关的关系，在相同压力下，总有机碳含量高的页岩吸附甲烷气体的量大。

(3) 有机质含量和成熟度

页岩有机质颗粒表面及有机质排烃后形成的有机质孔隙成为吸附气的主要储集空间。纳米级孔隙主要在有机质内发育，是页岩气的重要赋存场所，因此页岩孔隙的比表面积和吸附能力与总有机碳含量呈正相关关系(蒲泊伶等，2010)。有机质含量成为影响页岩吸附能力的主要因素。同时，有机质的成熟度制约着有机质孔隙结构的发育程度，程鹏等研究表明有机质在成熟过程中，当 $Ro<2\%$时，有机质含量低，有机质孔隙空间小，微孔与介孔的孔容所占比例都比较小，随有机质成熟度的增加略有增加，增加幅度微小；当 $Ro>2\%$时，有机质含量较高，有机质成熟度增加，加快有机质排烃，有机质孔大量发育，微孔与介孔的孔容随成熟度的增加也快速增加；当 $Ro=3.5\%$时，有机质含量处于门槛值，微孔的孔容达到最大值，之后随有机质成熟度增加开始下降(程鹏等，2015)。因此，处在不同成熟阶段的有机质，其孔隙结构的发育程度不一样，吸附能力也不尽相同。

(4) 温度和压力

用 Langmuir 等温吸附模型能够较好地模拟页岩吸附气体的过程，在这一过程中可以观察到，当压力处于较小范围时，随着压力的增加，气体的吸附量快速增加，呈近线性的正相关关系；当压力增加到一定程度时，气体的吸附量随压力的增加也在增加，但增加趋势逐渐变缓；而当样品的吸附量达到饱和后，随着压力继续增加，吸附量则渐渐趋于稳定，达到最大吸附体积(张作清等，2015)。同时，在压力一定的情况下，温度增加会降低页岩的吸附能力(郭为等，2013)，温度升高时，原本处于吸附状态的甲烷会产生解吸附，由吸附态变成游离态，从而降低页岩的吸附气含量。

(5) 矿物组分类型

页岩的吸附能力还与储层的矿物组分类型有一定的关系，石英、长石含量高，孔隙类型多为粒间孔、晶间孔，气体在其中的赋存状态主要是游离态；方解石含量高，易发育微裂缝，气体在其中也以游离态赋存；黏土质含量高则多发育黏土矿物层间缝，这类储集空间有较强的吸附能力，是吸附气聚集的场所。

6.2 乌拉力克组含气量情况分析

近年来，随着四川盆地五峰-龙马溪组海相页岩气实现工业开发，中国北方页岩气勘探工作加快推进，鄂尔多斯盆地海相页岩气勘探将目光聚焦于下古生界乌拉力克组，作为鄂尔多斯盆地下古生界海相层系中最好的烃源岩层，乌拉力克组岩性主要为厚层泥页岩和页岩气，截至 2021 年，已对部分探井乌拉力克组含气泥页岩段进行了工业测试，9 口探井以低产气流为主，产量多为(0.1~0.45)×10^4m^3/d。特别值得注意的是，Z4 井乌拉力克组钻井过程中发生气侵，中途测试获 4.18×10^4m^3/d 工业气流。同时为进一步提高单井产量，近期先后钻探 2 口水平井(Z 平 1 井、N 平 1 井)，结合优化储层改造工艺及排采技术，Z 平 1 井乌拉力克组试气获井口无阻流量 26.48×10^4m^3/d 高产气流，持续稳产 94 天，乌拉力克组页岩气分布具有普遍含气，局部富集的特点。通过 Z 平 1 井乌拉力克组取心段现场解吸分析表明，乌拉力克组下部泥页岩解吸含气量为 0.20~0.63mL/g，平均为 0.47mL/g，明显低于四川盆地五峰-龙马溪组现场解吸含气量(0.73~1.31mL/g)。采用 USBM 线性回归法对气层损失气量进行恢复，得到盆地西部乌拉力克组下部泥页岩的总含气量范围为 1.73~2.38mL/g；测井手段计算出的总含气量主要分布在 1.1~2.7mL/g。鄂尔多斯盆地西部乌拉力克组泥页岩含气量较四川盆地龙马溪组泥页岩低，但高于美国泥页岩含气量底线(0.50~1.00mL/g)，乌拉力克组泥页岩仍具有一定的勘探潜力。见表 6-2-1。

表 6-2-1　Z 平 1 井泥页岩现场含气量测试统计表

样品编号	层位	样品类型	深度/m	损失气 Q_1/(m^3/t)	解吸气 Q_2/(m^3/t)	总含气量 Q_t/(m^3/t)
Z 平 1-1	乌拉力克组	深灰色灰质泥岩	4166.82	0.815	0.180	0.995
Z 平 1-2	乌拉力克组	褐灰色泥质灰岩	4168.45	0.715	0.144	0.859
Z 平 1-3	乌拉力克组	褐灰色泥质灰岩	4168.92	0.755	0.221	0.976
Z 平 1-4	乌拉力克组	深灰色灰质泥岩	4185.22	1.185	0.223	1.408
Z 平 1-5	乌拉力克组	深灰色灰质泥岩	4185.72	0.880	0.196	1.076
Z 平 1-6	乌拉力克组	深灰色灰晶泥岩	4189.69	0.685	0.175	0.860
Z 平 1-7	乌拉力克组	深灰色灰晶泥岩	4190.28	0.715	0.072	0.787
Z 平 1-8	乌拉力克组	深灰色灰质泥岩	4191.13	0.685	0.127	0.812
Z 平 1-9	乌拉力克组	深灰色灰质泥岩	4191.84	1.560	0.203	1.763
Z 平 1-10	乌拉力克组	深灰色灰质泥岩	4192.60	0.645	0.143	0.788
Z 平 1-11	乌拉力克组	深灰色含灰泥岩	4196.94	1.055	0.154	1.209
Z 平 1-12	乌拉力克组	深灰色含灰泥岩	4197.92	0.575	0.120	0.695
Z 平 1-13	乌拉力克组	深灰色灰质泥岩	4226.58	0.990	0.097	1.087
Z 平 1-14	乌拉力克组	深灰色灰质泥岩	4228.76	1.970	0.227	2.197
Z 平 1-15	乌拉力克组	灰黑色含灰泥岩	4218.29	2.370	0.224	2.594
Z 平 1-16	乌拉力克组	深灰色含灰泥岩	4240.73	1.380	0.527	1.907
Z 平 1-17	乌拉力克组	深灰色含灰泥岩	4237.75	1.020	0.310	1.330
Z 平 1-18	乌拉力克组	深灰色含灰泥岩	4241.00	2.265	0.629	2.894
Z 平 1-19	乌拉力克组	灰黑色含灰泥岩	4247.03	1.795	0.197	1.992
Z 平 1-20	乌拉力克组	灰黑色含灰泥岩	4249.53	2.900	0.464	3.364
Z 平 1-21	乌拉力克组	灰黑色含灰泥岩	4243.94	2.820	0.357	3.177

续表

样品编号	层位	样品类型	深度/m	损失气 Q_1/(m^3/t)	解吸气 Q_2/(m^3/t)	总含气量 Q_1/(m^3/t)
Z平1-22	乌拉力克组	灰黑色含灰泥岩	4250.70	1.930	0.469	2.399
Z平1-23	乌拉力克组	灰黑色含灰泥岩	4253.71	1.300	0.485	1.785
Z平1-24	乌拉力克组	灰黑色含灰泥岩	4255.85	1.920	0.631	2.551
Z平1-25	乌拉力克组	灰黑色含灰泥岩	4269.53	1.785	0.630	2.415
Z平1-26	乌拉力克组	灰黑色含灰泥岩	4268.59	1.155	0.502	1.657
Z平1-27	乌拉力克组	灰黑色含灰泥岩	4264.70	1.130	0.388	1.518

6.3 游离气含量计算模型

游离气包括储存在无机物粒间孔隙中的游离气、储存在微裂缝中的游离气和储存在有机物或者干酪根的大孔隙与网状裂缝中的游离气。游离气含量的大小取决于气藏的压力、有效孔隙度和含气饱和度。在某些页岩中，大部分的孔隙存在于有机物中，而在另一些页岩中，孔隙度与矿物组成相关性很大。

计算游离气含量首先要评价页岩储层的含气饱和度、孔隙度。关于孔隙度评价前文已述，而饱和度的评价则需要分析页岩储层的岩电关系、饱和度模型及其参数选择等。分析乌拉力克组页岩储层不难看出，乌拉力克组页岩泥质含量中高，石英含量高，游离气对总含气量贡献较大，其赋存方式与常规天然气类似，因此，在计算模型建立时选取 LEWIS 等提出的页岩游离气含量经验公式，即在得到页岩储层含水饱和度及孔隙度后，再将地层条件下的含气量换算到地表，即可得到页岩游离气含气量，具体计算公式如下：

$$G_{\text{free}}=\frac{1}{B_g}\phi(1-S_w)\frac{1}{\rho_b} \tag{6-3-1}$$

式中 G_{free}——游离气含量，cm^3/g；

ϕ——实测孔隙度，%；

S_w——含水饱和度，%；

ρ_b——含气页岩密度，g/cm^3，实验测得研究区乌拉力克组泥页岩密度平均值为 $2.6g/cm^3$；

B_g——天然气体积系数，可采用下式计算：

$$B_g=\frac{Z(273+t)}{p(273+t_0)} \tag{6-3-2}$$

式中 Z——天然气压缩因子，无量纲；

t——评价层段现今地温，℃；

t_0——标准状态下温度，℃；

p——评价层系所处地层压力，MPa。

根据盆地热模拟分析，由天然气压缩因子计算方法，估算得到 $Z=1.01$。

6.3.1 含水饱和度

含水饱和度计算的准确度是游离气含量计算的关键，计算含水饱和度的模型很多：阿尔奇公式、W-S(Waxman Smits)模型、体积模型法、双水模型、三水模型和西门度(Simandoux)公式等。乌拉力克组页岩气储层具有较强的非均质性，且发育有微裂缝及黄铁矿。现场在钻井过程中，地层受到钻井液侵入影响，电阻率曲线会出现明显的低阻现象。在页岩储层中，页岩饱和度指数难以测量，地层水电阻率亦难以求准，因此传统阿尔奇公式不适用于非常规页岩储层。

西门度方程适用于含泥质较多，岩性较为细的粉砂岩储层，同时模型不考虑黏土或泥质的具体分布形式，仅把泥质看成由黏土和细粉砂岩组成的，该方程最早的提出背景是在砂岩剖面，但发现部分砂岩粒度较细，黏土矿物含量高，所以考虑了泥质的影响。西门度方程表现形式如下：

$$\frac{1}{R_t}=\frac{V_{sh}S_w}{R_{sh}}+\frac{\phi^m S_w{}^n}{aR_w(1-V_{sh})} \tag{6-3-3}$$

式中 S_w——含水饱和度；

R_t、R_w——岩石真电阻率、地层水电阻率；

ϕ^m——地层有效孔隙度；

R_{sh}——纯泥岩的岩石电阻率；

a、m、n——岩电参数。

体积模型法 ANANDV 等(2015)基于岩石体积物理模型提出了一种新的计算页岩储层含油气饱和度的模型，谢慧卓等(2019)计算龙五峰-马溪组页岩储层含气饱和度时也应用了上述模型，该模型公式为：

$$S_{hc}=\frac{TOC\cdot\rho_B}{\rho_{hc}\cdot X_{hc}\cdot\phi_t} \tag{6-3-4}$$

式中 ρ_B——体积密度，g/cm^3；

ρ_{hc}——油气密度，油的密度约为 0.8g/cm^3，天然气密度约为 0.717kg/m^3；

X_{hc}——烃与 C 质量百分比转换系数，油的转换系数约 0.85，天然气的转换系数约为 0.75。

由于利用岩心数据标定含气饱和度困难，本次用两种方法对比来确定含气饱和度，可以从图 6-3-1 中看出，两种方法计算出的含气饱和度曲线相关性好，西门度公式计算结果纵向分辨率更高，且西门度公式的应用背景与研究区乌拉力克组的地质背景相吻合，所以本次研究页岩气储层游离气含气饱和度将利用西门度公式进行评价。

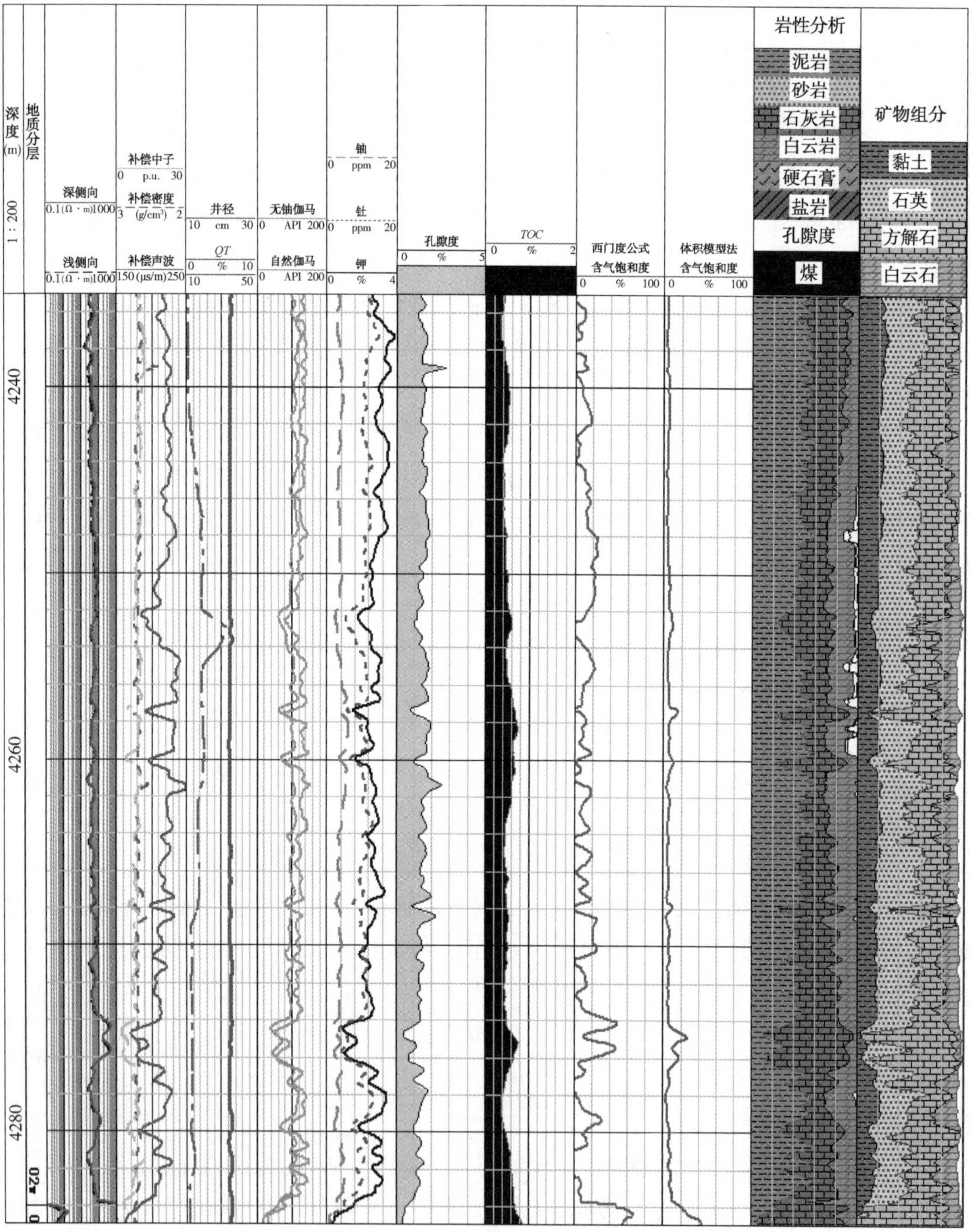

图 6-3-1　Z 平 1 井两种方法计算含气饱和度对比图

6.3.2　岩电参数

无论是砂岩还是页岩其导电基本是以孔隙中的流体导电为主，骨架矿物基本不导电。但页岩岩石由于岩石颗粒细、黏土成分含量高、含有部分干酪根，与常规泥质砂岩的岩电关系是否一致，这需要通过页岩岩石电阻率的实验来分析。

通过对研究区31块岩心进行岩石电阻率参数-地层因素测试实验，得出乌拉力克组岩电参数数值，见图6-3-2、表6-3-1。

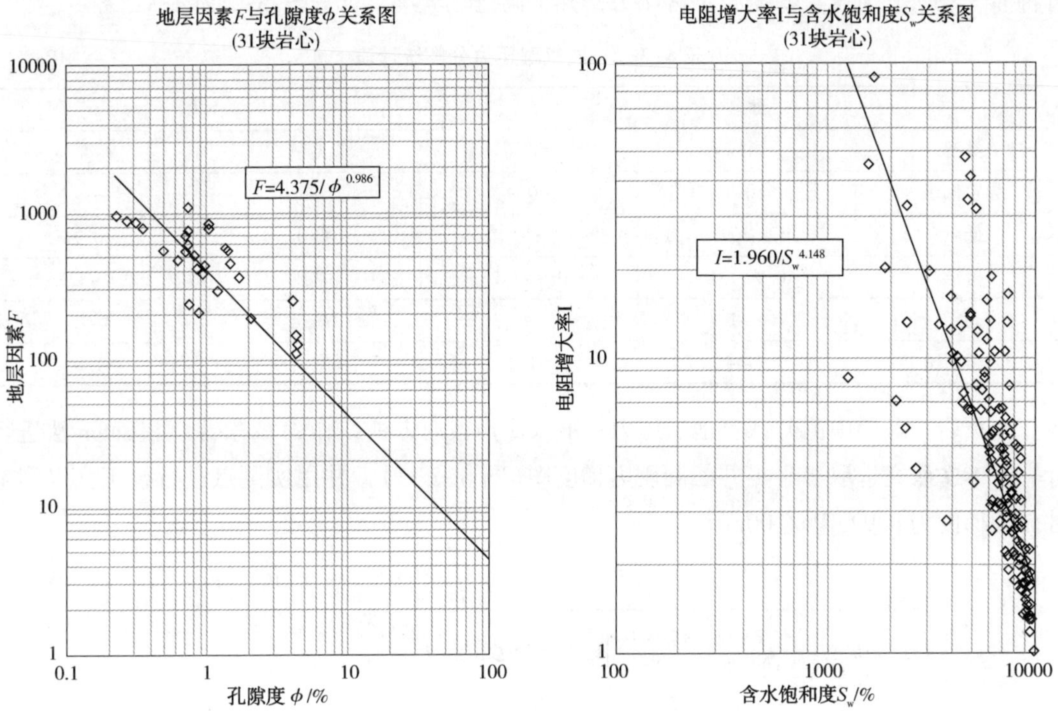

图6-3-2　乌拉力克组岩电关系图

表6-3-1　乌拉力克组岩电参数统计表

层位	井号	矿化度/(mg/L)	孔隙度/%	岩心数	a	m	b	n
乌拉力克组	L37、R102、L50、L53等井	36349	0.2~4.6	31	4.375	0.986	1.960	4.148

6.3.3　温度计算

地层温度随着深度的增加逐渐增加，地层温度可以从温度测井数据直接提取，若无温度测井资料，地层温度可采用公式计算得到。

$$T=A\cdot DEP/100+T_0 \tag{6-3-5}$$

式中　T——地层温度，℃；

DEP——地层深度，m；

T_0——地面温度，℃；

A——地温梯度，℃/100m。

6.3.4 地层压力计算

地层压力指地层中流体所承受的压力又称为孔隙压力，以孔隙压力系数为划分标准，可将油气藏划分为异常低压、正常压力、异常高压三大类，如表 6-3-2 所示。

表 6-3-2 油气藏压力分类统计表 MPa

油藏			气藏	
类型	国标	行标	类型	标准
异常低压	<0.7	<0.9	—	—
低压	0.709	—	低压	<0.9
常压	0.9~1.1	0.9~1.2	常压	0.9~1.3
高压	1.1~1.4	—	高压	1.3~1.8
异常高压	>1.4	>1.2	异常高压	>1.8

在页岩气地层中测井计算地层压力一般采用声波时差曲线作为参考线，用 Eaton 法进行计算。本次研究选取 Z 平 1 井绘制压力梯度图(图 6-3-3)，并用实测点进行校正，得到本井压力梯度为 0.92MPa/100m。

井号	层位	气层中部深度/m	地层压力/MPa	地层压力系数
L4	盒8	3859.65	35.54	0.92
E8	盒8-山1	3700	31	0.84
L1	太原组	3832.5	35.63	0.93
	克里摩里组	3936	36.64	0.93
ZT1	山1-山2	3575	24.92	0.71
L8	盒8	3935	34.91	0.91
	太原组	4075	35.68	0.9
S398	山1	3855.3	34.81	0.92
	太原组	3929.7	34.8	0.9
L52	乌拉力克组	4225	18.91	0.46
L32	盒8上	3877.5	32.92	0.85
	盒8下	3908.5	29.7	0.76
L10	盒8	3908.5	27.52	0.7
	太原组	4039.5	28.46	0.7
ZP1	乌拉力克组	4245-4290	40.1773	0.92

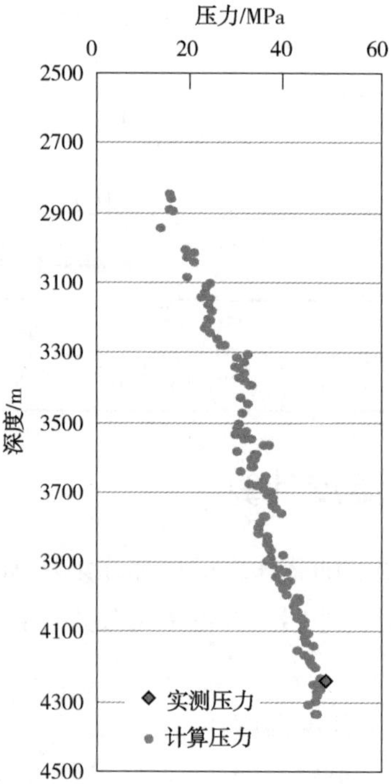

图 6-3-3 Z 平 1 井压力梯度图

在正常压力地层中，地层压力等于静水压力，如式(6-3-6)所示。

$$P_p = 10^{-3} \cdot \rho_w \cdot g \cdot h \tag{6-3-6}$$

6.4　吸附气含量计算模型

吸附气是页岩气储层评价的核心内容之一，吸附气含量计算则是页岩气储层测井评价的重点。影响页岩吸附气含量因素有很多，主要体现在内因和外因两个方面，其中有机碳含量、孔隙度属于内因，压力、温度与含水量则是外因。

6.4.1　温度对页岩吸附能力的影响

气体吸附是一个放热过程，要提高岩石的吸附能力，需要控制并降低温度。无论是物理吸附，还是化学吸附，温度升高引起解吸趋势的增加，会降低岩石的吸附能力。根据乌拉力克组岩样在不同温度下吸附气含量的测定（图 6-4-1）可以明显看出：相同有机质含量的岩样（*TOC*=0.58%），在同样的压力环境下，随着温度升高，吸附气含量明显减少。

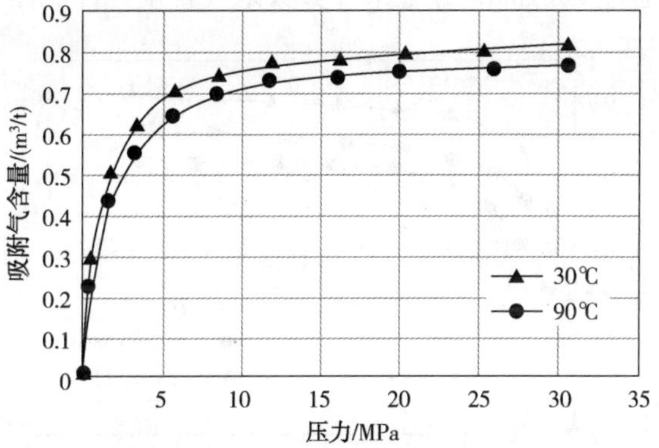

图 6-4-1　乌拉力克组页岩在不同温度下的等温吸附线图

6.4.2　TOC 对页岩吸附能力的影响

有机质孔是吸附态页岩气的主要载体。随着有机质孔数量的增加，有机质表面积也会随之增大，为吸附气提供了更多的吸附条件，页岩吸附能力和有机碳含量具有较好的相关性。根据乌拉力克组不同有机质含量页岩的等温吸附线图不难明显看出：在同样温度下（*T*=30℃），随着有机质含量增加，页岩的吸附能力也在提高。页岩有机质含量与吸附气含量呈正相关，见图 6-4-2。

通过分析内外因与吸附气含量的关系，可以有效评价页岩储层吸附气含量。

6.4.3　吸附气含量计算方法

（1）等温吸附法

Langmuir 方程的应用主要是建立在等温吸附实验基础上，首先通过等温吸附实验得到

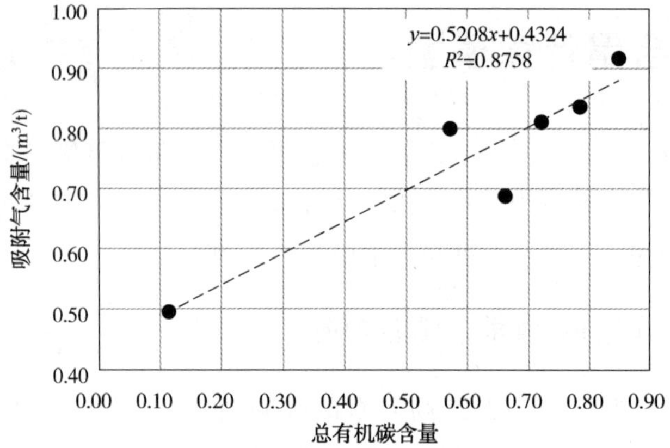

图 6-4-2　乌拉力克组页岩有机质含量与吸附气量关系图

Langmuir 曲线(等温吸附线)，然后通过 Langmuir 曲线得到 Langmuir 参数(Langmuir 体积和 Langmuir 压力)，最后通过 Langmuir 方程来计算吸附气含量。详见图 6-4-3。

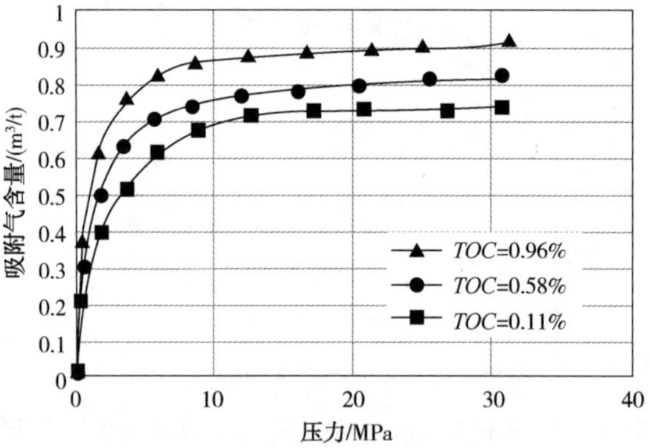

图 6-4-3　乌拉力克组不同有机质含量页岩的等温吸附线图

等温吸附线可以描述在特定温度下吸附在干酪根和黏土矿物表面上的甲烷与以气态形式存在的甲烷的一种平衡状态。通过含气页岩等温吸附实验可以得到 Langmuir 曲线，通常，对于一个盆地而言，只有一条 Langmuir 曲线能够充分描述该盆地含气页岩的吸附性质。对于等温吸附实验，首先，将达到平衡水分的一定粒度的粉碎样品置于密闭容器中，在恒温下测定其不同压力条件下达到吸附平衡时所吸附的甲烷等实验气体的体积，得到等温吸附线(图 6-4-4)；在得到等温吸附线，经过数据拟合，可以得到 Langmuir 体积 V_L、Langmuir 压力 p_L，其中 Langmuir 体积为固体

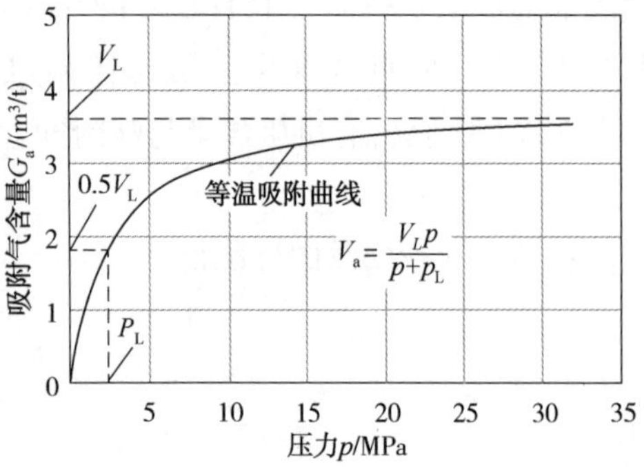

图 6-4-4　Langmuir 方程示意图

吸附气体的最大含量，而 Langmuir 压力代表 $0.5V_L$ 下的压力。

工程中普遍采用 Langmuir 方程的形式如下：

$$V_a=\frac{V_L p}{p+p_L} \tag{6-4-1}$$

式中　V_a——天然气储存能力，mol/g；

p——实验压力，MPa；

V_L——Langmuir 体积，m^3/t，表示极限压力下页岩样品最大吸附量；

p_L——Langmuir 压力，MPa，表示最大吸附量所对应的压力的一半。

确定等温吸附参数可以采用经验法，即对于给定地层的等温吸附参数，依据给定的岩心等温吸附曲线确定的吸附参数，分步进行有机碳含量和温度的校正。

斯伦贝谢公司基于北美含气页岩大量的等温吸附线，建立了等温吸附参数计算的经验法。首先通过大量等温吸附线，得到 Langmuir 体积、压力及温度差(等温吸附实验温度与不同深度页岩的温度差)近似呈一种指数关系，Langmuir 体积与总有机碳含量呈线性关系，根据这两种关系对等温吸附线进行温度和总有机碳含量的校正，得到不同深度、不同性质页岩的等温吸附参数。

该方法依赖于页岩样品的实验数据，且未考虑温度对气体吸附的影响；模型假设气体为单分子层吸附，页岩中往往还存在多分子层吸附。当含气页岩中气体出现逃逸现象，计算结果会偏大。

(2) *改进 KIM 方程法*

为了计算煤层中吸附气含量设计了 KIM 方程。张作清等考虑到页岩气储层中的有机碳和水分等一系列因素对页岩吸附造成的综合影响，然后对 KIM 方程进行了适当的改进，构建了页岩吸附气含量计算的 KIM 方程，如下式：

$$V=(kp^n-bT)\times TOC\times\frac{1}{1+\alpha m} \tag{6-4-2}$$

式中　p——页岩储层的压力，MPa；

α——系数；

T——储层的温度,℃；

k、n——系数；

b——可由变温吸附实验得出，代表的是温度常数；

m——水分质量分数,%。

改进的 KIM 方程法需要有足够的测试数据对公式中的参数进行确定，参数的选择直接影响模型计算结果。

6.4.4　研究区吸附模型的建立

本次研究对收集到的 R102 井、L50 井、R68 井、Z 平 1 井 5 口井共 8 块岩样进行等温吸附实验，实验分别在30℃、70℃、100℃下进行，得到共24组实验数据，现将这些实验数据汇总，绘制为等温吸附曲线(图6-4-5)，能够较为全面地反映研究区页岩储层的吸附特性。可以看出在不同温度条件下，乌拉力克组页岩吸附规律符合Langmuir方程，且具有随温度升高，吸附气含量减小的规律。

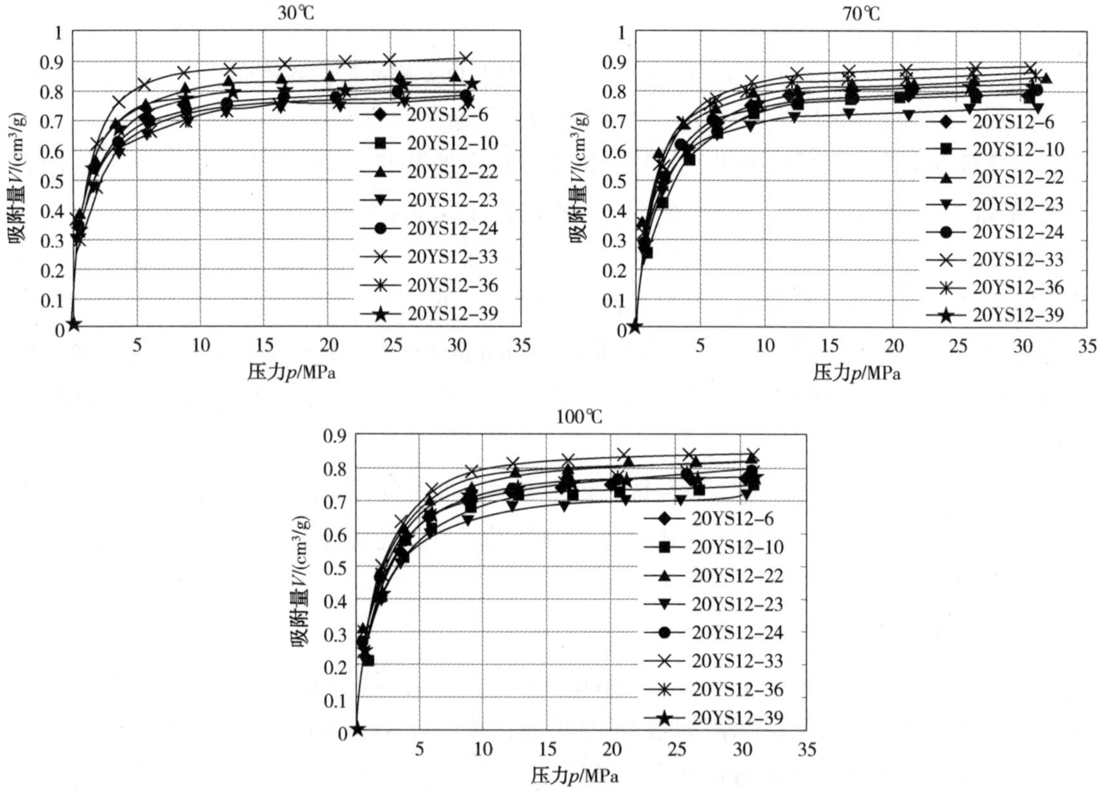

图6-4-5 不同温度下8组样品等温吸附曲线图

目前通用的温度校正公式为

$$V_{\mathrm{Lt}}=10^{(-C_1\cdot(T+C_2))} \tag{6-4-3}$$

$$p_{\mathrm{Lt}}=10^{(C_3\cdot(T+C_4))} \tag{6-4-4}$$

$$C_2=\log V_{\mathrm{L}}+(C_1\cdot T_{\mathrm{i}}) \tag{6-4-5}$$

$$C_4=\log p_{\mathrm{L}}+(-C_3\cdot T_{\mathrm{i}}) \tag{6-4-6}$$

式中 V_{Lt}——经过温度校正后的Langmuir体积，mmol/g；

p_{Lt}——经过温度校正后的Langmuir压力，MPa；

T——储层温度，℃；

T_{i}——实验室温度，℃；

C_1、C_2、C_3、C_4——系数。

据此，利用实验数据建立乌拉力克组页岩样品V_{L}、p_{L}与温度的校正关系，得到实验拟合数据：C_1 为 0.007，C_2 为-0.0145，C_3 为 0.0023，C_4 为-0.0657。详见图 6-4-6。

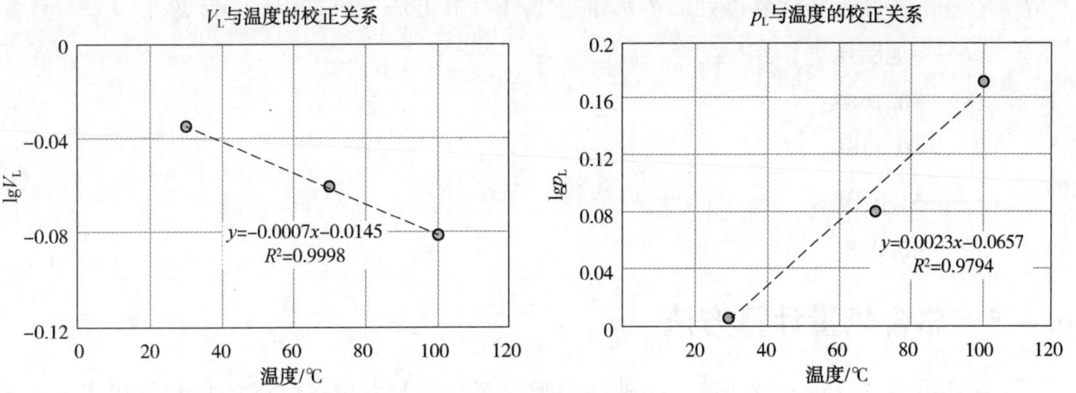

图 6-4-6 V_L、p_L 与温度的校正关系图

接下来利用上式，对 Langmuir 体积进行有机质校正：

$$V_{Lc} = V_{Lt} \cdot \frac{TOC_{log}}{TOC_{iso}} \tag{6-4-7}$$

式中 TOC_{log}——计算得到的总有机碳含量，%；

TOC_{iso}——岩心总有机碳含量，%。

Langmuir 等温吸附实验得到的 Langmuir 体积和 Langmuir 压力与实验中用到的总有机碳含量 TOC_{iso} 分别呈正相关和负相关，温度校正后的 Langmuir 体积与有机质含量也有同样的相关性，详见图 6-4-7。利用下式求取参数 a_1、a_2、b_1、b_2。

$$V_{Lc} = a_1 TOC_{iso}^{b_1} \tag{6-4-8}$$

$$p_{Lc} = a_2 TOC_{iso}^{-b_2} \tag{6-4-9}$$

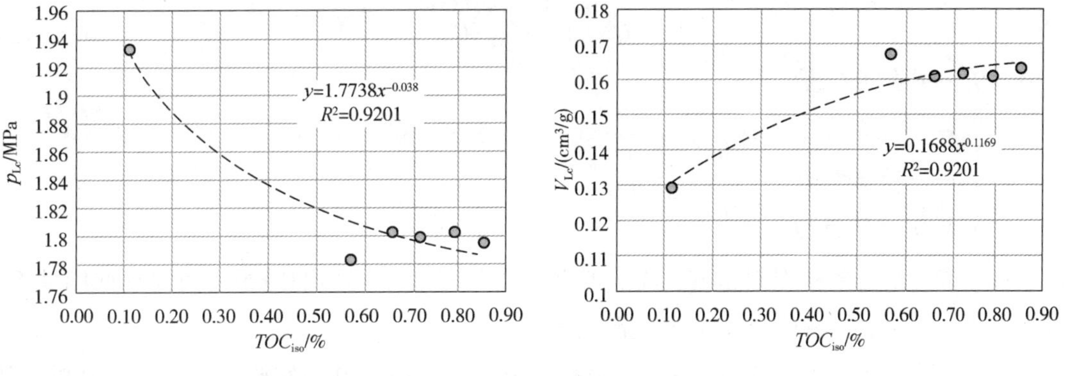

图 6-4-7 V_{Lc}、p_{Lc} 分别与总有机碳的校正关系图

最终得到吸附气含量计算模型：

$$V_X = a_1 TOC_{log}^{b_1} \frac{p}{p + a_1 TOC_{log}^{-b_2}} \cdot \frac{TOC_{log}}{TOC_{iso}} \tag{6-4-10}$$

式中 V_X——经过校正计算出的吸附气含量，cm^3/g；

TOC_{log}——测井方法计算得到的 TOC 含量具体计算方法参照式(4-2-4)，%；

p——地层压力，MPa；

a_1——0.1688；

b_1——0.1169；

a_2——1.7738；

b_2——0.038。

6.4.5 总含气量计算方法

一般计算总含气量的方法有：一种认为吸附气含量与游离气含量的总和就代表了页岩储层的总含气量，所以将吸附气与游离气含量相加即为总含气量；另一种是解吸法；还可以将岩心分析得到的含气量数据与不同影响因子进行拟合。

(1) 相加法

将吸附气与游离气含量加起来就可以得到总的含气量，如式(6-4-11)所示：

$$G_{总}=G_{吸}+G_{游} \tag{6-4-11}$$

式中 $G_{总}$——页岩气储层对应深度的总含气量；

$G_{吸}$——页岩气储层对应深度的吸附气量；

$G_{游}$——页岩气储层对应深度的游离气量。

(2) 解吸法

解吸法测量的总含气量包括解吸气、残余气以及损失气三部分，将三者相加就可得出总的含气量。计算方法如式(6-4-12)所示：

$$G_{总}=G_{解}+G_{残}+G_{损} \tag{6-4-12}$$

式中 $G_{解}$——解吸气量；

$G_{残}$——残余气量；

$G_{损}$——损失气量。

(3) 数理统计模拟法

页岩含气量受多种因素影响，将岩心测试含气量与不同影响因子之间建立回归关系，可进一步反算无岩心测试区位的含气量数据。

以上计算页岩总含气量的方法各有利弊。其中，解吸法基于实验室岩心测试分析，其计算精度较高，但成本也较高，且无法对未取心段进行评价；相加法基于吸附气含量和游离气含量的计算，两者计算方法和计算精度直接影响总含气量的计算结果；数理统计模型法基于岩心测试含气量数据及测井测试资料，模型精度取决于统计样本数量及其代表性。这里采用相加法来表征含气量。

6.5 应用效果分析

利用这一吸附气和游离气含量计算模型，对 Z 平 1 井进行含气量计算，计算得到的游离气、吸附气含量较为理想，与现场含气量测试数据对比，数值差距小，相关性好，相关系数达 79%，认为该模型可以投入生产使用。见图 6-5-1、图 6-5-2。

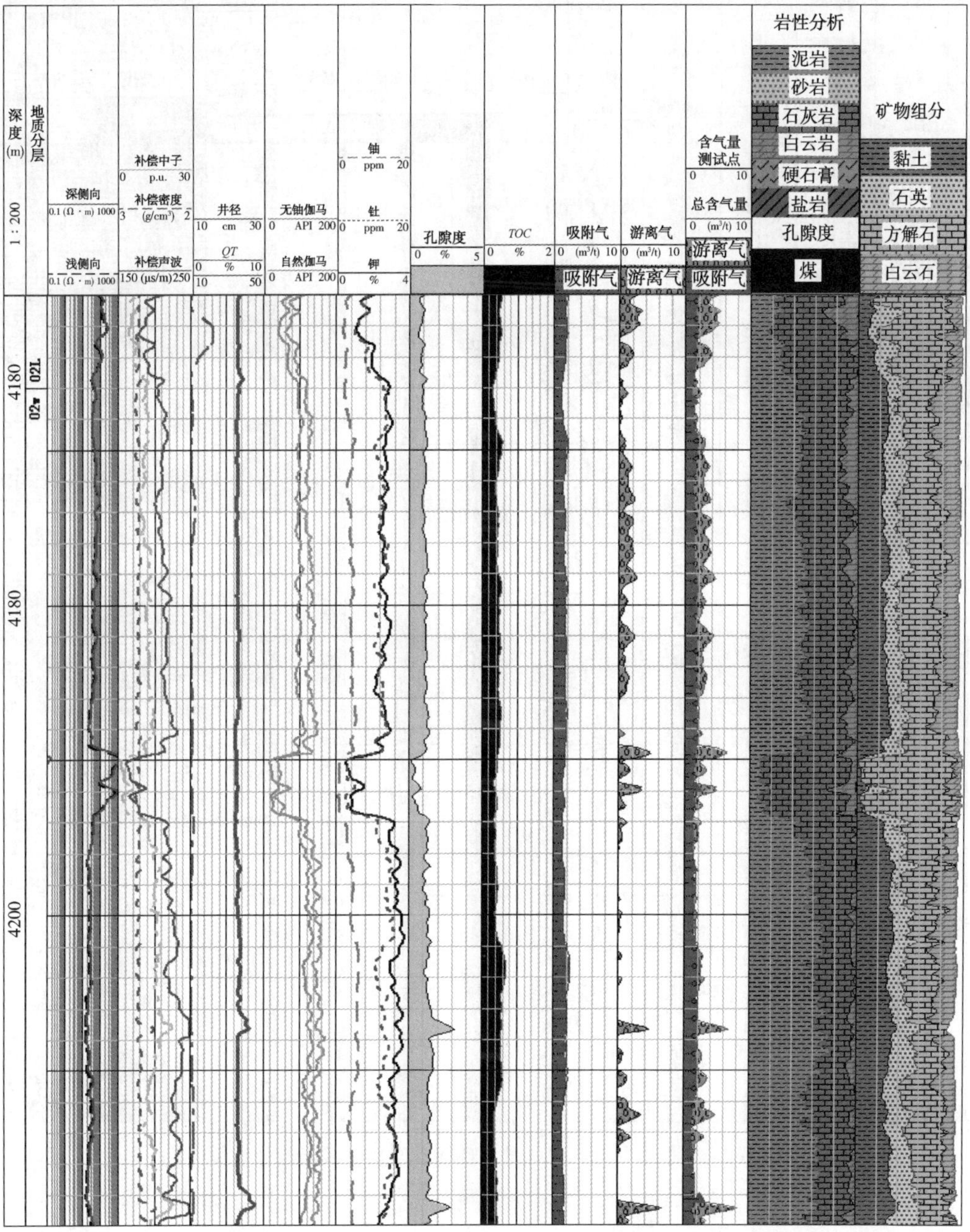

图 6-5-1 Z 平 1 井计算含气量与现场含气量测试误差分析图

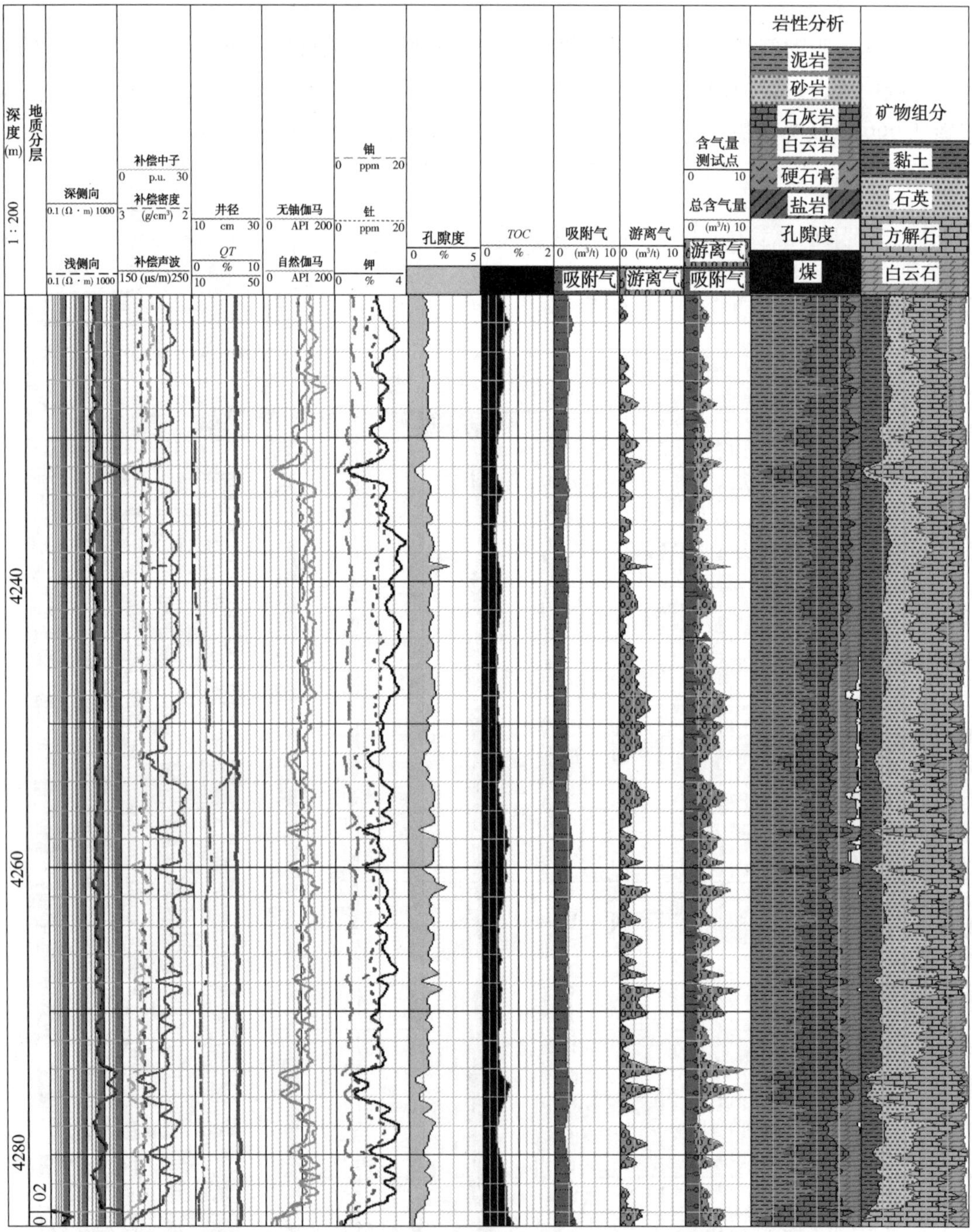

图 6-5-1 Z 平 1 井计算含气量与现场含气量测试误差分析图(续)

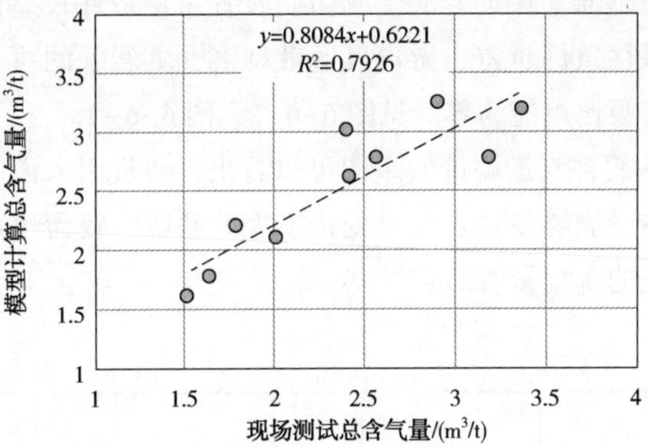

图 6-5-2　Z 平 1 井含气量计算成果图

6.6　乌拉力克组页岩气储层含气量评价标准

乌拉力克组页岩气赋存特征为普遍含气，局部富集，在页岩气含气量评价方面需要考虑的因素不仅包括对含气量多少的评价，还应对含气结构进行评价，以满足生产需求。所以最终页岩气储层含气量评价涉及两个标准：含气量和游吸比。

6.6.1　含气量

通过对乌拉力克组 9 口井进行总含气量计算数值统计，制成乌拉力克组总含气量分布区间统计频数图(图 6-6-1)，可以看出，乌拉力克页岩气计算总含气量大多集中在 2~4m³/t，总体含气性较好。因此，在含气性评价时可以将总含气量大于 4m³/t 作为总含气量最优的标准，总含气量在 2~4m³/t 作为含气性中等的标准，总含气量小于 2m³/t 作为含气性较差的标准，不考虑工业开发。

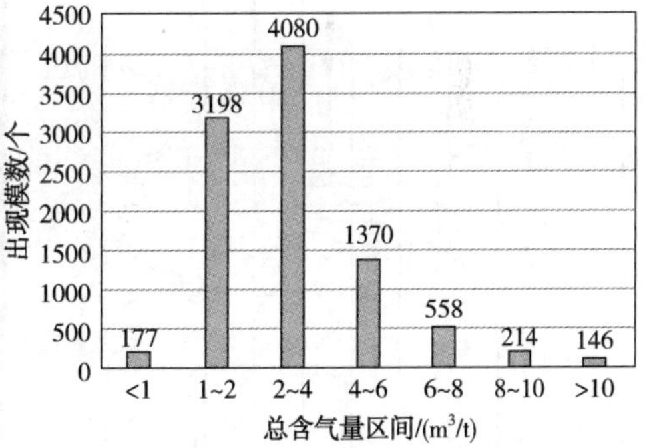

图 6-6-1　乌拉力克组总含气量分布区间统计频数图

6.6.2　游吸比

页岩气中游离气的占比不仅能反映页岩中天然气的赋存状态，而且能指示页岩气的可采性。同时满足总含气量和游吸比双高目标的评价对象，是页岩气的有利目标。为了进一步筛选出含气量高，开采难度小的甜点区，在乌拉力克组页岩气评价参数中引入游吸比的概念，游吸比即为游离气量与吸附气量的比值，反映了页岩储层中游离气的富集程度。游吸比是一个不同于含气量的页岩含气结构参数。在有游离气存在的前提下，游吸比与页岩总含气量呈正相关关系，含气量越大，游吸比越大，页岩气的可采能力越强。在页岩气生成初期或者保存条件较差情况下，页岩中的吸附气占比较高。页岩气保存条件越差，游离气逸散越多，页岩气的可采能力越差，直至仅有吸附气存在，此时的游吸比可能为零。见图 6-6-2、图 6-6-3。

从 L74 井和 L77 井的含气量评价效果图可以看出，通过引入游吸比，在页岩气含气量评价的实际生产应用中，能够在总含气量变化不大的井段，较为快速直观地选出含气结构最优的位置，找到真正的含气量“甜点”。

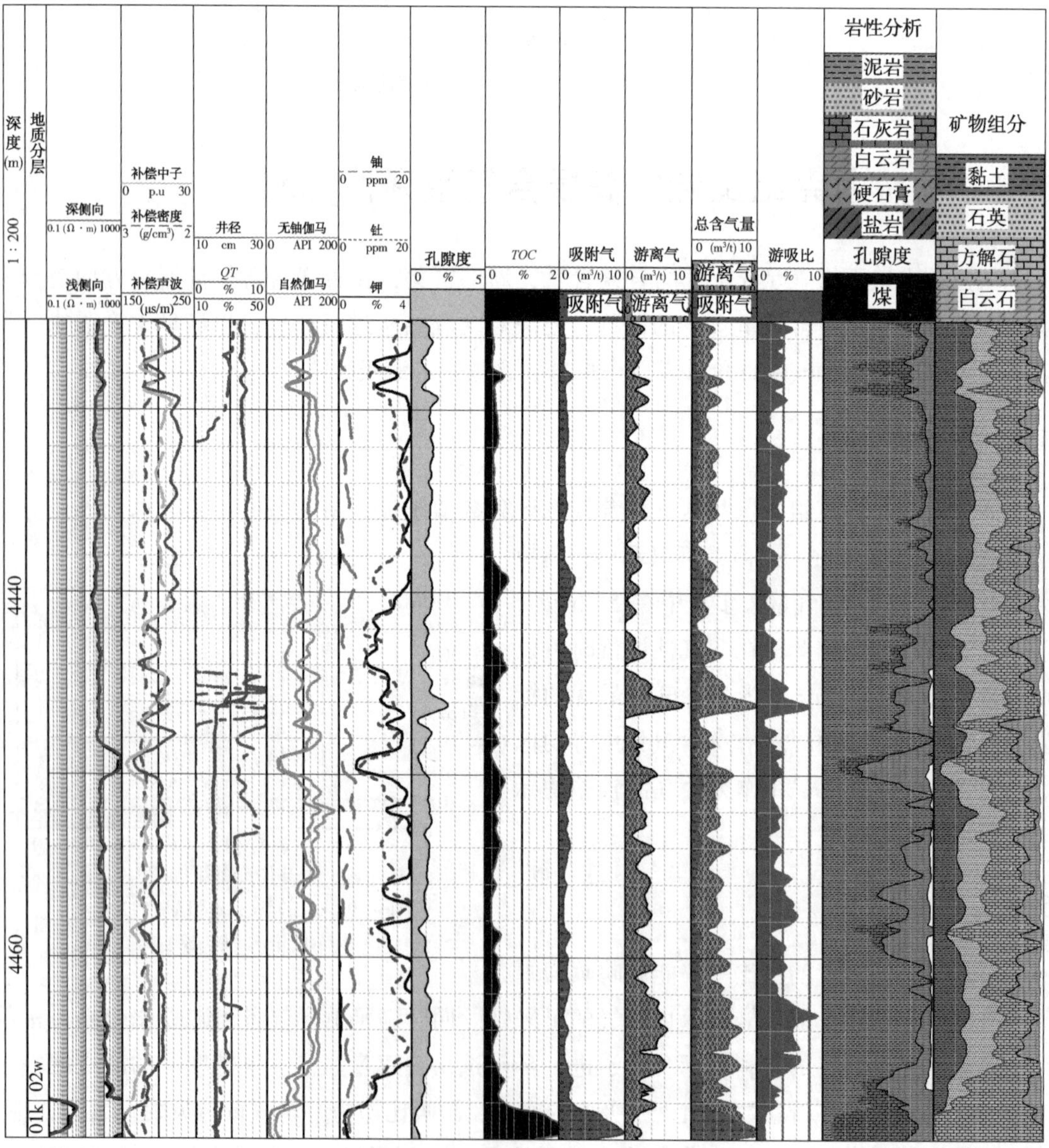

图 6-6-2　L74 井页岩气含气量评价图

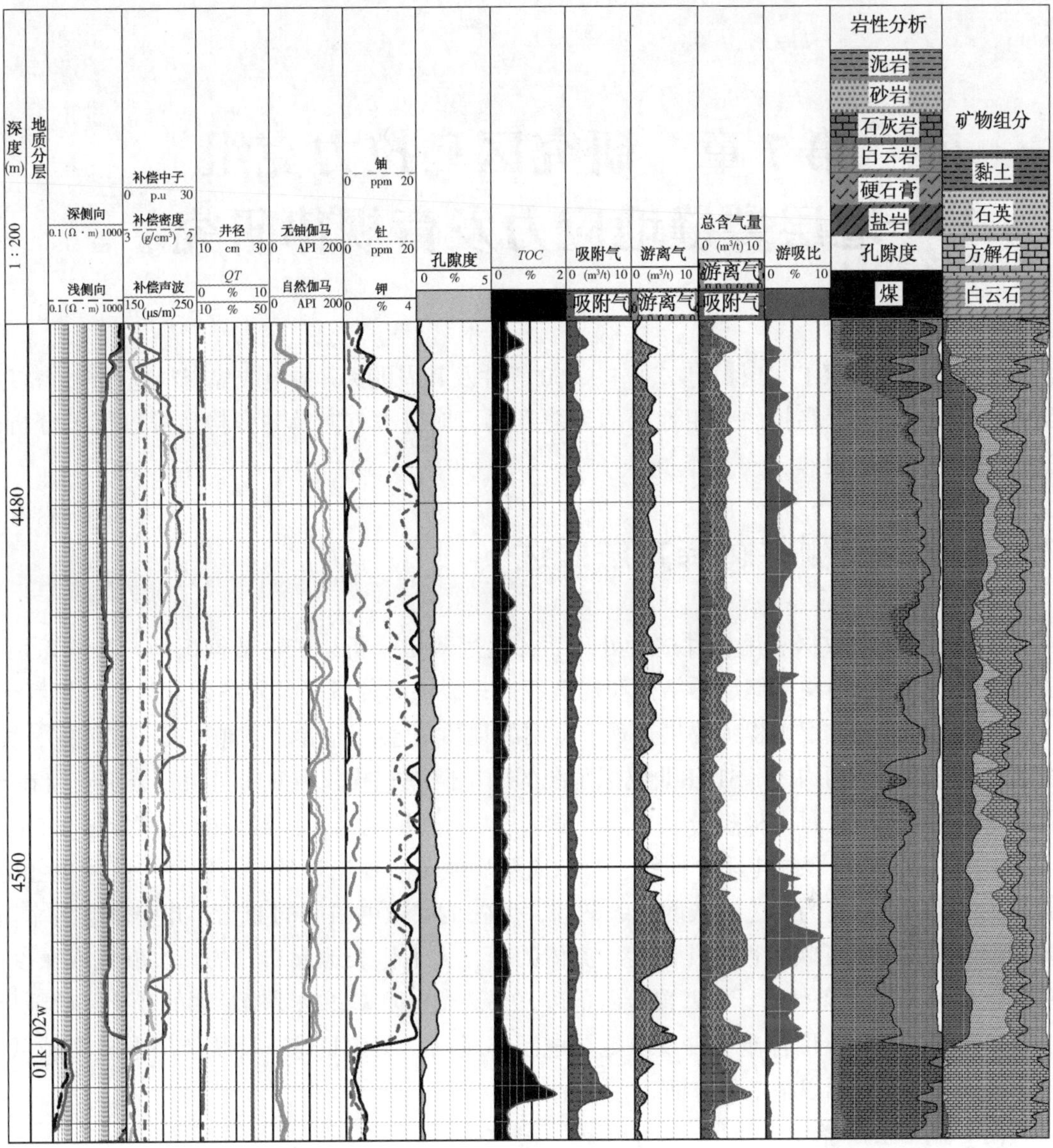

图 6-6-3　L77 井页岩气含气量评价图

第7章　研究区乌拉力克组地层裂缝地应力发育规律研究

本章通过对Z探1、Y探2、Z平1、L50等井及其周围探井的电成像资料进行统计整理及重处理，对研究区乌拉力克组地层的裂缝发育、地应力方向及井旁构造等进行了分析，总结出目的层区域规律。

7.1　电成像测井解释方法概述

微电阻率成像数据利用软件进行处理后，通过薄层分析、矿物结核识别、裂缝识别、层理分析、构造分析得到储层的结构和构造特征；提供高分辨率井眼图像，为测井解释人员、地质工作者和储层工程师提供直观、有用的地质信息；若结合常规数据一起使用，可对地层进行更精确的描述。STAR Ⅱ成像系统的微电阻率扫描仪有6个极板，分别安装在6个独立的井径臂上，每个极板分别并排布置着24个测量电极，仪器采样速率为每2.5mm采一个样，记录144条微电阻率曲线，每条曲线反映了对应电极的岩石特性，阵列电扣电流经适当处理可刻度为彩色或灰度等级图像，反映地层微电阻率的变化。井壁微电阻率图像上彩色或灰度只反映岩性、孔隙度、流体的变化，不代表地层岩石的真实颜色或灰度。在直径200mm井眼条件下，井壁覆盖面积达59%。微电阻率图像明暗色调的变化反映地层电阻率高低的变化，图像越亮，反映地层电阻率越高，图像越暗，反映地层电阻率越低。具体的解释方法包括以下7个方面。

(1) 薄互层解释

依靠电成像资料高分辨率的特点，可对厚度不足1in(1in=25.4mm)的地层成像，这有利于识别地层中的砂泥岩相，并能非常准确地计算砂岩层厚度。

(2) 裂缝提取

在有裂缝的地层中，由于泥浆侵入裂缝，使得裂缝的电阻率较围岩低，在成像图上显示为暗色条纹，因此可以利用电成像资料进行裂缝识别，对于不同成因、不同类型的裂缝具有不同的成像特征，因此利用成像测井资料可以识别裂缝类型并能够准确计算裂缝产状，分析裂缝的发育程度。

(3) 层理特征分析

成像测井资料包含丰富的地质信息，它可以反映沉积韵律变化，并可以提取地层的层理倾角、倾向，从而反映沉积能量、层理类型、古水流方向等沉积特征的变化，为沉积环境分析提供了保证。

(4) 层内岩石结构分析和地质构造解释

电成像仪器以其高的分辨率，对井壁周围岩石的电阻率变化反应灵敏，对于不同的岩石结构有明显不同的图像特征，从而进行岩石结构分析；

成像测井资料可以清晰直观地反映井眼所穿过地层的产状变化，从而识别地层的接触关系，如不整合现象等。

(5) 地应力方向解释

对于应力不平衡地层，由于钻井导致应力释放，从而会产生井眼在最小水平主应力方向的应力垮塌，以及沿最大主应力方向的钻井诱导缝，因此可以根据成像图上的椭圆井眼长轴方向及成像图上的颜色变化来确定最小水平主应力方向，并通过钻井诱导缝的方位来确定最大水平主应力方向。

(6) 沉积微相分析及古水流方向判别

成像测井可以识别不同的岩性段，同时可以拾取沉积层理发育特征，因而被广泛应用于沉积储层特征的精细识别与刻画。典型河口坝沉积微相的反粒序在常规测井上往往表现为漏斗型曲线形态，而成像测井上可以看到递变模式与条带状模式的叠加，下部暗色泥质条带与上部砂岩沉积层理的耦合构成一个经典反粒序砂体。进一步从沉积层理的倾角可以看出，向上水动力条件增加，表现为沉积倾角的逐渐增加。因此成像测井的高分辨率的特征对于沉积特征拾取至关重要，可以提供常规测井无法达到的资料品质和精度。

成像测井获取古水流方向的方法主要包括2个步骤：①拾取砂岩中沉积层理倾斜方向，形成玫瑰花图，代表未做构造校正前的古水流方向。②读取高GR泥岩段内部层理的倾斜方向作为构造倾向，对砂岩沉积层理方向进行校正，经过构造校正后的砂岩沉积层理的产状即可作为古水流方向。

(7) 断层性质分析

断层、不整合面以及裂缝等均可在成像测井上识别，断层往往在成像测井上表现为标志层的错动，其断层破碎带在成像测井上响应特征明显，地层产状的突变、破碎的岩石等均指示断层带的发育。

7.2 裂缝的解释评价

7.2.1 裂缝的定义

裂缝是指岩石的断裂，即岩石中因失去岩石内聚力而发生的各种破裂或断裂面，但岩石通常是那些未表现出相对移动的断裂面。其成因归纳为：形成褶皱和断层的构造作用；

通过岩层弱面形成的反差作用；页岩和泥质砂岩由于失水引起的体积收缩；火成岩在温度变化时的收缩。

储层中的微裂缝对改善储层局部乃至整体的孔渗性具有十分重要的意义，裂缝走向、裂缝发育程度、裂缝类型、裂缝的延伸范围对储层中流体的聚集和运移的影响效果不容忽视，对裂缝的研究是储层研究的重要环节。

由于裂缝发育段岩心收获率往往不高，且破碎，而且取心段所揭示的地层数量有限，井径又较小，因此从岩心获得的有关裂缝信息往往带有局限性，而且随机性较大。但它毕竟是唯一可直接得到的裂缝信息，是十分宝贵的裂缝资料，意义更大，必须加以充分利用。

裂缝性储集层是指储集空间具有双重孔隙介质的一大类储集层。双重孔隙介质是指裂缝和孔洞，其中裂缝成为该类储集层的主要渗流通道和储集场所，而测井响应异常特征也主要由裂缝决定。裂缝的存在极大地增加了储集层的非均质性和各向异性，大大增加了油气勘探的难度。

7.2.2 裂缝的分类

(1) 成因分类

根据裂缝的成因，可以把裂缝分为两类：天然裂缝、诱导缝。天然裂缝是在地质应力作用下形成的，成像特点是因风化、溶蚀作用造成裂缝边界不光滑；天然裂缝又分为构造裂缝、成岩裂缝、风化裂缝。构造裂缝是指岩石在构造应力的作用下产生的破裂，在构造地质学当中又将其称为节理。其发育范围广阔，构造裂缝无论是在露头还是岩心中，都有以下特征：

裂缝分布较为规则，常成组出现，产状稳定。在较大面积范围内，同一层位内裂缝的组系保持不变，褶皱、断层等构造会影响其走向，使之发生改变。

裂缝面通常比较新鲜，滑动以及充填现象不明显，有时在裂缝面上可见羽饰、擦痕、阶步等现象，有些裂缝还可见两侧有轻微错动现象。有些裂缝被方解石、石英等矿物局部或全部充填，有些裂缝面还可见 Fe、Mn 氧化物浸染。

构造裂缝一般切穿深度较大，有些裂缝可切穿数层，延伸较长，但是宽度很窄，岩性明显控制和影响着裂缝的切穿深度。在地质作用过程中由于静岩压力卸载作用所形成的裂缝，其多为低角度——近水平裂缝，这是两者之间最明显的区别。在裂缝野外露头观测中，构造裂缝具有以下几点特征：倾角较大，多为高角度裂缝；裂缝发育明显受地层及岩性控制，发育于层内，终止于地层分界处；而地层间“割理”一般平行于层理发育，倾角较低。

人工诱导缝是在人为应力作用下形成的，比如钻具振动缝，重泥浆与地应力不平衡性造成的压裂缝，应力释放裂缝。这些裂缝是在地层打开的瞬间形成的，裂缝边界光滑，同时裂缝长度较短，分布杂乱不规则，呈对称分布。多数呈张开状态且少见有矿物充填现象。

沉积和成岩作用过程中形成的裂缝一般发育于泥岩类中，常见弯曲、尖灭、分支等现象。成像特征见图 7-2-1。

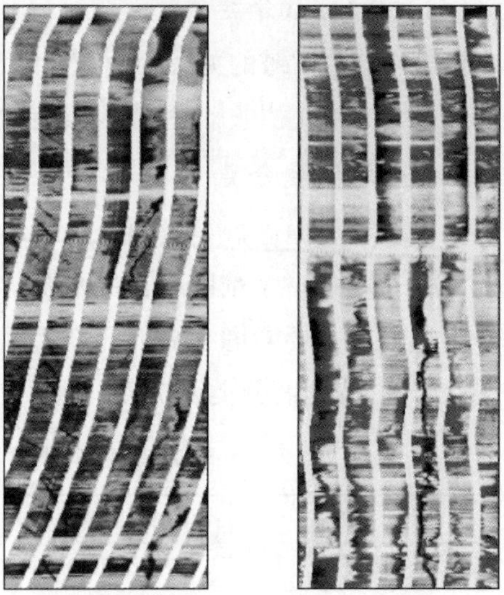

诱导缝　　天然缝

图 7-2-1　诱导缝与天然裂缝成像特征图例

（2）力学性质分类

按裂缝的力学性质分为张性裂缝、张剪裂缝、剪切裂缝。张性裂缝由岩石受到拉伸作用发生张性破裂而形成，裂缝面通常粗糙不平，产状不稳定，平面延伸常呈锯齿状，且平面延伸长度一般较短，当遇到岩石颗粒时，常绕颗粒而过不发生切穿现象，该类裂缝有时被矿物充填；张剪裂缝既有张性裂缝的特征，又有张剪裂缝的特征，裂缝面上常见发育有羽饰现象，有时还可见矿物充填现象。剪切裂缝是岩石受到剪切作用的结果，这类裂缝通常是闭合的，产状稳定，缝面一般较平直光滑，平面上呈直线延伸，且延伸较远，有时裂缝面上可见擦痕、微小错动现象等，裂缝经过岩石颗粒时，常切穿岩石颗粒。

（3）裂缝与水平面的夹角及裂缝的产状分类

根据裂缝与水平面的夹角及裂缝的产状，将裂缝分为 6 类，裂缝分类标准见表 7-2-1，部分裂缝类型对比见图 7-2-2。

表 7-2-1　按裂缝与水平面的夹角及裂缝的产状分类标准

水平缝	倾角<10°	高角度裂缝	倾角在 75°～85°
低角度裂缝	倾角在 10°～40°	垂直缝	倾角在 85°～90°
斜交缝	倾角在 40°～75°	网状缝	在同一井段内方位和倾角变化大

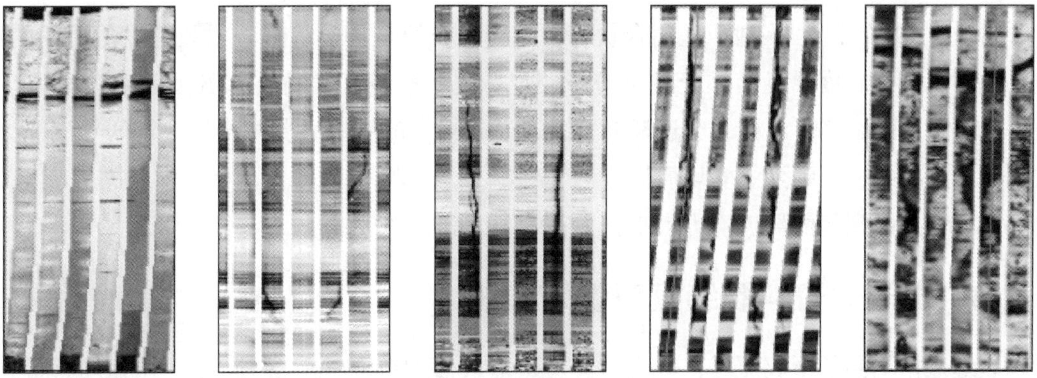

水平缝　　斜交缝　　高角度缝　　垂直缝　　网状缝

图 7-2-2　裂缝类型对比图

(4) 褶皱关系分类

根据裂缝与褶皱的关系分为纵向缝、斜裂缝和横向缝。纵向缝为沿着褶皱轴发育的裂缝；斜裂缝为斜交褶皱轴发育的裂缝；横向缝为垂直褶皱轴发育的裂缝(刘战君，2003)。

(5) 裂缝宽度分类

通常还对裂缝进行等级划分。裂缝的等级划分应同时考虑裂缝的长度和开度，但裂缝的延伸长度是一个难以取得的数据，尤其是对于宏观裂缝和地下裂缝，因此在裂缝等级分类时目前主要考虑裂缝的开度。据行业标准 SY/T 5386—2010，裂缝(孔隙长宽比大于 10∶1)，按开度分类表 7-2-2。

表 7-2-2 行业标准 SY/T 5386—2010 的裂缝分类

裂缝名称	裂缝宽度/mm	裂缝名称	裂缝宽度/mm
巨缝	>100	中等缝	0.01~0.1
大缝	10~100	窄缝	0.001~0.01
特宽缝	1~10	微缝	0.0001~0.001
宽缝	0.1~1		

(6) 开启类型

按照裂缝开启性和对流体渗流能力的影响力分为开启缝、半开启缝和闭合缝(潜在缝)三类。

开启缝：在地下完全呈开启状态，流体充填裂缝缝隙，缝隙主要由孔隙流体压力来支撑。这类裂缝在地层压力降低时极易发生快速闭合，以致地下流体的导流能力也随之降低。

半开启缝：在地下呈半开启状态，部分裂缝缝隙被矿物质充填，其余部分被流体充填，由矿物质和流体压力支撑裂缝缝隙，这类裂缝通常不易随着地层压力的降低而发生闭合，因此能对地下流体起到一定的导流作用。

闭合缝(潜在缝)：在地下呈闭合状态，矿物质充填全部裂缝缝隙或裂缝以薄弱面的形式存在，而无开启度，且流体经过痕迹不明显。这类裂缝在随着注水开发一定阶段之后，因为地层压力的增高等原因，会逐渐展开并连通起来，可使地下流体产生一定的导流能力，在水驱油过程中造成强烈的非均质性。

此外，按照裂缝的导流能力大小分为有效裂缝和无效裂缝。

7.2.3 电成像资料裂缝直观识别方法

裂缝依据不同的形成原因，分为两大类，即天然裂缝和诱导裂缝。它们的形成原因以及变现形态上都不同：产生诱导裂缝的原因是现今地应力作用，它们排列比较规整，并且有很强的规律性，缝面形态规则且缝宽没什么变化，径向延伸的范围也比较小；产生天然裂缝的原因是多期次的构造运动，由于它们经历了地下水的溶蚀作用与沉淀作用，所以它们的分布显得没什么规律，裂缝面一般不太规则，且缝宽变化较大。见图 7-2-3。

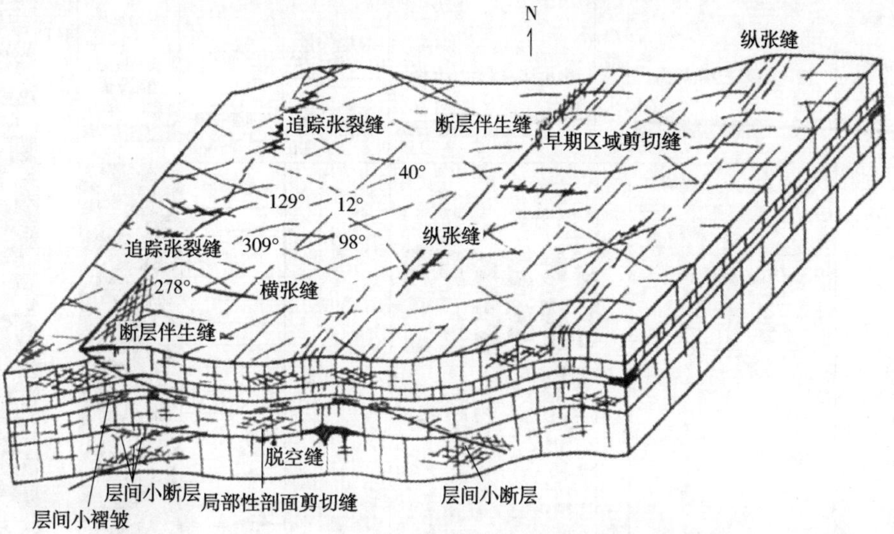

图 7-2-3　不同地质构造上的裂缝发育规律(据蔡泽训，2013)

电成像测井资料裂缝评价的主要任务是识别不同成因类型的裂缝，然后对有效裂缝进行定量评价。裂缝识别的主要目的是划分出各种裂缝的发育层段，识别各种裂缝的类型，进而确定出物性较好的裂缝性储层段。由于井下真假裂缝彼此混杂，天然裂缝和机械裂缝都有分布，张开的有效缝与其他多种无效缝同时出现，因此在进行有效裂缝评价前，需要首先对不同成因类型的裂缝进行识别(蒋键美，2013)。

(1) 天然裂缝特征

① 由于天然裂缝总是与构造运动和溶蚀相伴生，电导率异常一般既不平行，又不规则。

② 裂缝可以切割任何介质(或电相，包括层界面)，且裂缝相互可以平行或相交，相邻裂缝之间电相可以不同。

③ 裂缝相互交叉可以形成网状、树枝状等裂缝组合特征，见图 7-2-4。

④ 裂缝在成像图上的颜色是截然不同的，与地层没有颜色过渡关系。

(2) 张开裂缝与闭合裂缝的判识

① 张开裂缝

张开裂缝顾名思义裂缝是张开的，里面往往充填有泥浆等低阻物质。在水基泥浆井中，井壁附近裂缝中充填有导电的泥浆，这样裂缝的电阻率就比岩石的电阻率低很多，在成像测井图上显示为低阻黑色(暗色)特征，所以可以根据低电阻率异常来识别张开裂缝，也称高导缝。自然裂缝的开度不稳定，时宽时窄，常因部分充填或溶蚀作用而边缘不光滑。

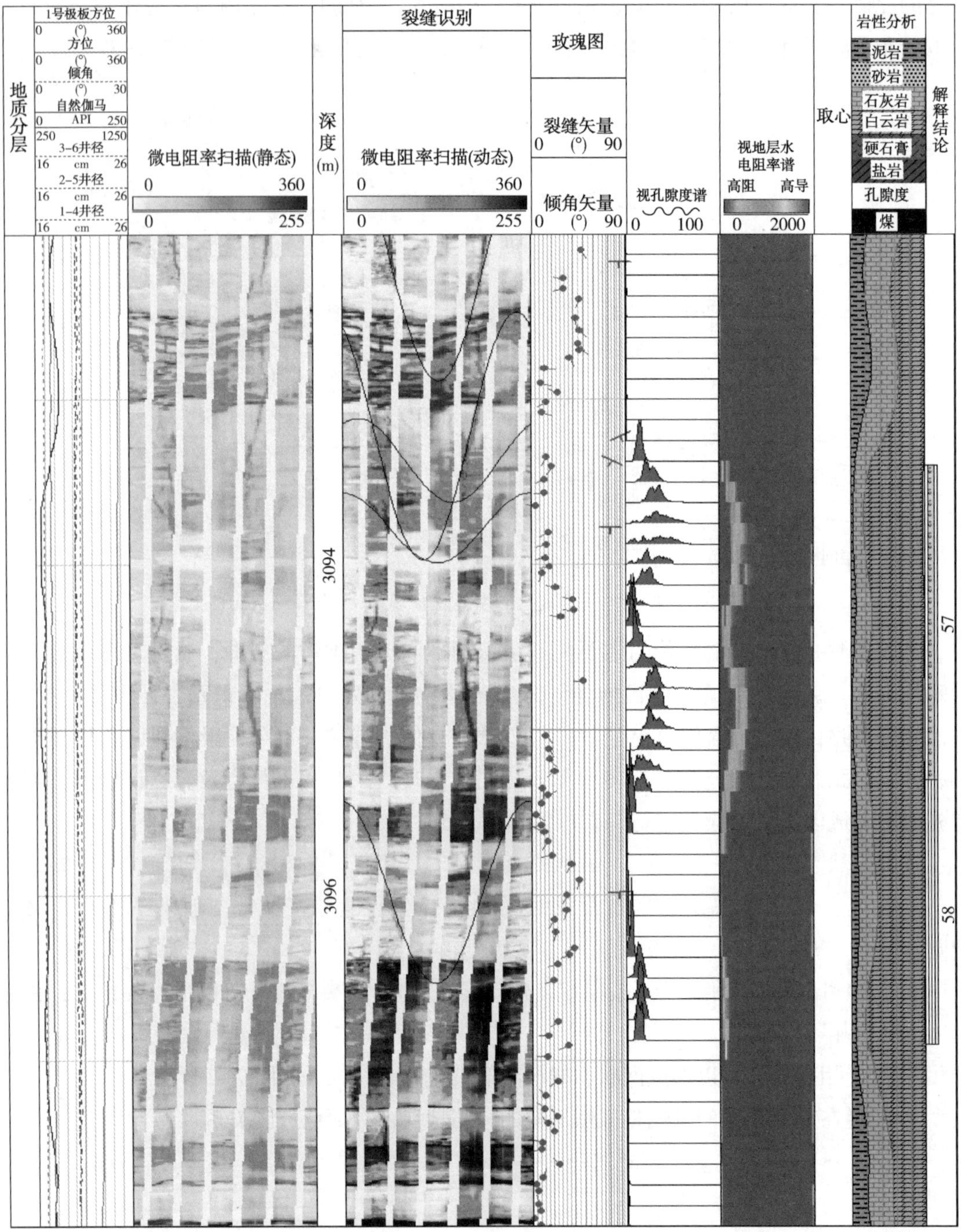

图 7-2-4 Q15 井下古生界成像特征图

② 闭合裂缝

闭合裂缝是由于地层的压溶作用形成的，往往充填有高阻物质如方解石等，因此在电成像图像上闭合裂缝显示为高阻浅色的曲线特征，但当泥质充填时，表现为暗色的正弦曲线，它指示了由构造应力产生的开启裂缝，后来由富含盐的流体循环或充填其他矿物而被胶结，因此电阻率较高，也称高阻缝。见图 7-2-5。

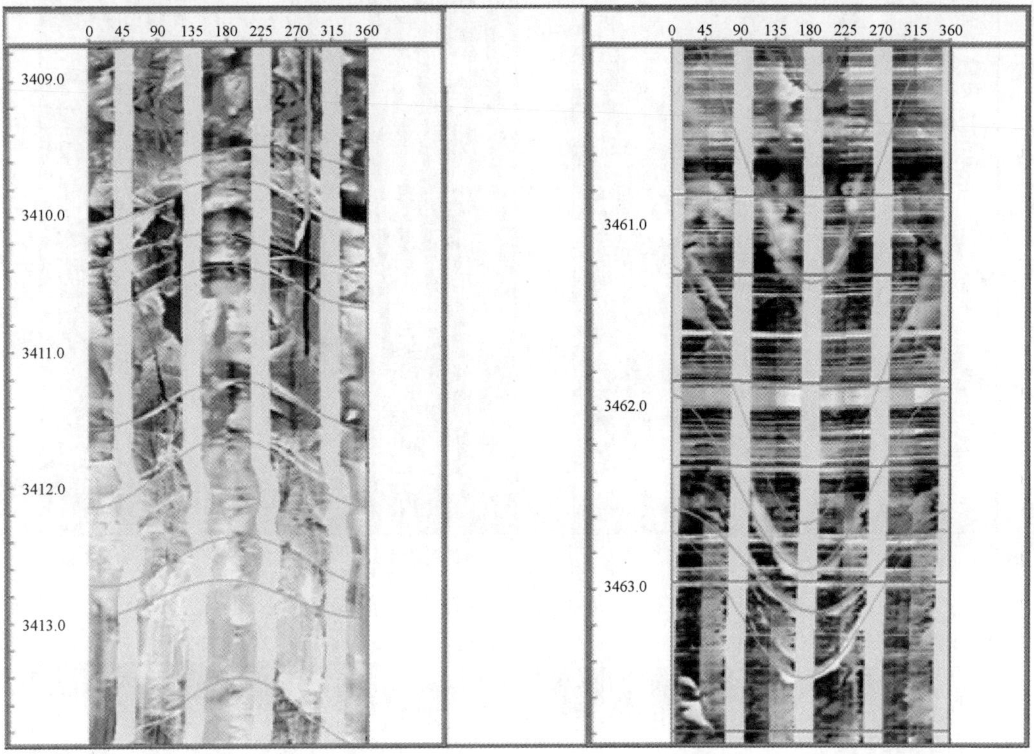

图 7-2-5 地层高阻填充缝发育特征

裂缝的平均张开度(水动力宽度)是裂缝水动力效应的一种拟合，它直接决定了裂缝的导流能力。为了区分裂缝导流能力的强弱，按照裂缝平均张开度进行裂缝类型划分，标准如下：当裂缝张开度<0. 01mm 时为小缝，当裂缝张开度>0. 01mm 时为大缝。

(3) 真假裂缝识别

① 钻具振动形成的裂缝

钻井过程中由于钻具振动可能形成裂缝，它们十分微小且径向延伸很浅，这种裂缝在电成像图上有高电导率的异常，在电成像图上呈羽毛状或雁行状排列。见图 7-2-6。

② 层理

层界面常常是一组相互平行或接近平行的电导率异常，且异常宽度窄而均匀，一般在图像上连续、完整，且在图像上不能随意中断。地层层理倾斜波谷所在方位指示地层倾向，在图像上呈正弦波状态，正弦波的幅度反映倾角值大小，因而可以与地层倾角测井一样求出层理面的产状，见图 7-2-7。

③ 泥质条带

泥质条带的高电导率异常一般较规则，边界较清晰，仅当构造运动强烈且发生柔性变形时才出现剧烈弯曲，但宽窄变化仍不会很大，见图 7-2-8。

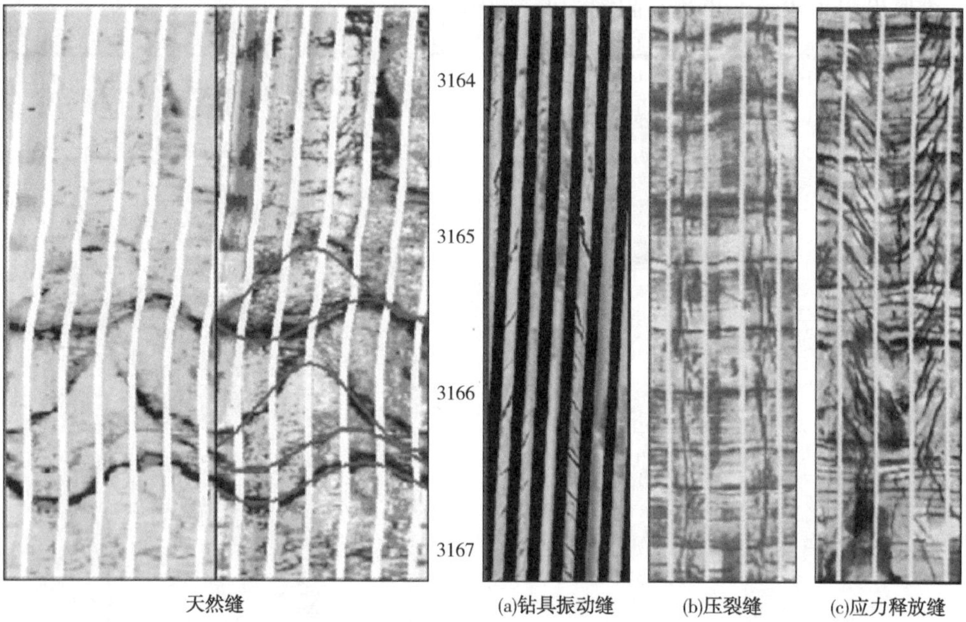

图 7-2-6　不同类型裂缝发育特征(电成像)

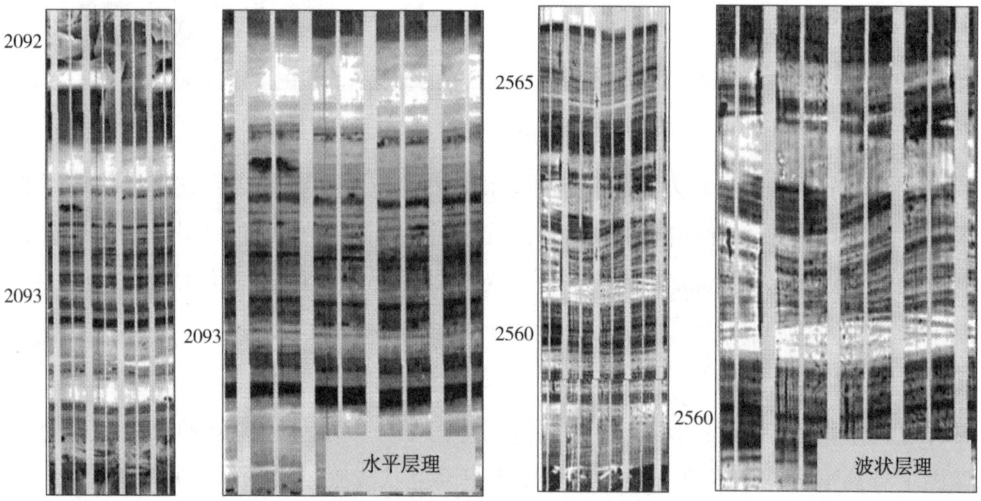

图 7-2-7　地层水平层理与波状层理发育特征(电成像)

④ 重泥浆造成的压裂缝

由于重泥浆与地应力不平衡易造成井壁压裂，形成压裂缝。在图像上有明显异常，总是以 180°或近于 180°之差对称地出现在井壁上。当井身垂直时，它以一条高角度张性裂缝为主，在两侧有两组羽毛状的微小裂缝，或彼此平行，或共轭相交，这将取决于三轴向地应力之间的关系，即上覆岩层压力为中间主应力时呈平行状，上覆岩层压力为最大主应力时呈共轭交叉状；当井身倾斜时，裂缝全部变成同一方向，且彼此平行的倾斜缝。在双侧

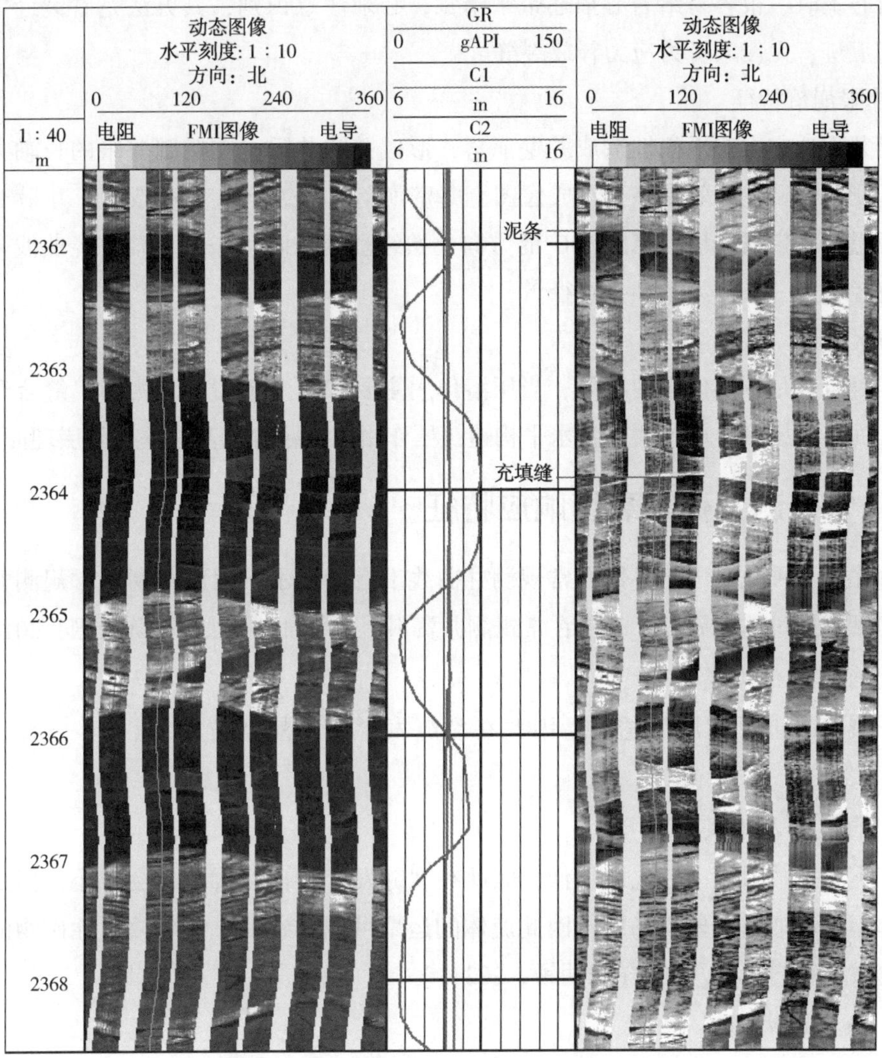

图 7-2-8　地层泥质条带发育特征(电成像)

向测井曲线上出现特有的“双轨”现象(余鸿飞，2012)。

对于垂直井眼，压裂缝总是出现在最大水平主应力方向上；对于倾斜井眼，当井眼短轴与长轴之比大于最小与最大水平主应力之比时，压裂缝在最大水平主应力方向上(即井短轴方向)，当井眼短长轴之比小于最小与最大水平主应力之比时，则压裂缝在最小水平主应力方向上(即井长轴方向)。压裂缝在脆性致密层经常可见，如在大比重泥浆钻井井段出现，有时在泥浆密度虽然不大，但水平主应力差别较大时也能看到诱导压裂缝。

⑤ 应力释放裂缝的特征

在电成像图上的特征为一组接近平行的高角度裂缝，且裂缝面十分规则。在相对的极板上呈“雁状”分布，其方向与现今最大水平主应力方向一致。应力释放裂缝既可在岩心上出现，也可在井壁上出现。在常规测井解释中，容易误解释为低孔高角度裂缝型储层。当出现在岩心上时，很容易给岩心描述带来错觉，必须注意识别，其方法是看裂缝中有无泥浆侵入的痕迹，无侵入者为应力释放裂缝。

⑥ 井眼崩落特征

由于井下地应力非平衡性造成井壁崩落，形成椭圆井眼，在椭圆井眼的长轴方向易造成电成像测井仪贴井壁效果差，在成像图上井壁崩落具有方向性和一致性，并呈180°对称的暗色或黑色条带或斑块。相距180°的方向上始终呈两条暗色条带，双井径曲线一条近似于钻头直径，另一条则大于钻头直径。

⑦ 缝合线

由于缝合线是压溶作用的结果，当压溶作用主要来自上覆岩层压力时，缝合线基本平行于层理面；当压溶作用主要来自水平构造挤压作用时，缝合线基本垂直于层理面。

7.2.4 常规测井资料裂缝响应特征

裂缝作为一种地质现象必然在常规测井曲线上有所显示，因此可利用常规测井资料进行裂缝识别。通过前人研究，裂缝在常规测井资料上的特征一般如下(陈义国，2010)。

(1) 自然电位曲线

由于裂缝改善了储层渗透性，因此在裂缝发育段自然电位曲线(SP)一般呈现明显的“负异常”。

(2) 自然伽马曲线

由于泥浆的放射性一般比地层低，因此在裂缝发育段自然伽马值会减小，但是裂缝常成为流体运移的通道和聚集场所，因此流体的运聚可能导致铀、钍等放射性矿物的沉淀而导致裂缝发育段自然伽马增大(汪明锐，2024)。

(3) 井径曲线

在裂缝发育段，通常会造成井径变大，如果有多条井径曲线，则可以根据相互对比确定可能的裂缝存在位置。例如，遇有高角度张开缝时，只是某条井径(探测到裂缝的)变大，其他井径曲线基本不变，出现椭圆井眼，可作为裂缝存在的参考之一。

在裂缝性碳酸盐岩地层中，由于基岩电阻率较高，裂缝中的泥浆滤液电阻率较低，因此在裂缝发育段常规测井资料响应敏感。

(4) 三孔隙度曲线

裂缝的存在往往会造成声波能量的衰减，特别是开度较大的低角度裂缝造成的衰减更明显，常出现纵波时差增大甚至产生周波跳跃现象。

密度测井的探测深度较浅，如果井壁周围存在裂缝且其中充满泥浆，测量的密度值通常会减小，但若使用重晶石等其他泥浆，则会变得复杂。当采用重晶石泥浆，岩性密度Pe曲线在裂缝段可能会急剧增高。

补偿中子测井主要反映测量范围内的含氢量，若裂缝中充满泥浆等流体，则会造成中子测量值偏大。

(5) 三电阻率曲线

微电阻率测井(如 MSFL)只探测一个小范围的电阻率，当极板与裂缝相接触，其探测范围由于充满了泥浆或泥浆滤液而表现为低阻，曲线上一般显示为视电阻率低值。

对于双侧向测井(DLL)，在高阻剖面的裂缝发育层段上，曲线呈现明显的低电阻率异常。水平裂缝对深侧向的聚焦作用比浅侧向更强，在淡水泥浆条件下，一般为小的负差异或无差异；高角度裂缝为电流提供了低阻通道，使侧向测井的电阻率降低，又由于高角度裂缝的有效导电截面在径向上基本不变，而孔隙的导电截面在径向上是逐渐增大的，因此在浅侧向测井探测范围内，裂缝与孔隙的有效导电截面之比远大于深侧向测井探索范围，从而使测井曲线上呈正差异($RD>RS$)。但当基质孔隙度较大时，单纯利用这种特征识别裂缝困难较大。

(6) 自然伽马能谱曲线

地层中的铀盐常随水流移动而沉淀在渗透性地层，包括裂缝段中。因此可根据含铀量增加或含钾、钍数量低或不变来确定裂缝位置，但这种裂缝也可能是充填缝。

7.3 乌拉力克组裂缝分析

7.3.1 区域概况

鄂尔多斯盆地西缘冲断带位于华北克拉通的西部，西北与阿拉善地块为邻，西与走廊过渡带相接，西南与祁连-秦岭褶皱带相邻，处于几大构造单元的结合部位，构造较为复杂。目标区处于鄂尔多斯盆地西缘冲断带中部构造转换带上，整体为一个受逆冲推覆作用的宽缓向斜，向斜主体位于逆冲推覆断层上盘，变形构造较强，推覆体下盘原地岩体构造变形较弱，T_p 构造总体呈南北向鼻隆特征。Z 平 1 井区即位于西缘冲断带中段马家滩逆冲席东北部的苦水构造带上，T_p 界面海拔为-2250m。

鄂尔多斯盆地西部祁连海域奥陶系时期处于台缘隆起高能相带，乌拉力克期海陆过渡带局部发育台内潟湖洼地，暗色泥页岩、页岩气分布较广，乌拉力克组地层厚度大，可达20~200m，Z4、Z2、L 探 1 等多口探井在乌拉力克组试气获天然气流，有望形成页岩气的新类型气藏。乌拉力克组岩石 X 衍射全岩分析表明，泥质岩中石英、长石、碳酸盐等脆性矿物的平均含量可达 75%，在后期压裂过程中有利于工程改造形成裂缝。Z 平 1 井在145836N 地震测线剖面拉什仲+乌拉力克反射特征上呈中等反射，地震预测 Z 平 1 井区乌拉力克组地层厚度 150m。

7.3.2 裂缝发育情况分析

本次整理了 2000—2020 年所测的电成像资料，对研究区块内 16 口井进行了电成像，各井井位图见图 7-3-1。对乌拉力克组地层的裂缝发育情况及地应力方向进行了分析，分析结果如下：

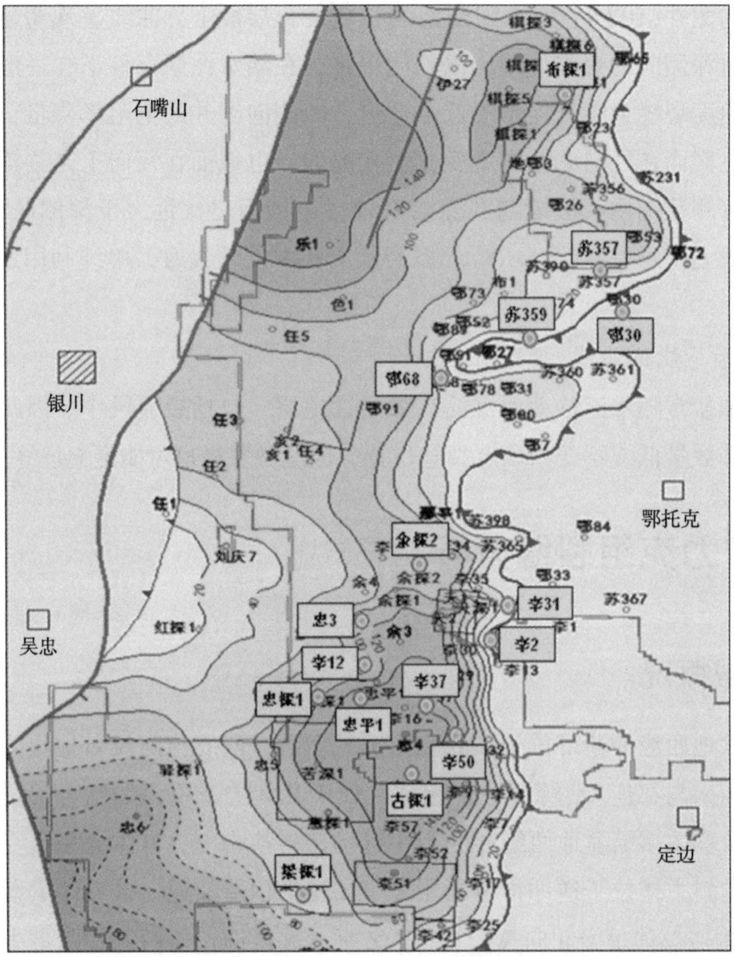

图 7-3-1 研究区乌拉力克组地层井位图

(1) 裂缝发育特征图例

例如，Y 探 2 井在乌拉力克组 3895.4~3902.4m 地层的静态图像明亮，地层电阻率高，其中 3897.4m、3899.8m、3901.4m 处是泥质条带，静态图像暗。3898.4~3899.0m 处是井壁垮塌，因泥浆侵入而呈暗色；3900.0~3901.3m 处是一开启裂缝，其开度不稳定，边缘不光滑，因其中充填有钻井液，裂缝的电阻率比周围岩石的电阻率低，故在图像上表现为暗色。该地层的顶底部是受钻井的影响而产生的钻井诱导缝，见图 7-3-2。本井在乌拉力克组地层共解释了 56 条裂缝，局部也有不规则裂缝和高角度裂缝发育，其主要特征见表 7-3-1。

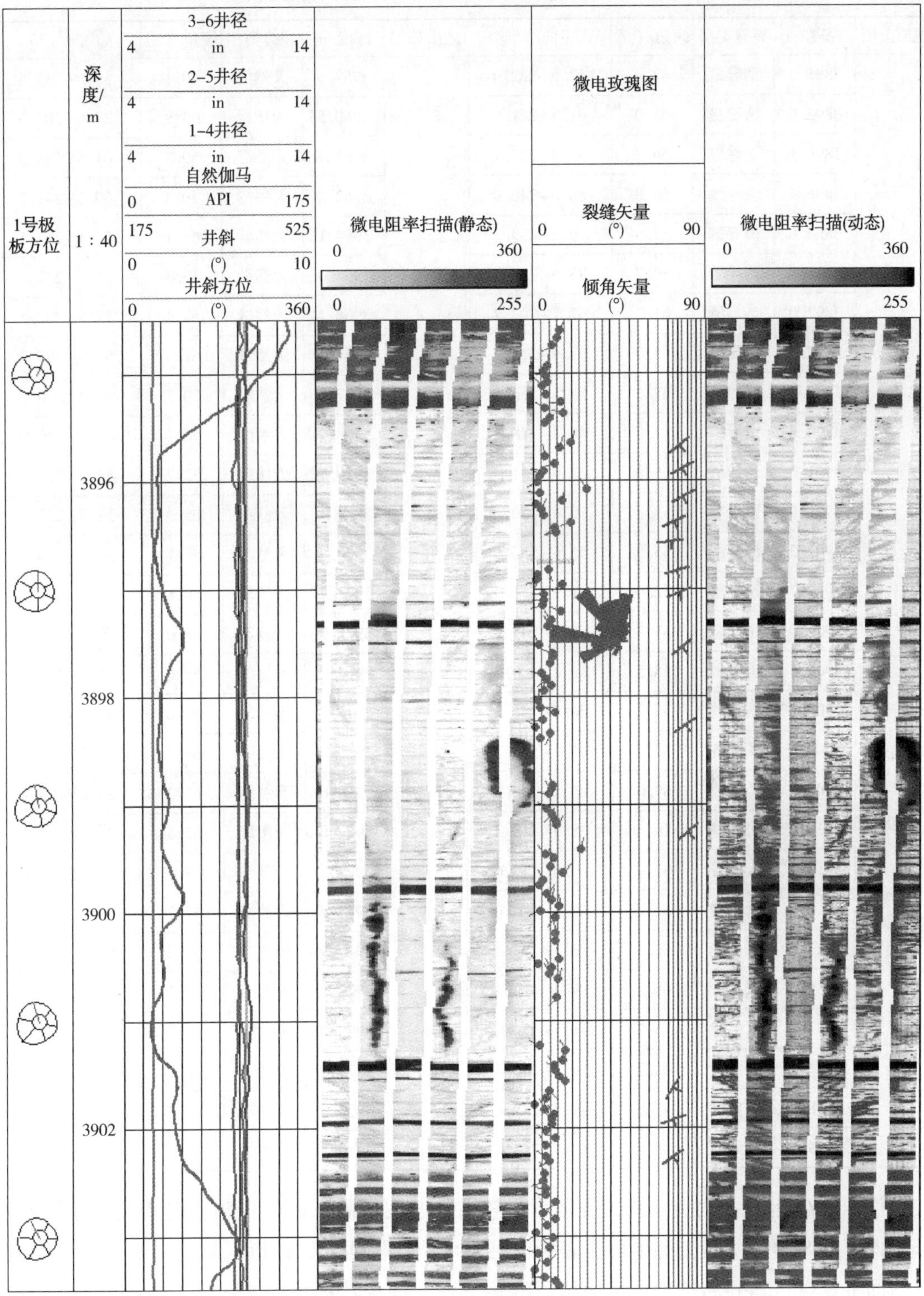

图7-3-2 Y探2井乌拉力克组地层3894.5~3903.5m成像特征图

表 7-3-1　Y 探 2 井主要裂缝类型及特征

地质分层	深度/m	裂缝类型	倾角/(°)	走向/(°)	地质分层	深度/m	裂缝类型	倾角/(°)	走向/(°)
	3895.7	诱导缝	62.4	52.9~232.9		3959.3	天然缝	49.1	55.5~235.5
	3895.9	诱导缝	65.0	61.8~241.8		3960.5	天然缝	63.9	28.6~208.6
	3896.1	诱导缝	66.3	63.4~243.4		3961.7	天然缝	50.3	61.5~241.5
	3896.4	诱导缝	56.8	66.0~246.0		3962.2	天然缝	50.4	69.2~249.2
	3896.6	诱导缝	52.6	79.2~259.2		3964.1	天然缝	64.1	53.1~233.1
	3896.8	诱导缝	59.7	73.6~253.6		3964.6	天然缝	59.1	72.4~252.4
	3897.0	诱导缝	61.7	67.7~247.7		3966.1	天然缝	51.1	27.5~207.5
	3897.5	诱导缝	65.0	51.4~231.4		3967.4	天然缝	67.3	57.7~237.7
	3898.3	诱导缝	68.1	54.5~234.5		3967.6	天然缝	70.1	50.3~230.3
	3899.3	诱导缝	71.2	48.7~228.7		3968.3	天然缝	74.1	40.0~220.0
	3901.6	诱导缝	55.8	31.9~211.9		3970.1	天然缝	52.2	44.8~224.8
	3901.9	诱导缝	55.3	70.6~250.6		3970.4	天然缝	65.9	52.8~232.8
	3902.3	诱导缝	55.5	55.6~235.6		3970.7	天然缝	59.7	50.1~230.1
O2w	3903.7	诱导缝	52.0	71.9~251.9	O2w	3971.2	天然缝	60.8	24.9~204.9
	3904.0	诱导缝	51.7	65.9~245.9		3974.0	天然缝	58.0	49.2~229.2
	3906.4	诱导缝	58.5	60.2~240.2		3974.2	天然缝	58.6	56.0~236.0
	3907.1	诱导缝	54.2	64.5~244.5		3975.7	天然缝	61.6	38.3~218.3
	3907.6	诱导缝	55.7	46.7~226.7		3976.0	天然缝	66.7	50.2~230.2
	3907.9	诱导缝	59.0	66.2~246.2		3976.6	天然缝	61.2	20.4~200.4
	3911.2	天然缝	70.6	38.3~218.3		3977.0	天然缝	62.6	33.8~213.8
	3912.0	天然缝	61.9	30.6~210.6		3977.3	天然缝	53.4	58.9~238.9
	3912.6	天然缝	57.2	2.5~182.5		3977.7	天然缝	51.3	71.4~251.4
	3913.0	天然缝	62.5	75.1~255.1		3977.9	天然缝	46.2	63.3~243.3
	3939.9	天然缝	68.2	154.9~334.9		3978.2	天然缝	62.7	54.7~234.7
	3941.7	天然缝	75.7	0.1~180.1		3978.7	天然缝	61.8	44.2~224.2
	3951.2	天然缝	62.7	36.7~216.7		3979.0	天然缝	66.9	36.9~216.9
	3958.7	天然缝	47.5	49.6~229.6		3979.6	天然缝	68.2	37.0~217.0
	3959.1	天然缝	48.9	63.0~243.0		3980.2	天然缝	75.2	53.4~233.4

例如，Z3 井乌拉力克组地层泥质含量较高，电成像静态图像较暗，表明储层地层电阻率较低，图像颜色明暗交替出现，表明地层非均质性较强，岩性以泥岩、灰岩、云岩为主，从图面上观察，本井乌拉力克组地层裂缝较发育，成像特征见图 7-3-3。本井在乌拉力克组共识别出 48 条裂缝，其中天然裂缝 23 条，诱导缝 25 条，见表 7-3-2。

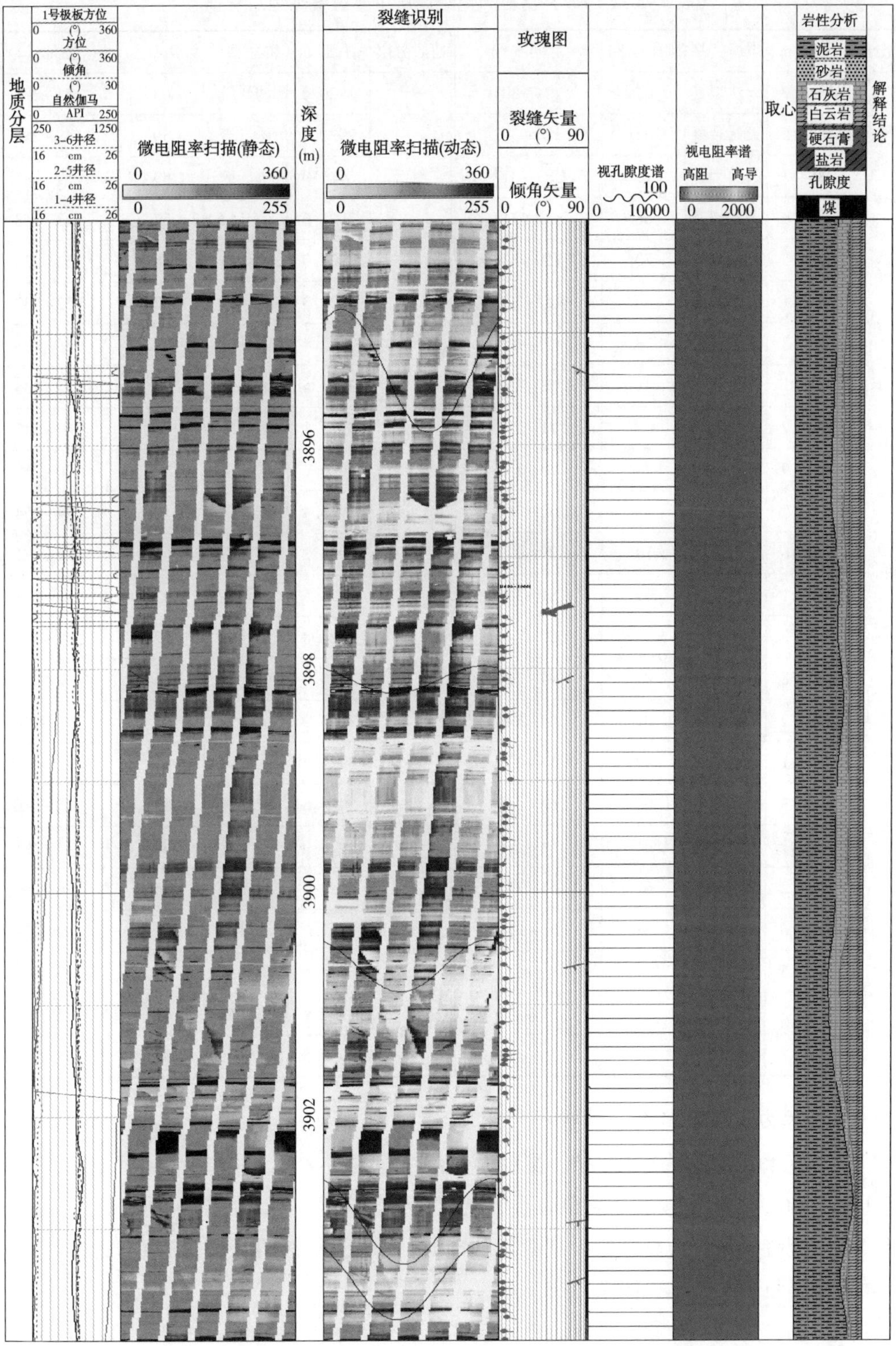

图7-3-3 Z3井乌拉力克组地层3834.0~3904.0m成像特征图

表 7-3-2　Z3 井乌拉力克组地层主要裂缝类型及特征

地质分层	深度/m	裂缝类型	倾角/(°)	走向/(°)	地质分层	深度/m	裂缝类型	倾角/(°)	走向/(°)
O2w	3867.9	天然裂缝	61	124~304	O2w	3920.0	诱导缝	63	51~231
	3868.5	天然裂缝	61	127~307		3920.3	诱导缝	59	69~249
	3884.3	天然裂缝	76	137~317		3921.0	诱导缝	69	89~269
	3884.9	天然裂缝	68	132~312		3921.6	诱导缝	57	73~253
	3885.3	天然裂缝	70	150~330		3922.0	诱导缝	68	53~233
	3886.1	天然裂缝	80	152~332		3922.3	诱导缝	52	52~232
	3895.3	天然裂缝	79	128~308		3922.4	诱导缝	67	53~233
	3898.1	天然裂缝	48	58~238		3922.6	诱导缝	72	55~235
	3900.7	天然裂缝	65	71~251		3923.1	诱导缝	72	67~247
	3902.9	天然裂缝	74	78~258		3923.2	诱导缝	72	70~250
	3903.5	天然裂缝	73	62~242		3923.4	诱导缝	70	74~254
	3904.6	天然裂缝	70	99~279		3924.2	诱导缝	65	91~271
	3907.1	天然裂缝	69	81~261		3924.5	诱导缝	52	98~278
	3907.2	天然裂缝	78	60~240		3924.8	诱导缝	57	95~275
	3907.8	天然裂缝	82	94~274		3925.0	诱导缝	65	92~272
	3908.2	天然裂缝	81	64~244		3925.2	诱导缝	64	107~287
	3909.1	天然裂缝	59	57~237		3925.4	诱导缝	61	105~285
	3909.3	天然裂缝	61	63~243		3925.6	诱导缝	62	121~301
	3910.1	天然裂缝	61	51~231		3925.9	诱导缝	68	83~263
	3915.2	天然裂缝	62	61~241		3927.0	诱导缝	56	86~266
	3915.6	天然裂缝	71	91~271		3927.3	诱导缝	69	92~272
	3916.5	天然裂缝	41	91~271		3927.6	诱导缝	61	95~275
	3919.3	诱导缝	65	57~237		3927.9	诱导缝	67	102~282
	3919.8	诱导缝	66	30~210		3930.5	天然裂缝	69	63~243

(2) 乌拉力克组裂缝发育情况

乌拉力克组共发育裂缝 274 条，裂缝倾角范围为 23°~88°，平均为 64°，该地层裂缝的优势走向是 66°~246°。按裂缝倾角大小分类，发育斜交缝、高角度缝、垂直缝及低角度缝四种类型的裂缝。乌拉力克组的天然缝共发育 164 条，裂缝倾角平均为 70°，主要为斜交缝和高角度缝，见图 7-3-4、图 7-3-5。

研究区乌拉力克组地层共解释天然裂缝 274 条，该区天然裂缝的优势走向是 69°~249°，见图 7-3-6，该区单井天然裂缝分布见图 7-3-7。

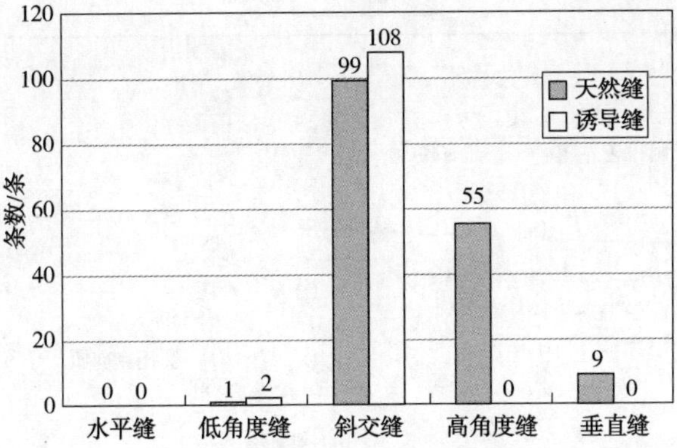

图 7-3-4　乌拉力克组裂缝发育类型及所占比例统计图

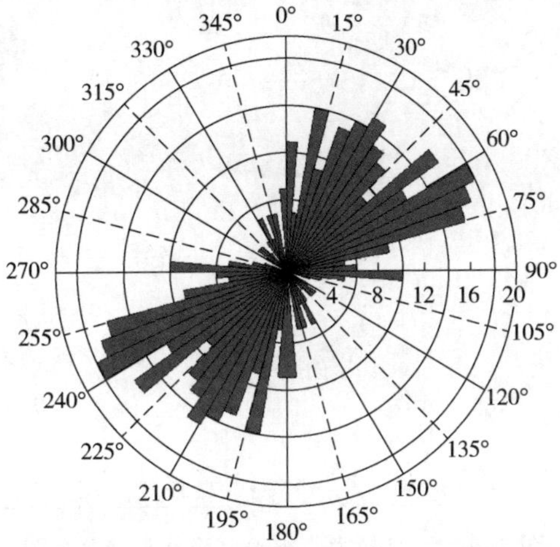

图 7-3-5　乌拉力克组地层裂缝走向图

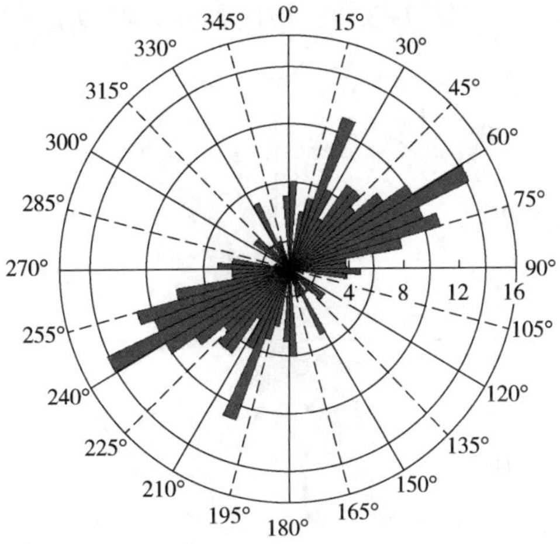

图 7-3-6　乌拉力克组地层天然裂缝优势走向图

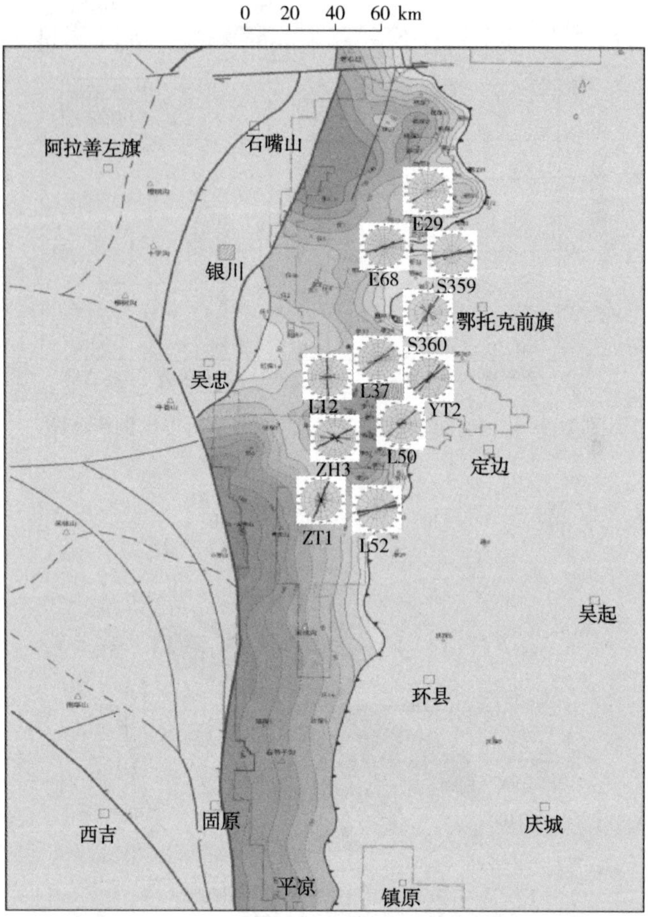

图 7-3-7 乌拉力克组地层天然裂缝分布图

研究区乌拉力克组地层共解释诱导缝 110 条，裂缝倾角平均为 55°，主要为斜交缝，诱导缝的优势走向是 61°~241°，见图 7-3-8，该区单井天然裂缝分布见图 7-3-9。

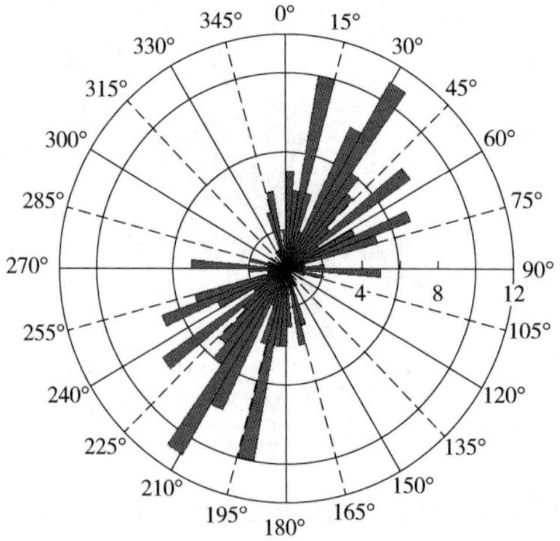

图 7-3-8 乌拉力克组地层诱导缝优势走向图

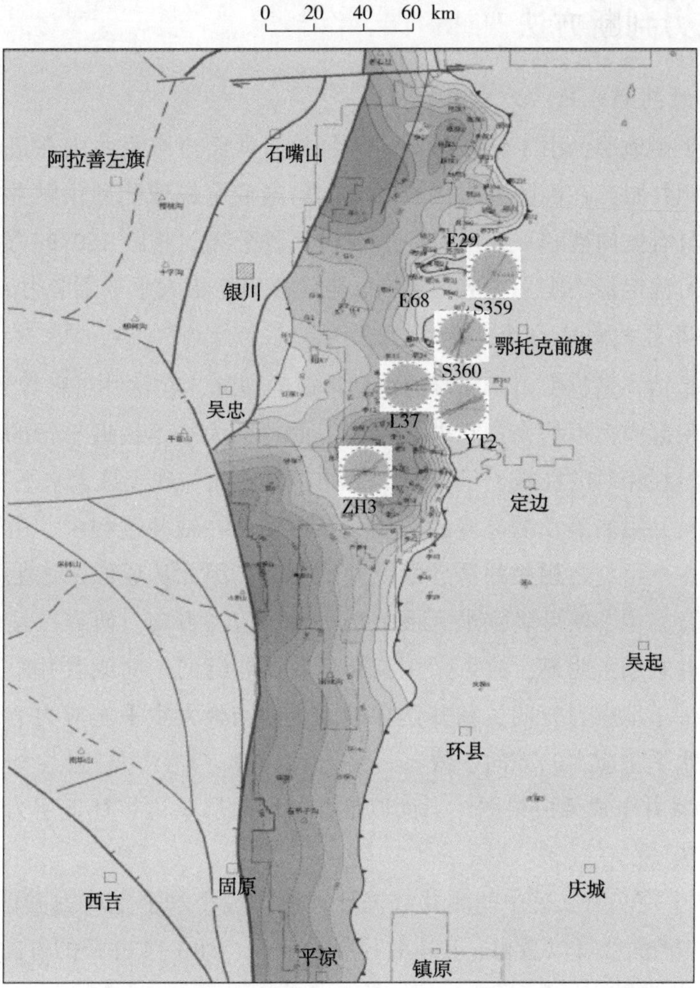

图 7-3-9 乌拉力克组地层诱导缝分布图

7.4 乌拉力克组地应力分析

地应力是指存在于地壳岩体中的内应力。它是由地壳内部的垂直运动和水平运动的力及其他因素的力引起的介质内部单位面积上的作用力。其存在直接影响着固体介质及其蕴含的各种流体的力学行为。另外，地应力又是客观存在的一种自然力，它影响着油气勘探和开发的过程。在油气田钻井和开发中，掌握油气储集区域的构造应力的大小和方位，可以进行油气田开发井网布置和优选钻井泥浆的密度来稳定井壁，减少或避免诸如漏、喷、塌、卡等事故造成的严重经济损失，地应力剖面的构建可为合理的井壁稳定性和地层坍塌压力计算和预测提供参考依据。同时，它也是正确合理地确定钻井液密度大小的基础。

7.4.1 地应力判断方法

(1) 井眼垮塌判断地应力方向

对于应力不平衡地层，由于钻井导致应力释放，从而会产生井眼在最小水平主应力方向垮塌，形成椭圆井眼，在椭圆井眼的长轴方向易造成电成像测井仪贴井壁效果差，在成像图上井壁崩落具有方向性和一致性，并呈180°对称分布，相距180°的方向上始终呈两条暗色条带，由此可确定最小水平主应力方向，进一步确定最大水平主应力方向。

(2) 钻井诱导缝判断地应力方向

钻井诱导缝是钻井过程中由于钻具的振动形成的裂缝，在钻井过程导致原地应力改变，以及应力荷载等引起应力不均衡，在电成像图上的特征为一组接近平行的高角度裂缝，且裂缝面十分规则。在相对的极板上呈“雁状”分布，其方向与现今最大水平主应力方向一致。

地应力方位与井眼崩落及诱导缝的方位关系密切，在钻井过程中，由于构造应力得到释放，因而会产生一组与之相关的诱导缝及井壁崩落。因此从成像图像上分析井眼崩落及钻井诱导缝的发育方位，便可确定最大或最小水平主应力方向。研究区钻井诱导缝发育程度高，有的气井井眼崩落明显，故可采用判断钻井诱导缝的走向或者井眼崩落单边扩径来判断现今最大或最小地应力方向，钻井诱导缝的走向与最大水平主应力方向相同，而单边扩径方向与最小水平主应力的方向一致。

图7-4-1为某井电成像成果图。下面以该井某段地层单边扩径地层为例简单讲述计算地应力的操作方法。

① 根据图像中左起第二道中的测井数据计算地层最小水平主应力方向，从1-4井径、2-5井径、3-6井径曲线可以看出，1-4井径扩径明显，即1-4井径的方向即为最小水平主应力方向，计算公式表述为：

最小水平主应力方向=1号极板方位+扩径井径与1-4井径的差值

以S52井2169.0m采样为例计算：

$$最小水平主应力方向=1.27/2.5\times360.0+0=182.88° \quad (7\text{-}4\text{-}1)$$

式中(1.27/2.5×360.0)求取了1号极板方位，因为采样点扩径为1-4井径，故差值为0。

② 根据成果图中左起第三或第五道图像读取地层最小水平主应力方向，图像中纵向连续的暗色条带即表征地层扩径位置。在数据读取前必须确定成果资料是否做过方位校正，如果没有校正，该方法不可行，建议使用第①种方法。

同样以S52井2169.0m采样为例计算：

$$最小水平主应力方向=2.8/5.53\times360.0=182.27° \quad (7\text{-}4\text{-}2)$$

式中　2.8——读取的井径扩径段图像中的数值，cm；

5.53——道宽，cm。

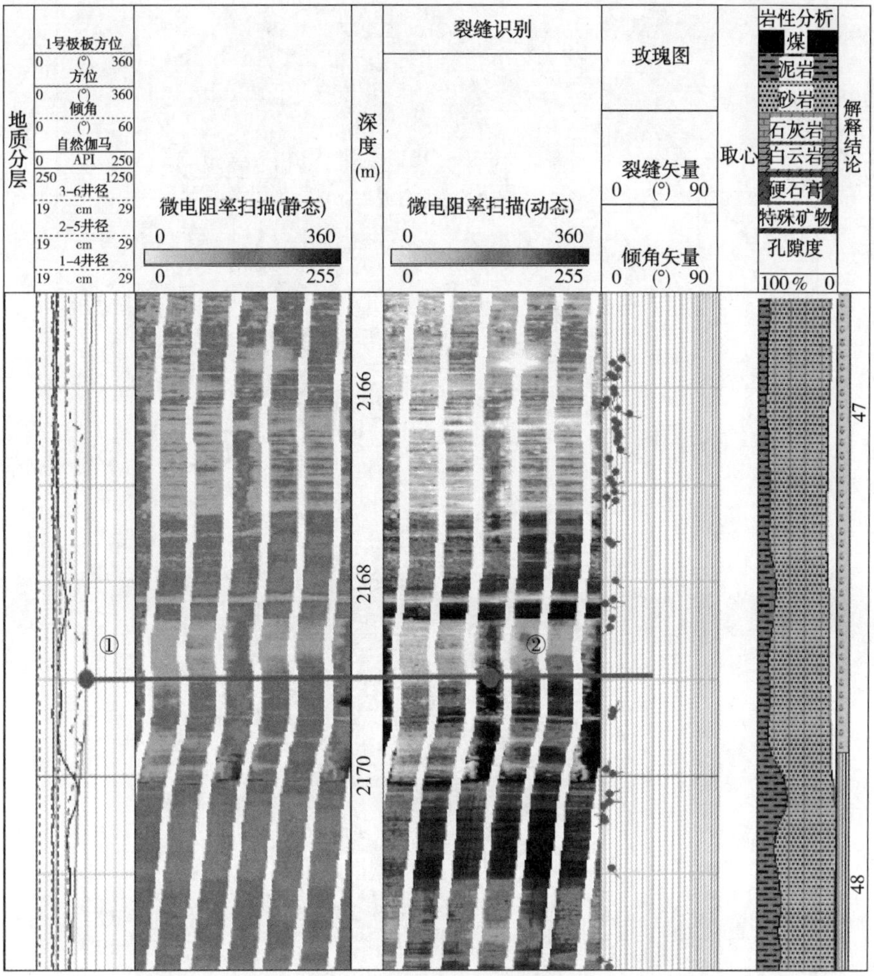

图 7-4-1　某井电成像成果图

上述两种方法的计算结果误差在 1°范围，表明计算方法和所研究测井资料质量可靠。

7.4.2　研究区地应力分布情况

将研究区 16 口井电成像测井资料逐一进行分析，找出钻井诱导缝及井眼垮塌地层，可以判断出地应力方向的井有 5 口，见表 7-4-1。最终判断出：乌拉力克组的现今最大水平主应力方向为 61°~241°，即北东东-南西西方向，见图 7-4-2。

表 7-4-1　乌拉力克组地层地应力方向统计表

序号	井　　号	乌拉力克组地应力方向	序号	井　　号	乌拉力克组地应力方向
1	L50	62°~242°	4	Z 平 1	60°~240°
2	Z3	47°~227°	5	L 探 1	82°~262°
3	Y 探 2	57°~237°		平均	61°~241°

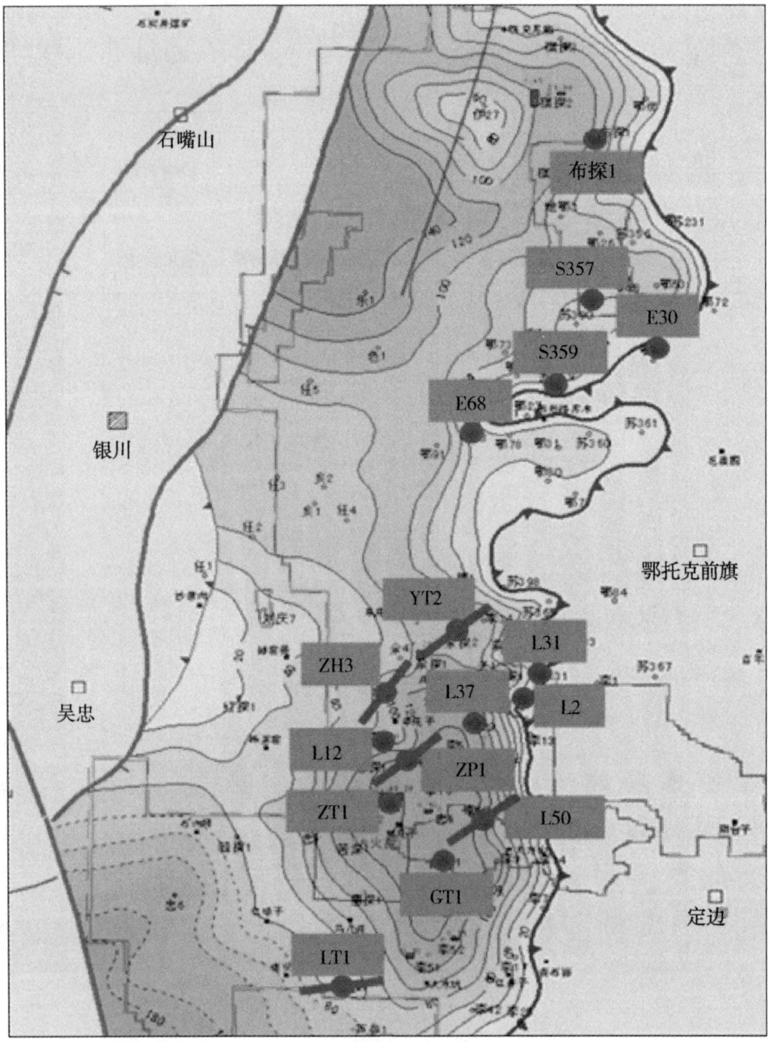

图 7-4-2　盆地西缘乌拉力克组地应力方向示意

7.5　乌拉力克组电成像分析小结

裂缝在地层中对物性、储层产能的贡献与裂缝发育的位置、发育程度关系密切。围岩裂缝的发育，对储层的影响有正负两个方面，一方面它为油气的运移提供通道，另一方面它会破坏盖层的封盖能力。

整体上看，奥陶系克里摩里组地层裂缝发育程度最高，数量多。乌拉力克组地层的裂缝发育程度次之，拉什仲组地层发育裂缝较少。乌拉力克组的现今最大水平主应力方向为61°~241°；克里摩里组的现今最大水平主应力方向为 52°~232°，研究区下古地层现今最大水平主应力方向为北东东-南西西方向，见表 7-5-1。

表 7-5-1　研究区乌拉力克组地层电成像图裂缝与地应力统计表

序号	井号	地质分层(底深)				地应力方向			裂缝发育情况			目的层井段/m	目的层
		羊虎沟	拉什仲	乌拉力克	克里摩里	拉什仲	乌拉力克	克里摩里	拉什仲	乌拉力克	克里摩里	(乌拉力克组)	全烃显示
1	L12	3648.2	3983.6	4072.2	4205.8	—	无法判断	无法判断	裂缝较少	裂缝较发育	裂缝发育	4041~4072	不明显
2	L37	4008	—	4130	4299	—	无法判断	无法判断	—	裂缝较少	裂缝发育	4068~4130	不明显
3	E68	3675	—	3712	3802.5	—	无法判断	无法判断	—	裂缝发育	裂缝发育	3687~3712	明显
4	L50	3974	—	4091.5	未穿	—	62°~242°	52°~232°	—	裂缝较发育	裂缝发育	4030~4091.5	不明显
5	L 李 31	4053	—	—	4117	—	无法判断	无法判断	—	—	裂缝发育	—	—
6	L2	3935	—	—	4104	—	无法判断	45°~225°	—	—	裂缝发育	—	—
7	E30	3906	—	—	3966	—	无法判断	50°~230°	—	—	裂缝发育	—	—
8	S359	—	—	3986	4105	—	无法判断	45°~225°	—	裂缝发育	裂缝发育	3973~3986	尖峰
9	ZH3	3682	3814	3930	4030	—	47°~227°	62°~242°	裂缝较发育	裂缝发育	裂缝发育	3862~3930	不明显
10	ZHT1	3660	4080	4222	4339	—	无法判断	无法判断	裂缝较发育	裂缝较发育	裂缝发育	4152~4222	不明显
11	YT2	3864	3913	3975	未穿	63°~243°	57°~237°	48°~228°	裂缝发育	裂缝较发育	—	3912~3975	不明显
12	S357	3910	—	—	4009	—	无法判断	无法判断	—	—	裂缝发育	—	—
13	LT1	4106		4144.4	4294	—	无法判断	35°~215°	—	裂缝发育	裂缝较发育		不明显
14	ZHP1	3680.8	4165.4	4283.6	未穿	—	60°~240°	无法判断	—	裂缝较发育	裂缝发育		不明显
15	GT1	3798.6	3977.2	4027.8	4198	—	无法判断	无法判断	—	裂缝较发育	裂缝发育		不明显
16	LT1	4591.6	4882	4934	5114.4	—	82°~262°	78°~258°	裂缝发育	裂缝发育	裂缝发育		不明显

第 8 章　研究区岩石脆性及可压性评价

近年来的研究证实，页岩不仅可以作为天然气的生成介质，还可以作为页岩气的储存介质，作为一种重要的非常规油气资源，页岩气几乎在所有的盆地中发育，它是天然气生成后在烃源岩层内就近聚集的结果，具有"原地"成藏的特征。页岩气具有特殊的赋存方式，同时与煤层气以及常规圈闭气等同时存在，因此，把它归于"连续型"天然气成藏模式。在世界经济快速发展，对能源的需求量不断攀升，传统油气资源产量日益降低的现代，以页岩气为首的非常规天然气资源越来越受到重视，其中页岩气藏因具有分布面积广、资源储量丰富、开采寿命长、产气量稳定等特点，越来越成为各国能源勘探开发领域的热点方向。

富含有机质的泥岩层或页岩层系，页岩气主要赋存其中。大部分的页岩气主要吸附在有机质或矿物颗粒表面和矿物晶格之中，而少量的则游离于页岩内部颗粒和裂隙孔隙空间中。页岩气储层具有低孔隙度、低渗透率以及自生自储、岩石脆性的特点，加之页岩气藏与常规气藏相比，成藏机理与演化分布等方面都与常规气藏有着很明显的区别，通常需要采用压裂技术进行增产改造，才能有效地降低页岩气在勘探开发时的难度。

在油气勘探开发过程中，钻井和勘探开采工作都需要全面考虑到地下的复杂多变的地质结构，但如何预防和解决井壁失稳、井眼坍塌等工程问题，国内外研究尚未取得太大进展。每年因为井壁失稳等的力学问题会给全球的油气井钻探工程带来巨大的损失。测井资料特有的连续性，成本较低，结合钻井、压裂和地质等相关信息，利用测井资料可以计算岩石力学参数，开展地应力解释、井壁稳定性评价等工程方面研究，对保证钻探工程安全有着深远的意义。

测井技术是页岩气勘探开发过程中必不可少的技术手段，并且在页岩气储层力学性质评价有着非常重要的作用。利用测井技术可以分析页岩气储层的弹性力学性质以及地层水平主应力的状态，这些储层力学参数评价方面的应用可以给水平井钻井地质导向提供参考，以及为完井时的压裂储层改造提供有力的依据。

8.1　岩石的弹性

岩石可近似看作弹性介质，其弹性特性主要由岩石矿物组分和含量、孔隙和孔隙流体性质所决定。从宏观结构上看，岩石是由岩石骨架(矿物颗粒)和孔隙组成的二相体。岩石中孔隙度的大小、孔隙的几何形状及孔隙中流体性质等因素对岩石弹性性质有很大影响。一般用弹性参数描述岩石的弹性特性。

8.1.1 地层岩石力学参数

钻井岩石力学特性参数是实现科学钻井的基础数据之一，它反映了岩石在各种外力作用下，从变形到破碎过程中所表现出来的物理力学性质，如岩石的硬度、塑性系数、抗压强度、抗剪强度等。岩石力学参数一般包括岩石的弹性参数泊松比、各种模量和强度参数内聚力、内摩擦角及各种强度两方面，这些参数是制定钻井、完井与油气田开发方案和施工措施的重要依据。岩石力学参数的求取和应用技术得到了国内外相关专家的广泛关注。随着石油勘探开发的不断深入，国内外对岩石力学参数的求取技术和方法进行了大量的研究，其成果已应用于石油勘探开发的各个方面。

在计算地应力的过程中，涉及许多岩石力学参数，如杨氏模量、泊松比、Biot 弹性常数、内聚力、内摩擦角和抗张强度等。在开展岩石力学实验的同时，也开展了用测井资料来计算岩石力学参数的研究，即用 *GR* 曲线、*DEN* 曲线和 Δt_c、Δt_s 曲线计算 5 个弹性模量(泊松比 ν、拉梅系数、杨氏模量 E、剪切模量 G、体积模量 K_b)，体积压缩系数(C_b、C_{ma})，岩石机械强度参数(抗压强度、抗剪强度、内聚力和抗张强度)等。其中，泊松比和剪切弹性模量两个参数是独立的，可用于其他力学参数的转换。

8.1.2 岩石、矿物和孔隙流体的弹性参数

为了更好地了解岩石弹性与矿物组分和孔隙流体关系，表 8-1-1 给出了几种主要造岩矿物的弹性参数，表 8-1-2 给出了一些岩石的弹性参数，表 8-1-3 给出了几种流体的弹性参数。

表 8-1-1 几种主要造岩矿物的弹性参数

矿物	杨氏模量 E/GPa	体积模量 K_b/GPa	泊松比 ν
黄铁矿	286.8	143.9	0.16
磷灰石	114.6	73.3	0.26
赤铁矿	209.2	98.2	0.14
方解石	68.8	74.4	0.31
重晶石	62.8	52.9	0.32
黑云母	33.8	50.5	0.27
白云母	56.8	42.9	0.25
钠长石	69.0	57.0	0.28

表 8-1-2　一些岩石的弹性参数 E 和 ν

岩石	杨氏模量 E/GPa	泊松比 ν	岩石	杨氏模量 E/GPa	泊松比 ν
玄武岩	20~98	0.14~0.25	石灰岩	10~79	0.14~0.30
辉绿岩	29~88	0.13~0.25	大理岩	59~88	0.25~0.38
辉长岩	59~108	0.13~0.25	石英岩	26~87	0.11~0.23
花岗岩	26~69	0.13~0.25	板岩	—	0.06~0.44
页岩	7.8~29	0.11~0.54	片麻岩	20~59	0.11~0.25
砂岩	5.0~80	0.17~0.30			

表 8-1-3　几种流体的弹性参数

流体	$V^p/(m \cdot s^{-1})$	流体	$V^p/(m \cdot s^{-1})$
空气	331(273K)	汽油	1250(307K)
水	1497(298K)	煤油	1420(307K)
钻孔泥浆	1830(平均值)		

对比岩石表和矿物表的杨氏模量数值，不难发现，尽管岩石是由矿物组成的，但矿物的弹性参数远比岩石高。这种现象出现的原因在于岩石中存在着许多孔隙和孔隙流体。

8.2　岩石弹性参数的确定

为了描述岩石弹性特性，岩石弹性参数的确定是必不可少的，目前常用的方法有两种：一种是利用取心获得的岩石样品在实验室进行测量，根据测得的应力应变曲线计算出岩石弹性参数，称为静态测量法，弹性参数的大小与施加于岩石样品的应力大小和应变大小有关；另一种方法是根据测井资料得到的岩石纵横波速度和密度计算得到，表示为动态弹性参数计算法。计算的弹性参数与纵横波速度和密度有关，与岩石应力应变无关。

8.2.1　岩石应力与应变关系

岩石在外力的作用下会发生形变(或应变)，岩石应变或应变率主要与外加应力、温度 T、时间 t 和其他因素变化有关。在岩石单轴压缩实验中，可以得到弹性理论中所说的应力-应变关系。

图 8-2-1 为典型的岩石应力应变关系。图中横坐标为轴向应变，纵坐标为轴向应力。岩石全应力应变曲线可以分成六个阶段：(1) OA 段，岩石内部裂隙被压缩闭合，应力卸载后可全部恢复，属弹性变形；(2) AB 段，弹性变形阶段，曲线近乎直线，应力卸载后可全部恢复；(3) BC 段，岩石破坏开始，内部出现平行于最大主应力的微裂隙，为非线性塑性变形；(4) CD 段，内部裂纹加速形成，微裂隙密度增大，D 点应力达到峰值，为岩石抗压

强度；(5) DE 段，裂纹逐渐贯通，岩石承载力降低；(6) E 点之后裂缝开始滑动，岩石破坏，残余强度保持不变。岩石的应力应变关系反映了岩石在外加应力作用下的整个变化过程，对岩石的弹性和强度的研究都在这种关系中体现出来。由于岩石的不同，岩石承受的压力也各不相同，但岩石应力应变曲线基本特征大致相同，都要经历图 8-2-1 曲线中的几个阶段，其中用弹性阶段可以确定弹性参数。不同的岩石，静态弹性参数也不相同。

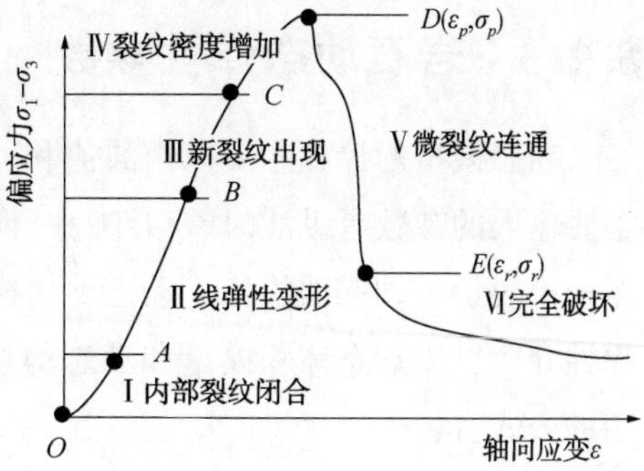

图 8-2-1　岩石全应力-应变曲线示意图

8.2.2　岩石静态弹性参数

岩石本构关系中，图 8-2-1 中 AB 段为岩石的弹性阶段，在弹性阶段可以确定弹性参数。图 8-2-2 和图 8-2-3 为实验室测量的不同岩心样品的应力与应变的关系，即图 8-2-2 为某块岩石样品的轴向应力与轴向应变图，图 8-2-3 为该块样品的轴向应力与径向应变图。

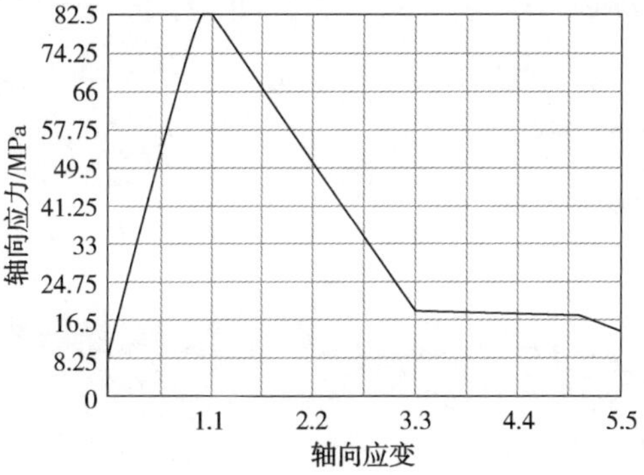

图 8-2-2　岩石轴向应力与轴向应变

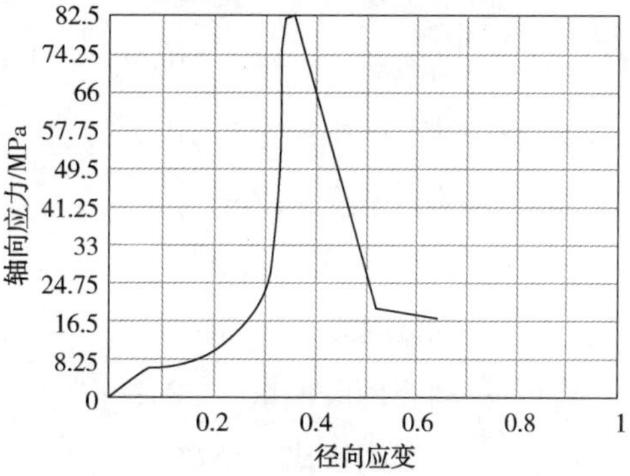

图 8-2-3　岩石轴向应力和径向应变

(1) 静态杨氏模量的计算

在图 8-2-2 弹性阶段内任选两点，对应有两个应力和应变值，根据杨氏模量定义有：

$$E=(\sigma_2-\sigma_1)/(\varepsilon_2-\varepsilon_1) \tag{8-2-1}$$

(2) 静态泊松比计算

图 8-2-2 弹性阶段任选一点读出轴向应变值(横轴)，图 8-2-3 弹性阶段任选一点，读出径向应变值(横轴)，轴向应力相等。

$$\nu=\frac{\varepsilon_y}{\varepsilon_x} \tag{8-2-2}$$

岩石不同，岩石承受的压力也各不相同，但岩石本构关系基本特征大致相同，都要经历图 8-2-1 曲线中的 6 个阶段，其中用弹性阶段可以确定弹性参数，不同岩石，静态弹性参数也不相同。

8.2.3 岩石动态弹性参数

动态模量的计算主要以声波值和动模量的理论关系为基础，由声波和密度测井值求取。主要输入的参数有纵波时差(DTC)，横波时差(DTS)及体积密度(RHOB)。主要输出的有动态杨氏模量、动态泊松比、动态剪切模量以及动态体积模量。假设地层为均质、各向同性、弹性介质，则动态体积模量和动态剪切模量可由纵波时差、横波时差及体积密度求得，利用的公式有：

$$u = 13474.45 \times \frac{\rho_b}{\Delta t_{shea}} \tag{8-2-3}$$

$$K_{dyn} = 13474.45 \times \rho_b \times \frac{1}{(\Delta t_{compression})^2} \times \left(-\frac{4}{3}\right) u \tag{8-2-4}$$

$$E_{dyn} = \frac{9u \times K_{bulk}}{u + 3K_{bulk}} \tag{8-2-5}$$

$$\nu_{dyn} = \frac{3K_{bulk} - 2u}{6K_{bulk} + 2u} \tag{8-2-6}$$

式中 u——动态剪切模量，GPa；

K_{Bulk}——动态体积模量，GPa；

ρ_b——体积密度，g/cm^3；

Δt_{shear}——横波时差，μs/ft；

$\Delta t_{compression}$——纵波时差，μs/ft；

E_{dyn}——动态杨氏模量，GPa；

ν_{dyn}——动态泊松比，小数。

利用岩石应力应变曲线确定弹性参数是一套比较成熟方法，并且有了专用的仪器设备实验手段和数据处理流程。这种方法的不足之处在于岩石样品少，测量的结果代表性较差，成本高，其优点是可以对动态计算法的结果进行检验或标定。动态弹性参数计算方法简单，时效快，成本低。

岩石力学参数主要有：泊松比 ν、杨氏弹性模量 E、剪切弹性模量 G、体积弹性模量 K_b、体积压缩系数(C_b、C_{ma})、Biot 弹性系数 α 和岩石机械强度参数(抗压强度 C_0、抗剪强度 τ_s和抗张强度 σ_t等)。其中，剪切弹性模量 G 和泊松比这两个参数是独立的，其他参数都可以通过这两个参数转换得到。岩石力学参数有动、静态力学参数之分。利用地层的纵横波时差 Δt_c、Δt_s和密度及伽马等测井资料可得到如表 8-2-1 所示的动态弹性参数，静载荷作用下(如岩石力学实验)测得的是静态力学参数，压裂所需要的就是静态力学参数。

实验研究表明，对于一块完整的岩石来说，其动、静力学参数十分接近，基本可以相互转换。根据地下岩层的应力形变和作用机理，特别是在应力幅值、加载速度和所引起的岩石形变等方面，更接近岩石的静态测试条件，因此在地应力计算中通常采用岩石的静态弹性参数。

表 8-2-1　岩石动态弹性参数的测井计算公式(模型)

动态岩石力学参数			计算公式
基础参数	泊松比 PR（横向压缩系数）	纵向应变与横向应变之比	$PR=\dfrac{\Delta t_s^2-2\Delta t_c^2}{2(\Delta t_s^2-\Delta t_c^2)}$
三模量参数	剪切模量 G（切变模量）	施加的应力与切向应变之比	$G=\rho_b/\Delta t_s^2\times\beta$
	杨氏模量 E	施加的单向应力与法向应变之比	$E=2G(1+PR)=\rho_b\dfrac{(1+PR)(1-2PR)}{\Delta t_c^2(1-PR)}\beta$
	体积模量 K_b（膨胀率）	流体静压力与体积应变之比	$K_b=\rho_b\left(\dfrac{1}{\Delta t_c^2}-\dfrac{4}{3\Delta t_s^2}\right)\times\beta$
三强度参数	单轴抗压强度 S_c（D-M 经验公式）	与泥质含量和杨氏模量的关系	$S_c=0.0045\times E\times(1-V_{sh})+0.008\times E\times V_{sh}$ 砂岩 $S_c=0.0026\times E\times(1-V_{sh})+0.008\times E\times V_{sh}$ 碳酸盐岩
	抗剪强度 SS_t（Coates 经验公式）	与单轴抗压强度（S_c 或 UCS）关系	$SS_t=S_c/(3.5\sim6.5)$ 或黏聚力（内聚强度）C 计算 $C=(2.5\sim3.326)\times S_c\times K_b/10^5$
	抗张(拉)强度 S_t（经验关系式）	与抗压强度、抗剪强度的关系	岩层有天然裂缝时 $S_t=0$，无天然裂缝时 $S_t=S_c/(8\sim15)$。实验回归关系式 $S_t=1.263+0.386\times SS_t$
	内摩擦角 φ（Bratton T. 1994）	与孔隙度和黏土含量的关系	$\varphi=26.5-37.4(1-\phi-V_{sh})+62.1(1-\phi-V_{sh})^2$［$\varphi$，$\phi$，$V_{sh}$ 单位为度(°)，小数］或 Brie 公式 $\varphi=15+30(1-2PR)/(1-PR)$
其他参数	体积压缩系数 C_b（有孔隙度时）	体积应变与流体静压力之比	$C_b=1/K_b$
	骨架压缩系数 C_{ma}（无孔隙度时）	骨架体积变化与流体静压力之比	$C_{ma}=1/[\rho_{ma}(1/\Delta t_{mac}^2-4/3\Delta t_{mas}^2)\times\beta]$
	Biot 弹性系数 α	与孔压成正比	$\alpha=1-C_{ma}/C_b$（缺省值一般取 1）
备注	若 ρ_b 以 g/cm^3 为单位，Δt 以 μs/ft 为单位，则 E、K_b、G 需乘一转换因子 β，$\beta=9.241379\times10^7$ 以 μs/m 为单位，则(为 10^9)，E、K_b 和 G 三个模量单位为 MPa		

8.3　动静态模量转换

在水力压裂过程中可以获得岩石的静弹性参数，但时效低，成本高，数据代表性不强，而计算的动弹性参数比测试的静态的弹性参数简单得多，搞清动弹性模量与静弹性模量之间的对比关系，对岩石弹性特性研究有着重要的现实意义。但是不同的地区，地质情况不一样。有些地区需要进行动态模量与静态模量之间的转换，有些地方即使不转换结果相差不远，并且还有些地方进行转换之后效果反而更差，因此在进行动静态模量之间转换时也要考虑当地的实际地质情况，进行动静弹性模量的转换是为评价岩石的稳定性，预判裂缝高度等提供一种较为准确的方法。

岩石的动态力学参数是指岩石在各种动载荷或周期变化载荷（如声波、冲击、振动等）作用下所表现出的力学性质参数。在静载荷作用下岩石表现出的力学参数称为静态参数。实验研究表明，对于一块完整致密的岩石来说，其动、静力学参数十分接近，基本可互相代替。然而在实际地层中，受到裂缝、孔洞、层面等因素的影响，岩石动、静力学参数的差别可能很大。一般情况下岩石力学的动态值和静态值并不相等，岩石的静态杨氏模量小于动态模量。而动、静态泊松比大小关系却不确定，需要考虑具体的情况。一般测井资料得到的参数为动态参数，不能直接被用于工程计算中，需要换算为更适合工程需要的静态力学参数。因此，建立动态力学参数与静态力学参数的关系式有着重要的意义（郭同政，2014）。Montmayeur 等（1995）指出地下岩石的应力形成、赋存和作用机理，特别是在应力幅值、加载速度和所引起的岩石变形等方面，静态测试参数更能代表石油工程中的受载条件，岩石的静态力学特性参数更适合石油工程需要。因此利用现场提供的测井资料提取岩石力学参数时，需要采用动、静态参数的转换模型来标定和校正，以求得符合石油工程要求的岩石力学参数（童凯军，2010）。

对于动态弹性模量与静态弹性模量之间的转换关系，国内外有许多专家通过大量的实验，总结出许多动态弹性模量与静态弹性模量的经验公式。各种不同类型岩石的拟合结果如图 8-3-1 所示。

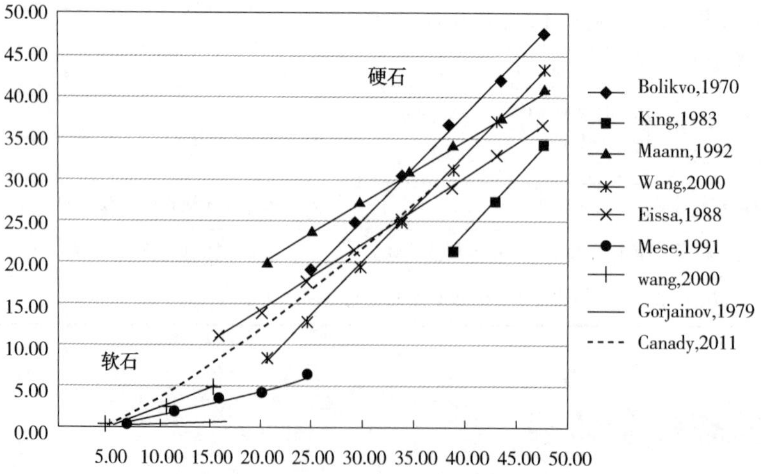

图 8-3-1　不同类型的岩石的动静弹性模量拟合图

Wyatt Canady 总结出了一个单一的弹性非线性函数，涵盖了在地层评价中所有可能遇到的岩石类型：

$$E_S=\frac{\ln(E_d+a)\times\ln(E_d+b)}{c} \quad (8-3-1)$$

决定系数 a、b 和 c 是 Wang and Nur(Wang 2000)对软地层和硬地层所做的转换校正。如图 8-3-2 所示。

$$E_S=\frac{\ln(E_d+1)\times\ln(E_d-2)}{4.5} \quad (8-3-2)$$

即 $a=1$，$b=-2$，$c=4.5$。

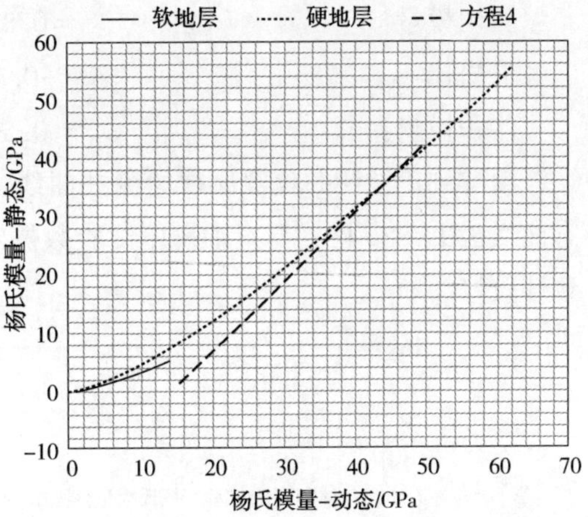

图 8-3-2　软地层和硬地层转换校正

斯伦贝谢公司通过大量的资料收集和整理，总结出了动静弹性模量之间一个经验关系，认为动态弹性模量转换成静态时与地层孔隙度大小有关，并在 geoframe 中 roxan 模块使用，经验关系如方程所示：

$$E_s=(-2.22\times\phi+0.963)\times E_d \quad (8-3-3)$$

式中，E_d 和 E_s 的单位为 GPa，ϕ 为孔隙度。

同时，我们根据三轴压力试验，通过 Z2 井岩心实验数据(束缚水状态)，建立了相应的页岩气的岩石力学参数动、静转换关系(图 8-3-3)：

杨氏模量：　$y=0.7495x-16.992$　(8-3-4)

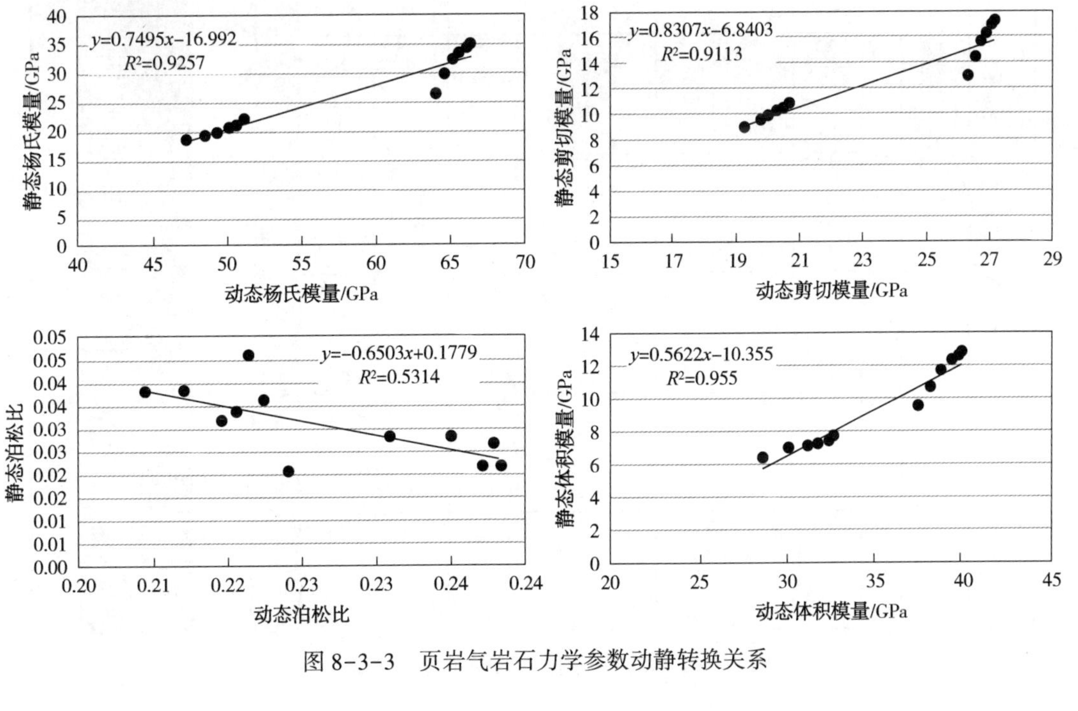

图 8-3-3　页岩气岩石力学参数动静转换关系

剪切模量：

$$y=0.8307x-6.8403 \tag{8-3-5}$$

泊松比：

$$y=-0.6503x+0.1779 \tag{8-3-6}$$

体积模量：

$$y=0.5622x-10.355 \tag{8-3-7}$$

由阵列声波测井仪器所得的测井曲线，通过上面模型的动静转换模型，可以计算出静态曲线(图 8-3-4)，与三轴抗压试验数据对比，在井眼扩径处关系较差，井眼规则处，一致性较好。

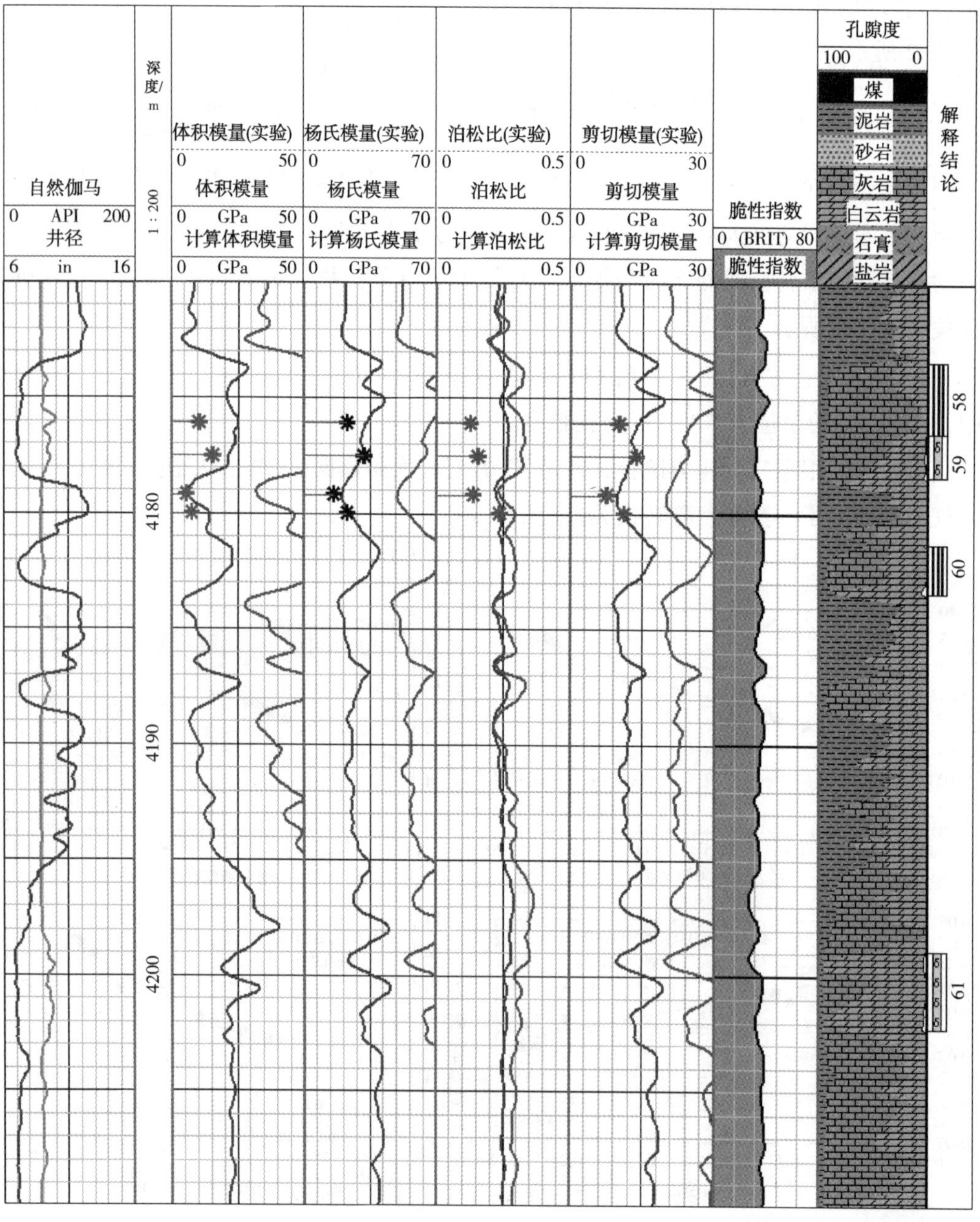

图 8-3-4　Z2 井阵列声波动静转换解释成果图

8.4　岩石的脆性分析

岩石的塑性表示在外力的作用下产生永久变形而不能恢复原状能力，而脆性描述了岩石在外力作用下发生形变就会破裂。脆性是岩石的一种很重要的性质，岩石力学的很多特性都与脆性有关。岩石脆性与岩石脆性矿物的含量有关，不同的岩石具有不同脆性。在石油天然气开发过程中，致密储层、页岩气储层在压裂过程中都需要考虑到岩石脆性。

8.4.1　岩石脆性的评价方法

页岩气储层具有低孔、低渗的特征，页岩储层的脆性特性对页岩气的开发效果具有重要影响。脆性页岩有利于天然裂缝的发育和压裂后形成具有一定导流能力的网状复杂裂缝，从而提高页岩产气量。目前针对页岩脆性评价方法有 20 种之多，而实际生产中常用的方法主要有两种，第一种矿物脆性评价，利用页岩矿物含量研究页岩脆性；第二种弹性模量脆性评价，利用测井得到的纵横波时差和密度计算岩石泊松比和杨氏模量，评价岩石脆性。虽然这两种方法都能评价岩石脆性，但在实际应用中有很大的局限性，前者需要有化学元素测井资料，后者需要有阵列声波测井资料或偶极横波测井资料，但不是每口井都有这些特殊测井资料。因此充分利用常规测井资料，建立矿物脆性与常规测井资料之间的相关关系，从而达到评价页岩脆性评价之目的。

8.4.2　页岩脆性计算方法

页岩的矿物组分较复杂，除高岭石、蒙脱石、伊利石等黏土矿物，还有长石、石英和方解石、白云石矿物以及黄铁矿等。通过岩心、X 射线衍射分析岩石各种矿物含量，计算矿物脆性，利用矿物脆性与其他测井参数建立相关关系。

用矿物组分计算岩石脆性指数的方法简便实用，但由于不同学者对脆性矿物的认识差异，所建立的脆性计算模型各有不同，一般将石英、碳酸盐等归为脆性矿物，黏土为塑性矿物，而对于非煤层地区将长石矿物作为脆性组分。于是结合计算矿物的相关方法，提出计算公式如下：

$$矿物脆性=(石英含量+长石含量+方解石含量)/矿物总含量$$

(1) *矿物脆性与矿物含量的关系*

通过 9 口井岩心 X 衍射实验分析，乌拉力克组主要矿物为黏土矿物、石英、长石、方解石以及白云石，如表 8-4-1 所示。

根据 X 衍射分析的岩心矿物含量，分析了矿物脆性与矿物含量关系，图 8-4-1 为矿物脆性与矿物含量及黏土关系图。图中横坐标是矿物脆性，纵坐标是矿物及黏土含量，图中分别为方解石、石英和黏土含量。从图 8-4-1 中可看出，方解石含量越高，黏土含量越低，矿物脆性指数越高，反之，方解石含量越低，黏土含量越高，脆性指数越低。从图 8-4-2 中可以看出脆性矿物含量越高，黏土含量越低，矿物脆性指数越高，反之，矿物脆性指数越低。

表 8-4-1　乌拉力克组页岩 X 衍射分析

井号	层位	井深/m	岩性	黏土矿物含量/%	石英含量/%	钾长石含量/%	斜长石含量/%	方解石含量/%	白云石含量/%	铁白云石含量/%	赤铁矿含量/%	菱铁矿含量/%	黄铁矿含量/%
R102	乌拉力克组	3632	页岩气	29.1	60.7	1.5	2.2	2.6	3.1				0.9
R102	乌拉力克组	3635.2	页岩气	28.4	57.9	1.6	2.0	6.8	2.4				0.9
R102	乌拉力克组	3688.5	页岩气	22.5	46.1	1.8	1.3	14.0	13.7				0.5
L50	乌拉力克组	4085	页岩气	22.5	17.3		0.8	50.6		7.3			1.5
L50	乌拉力克组	4087.5	页岩气	5.1	1.5			60.3		31.1	2.0		
L50	乌拉力克组	4153.2	页岩气	11.3	8.9			61.9		16.0			1.8
L50	乌拉力克组	4154.5	页岩气	4.5	4.1			69.7	21.7				
L50	乌拉力克组	4157.2	页岩气	3.6	5.3			71.8	19.3				
L53	乌拉力克组	4257.2	页岩气	18.6	43.2	0.6		1.9	33.3			1.0	1.4
L53	乌拉力克组	4258.5	页岩气	29.5	37.6	1.8		2.0	28.2		0.9		
L53	乌拉力克组	4261.2	页岩气	14.5	15.5	0.8		63.0	3.8			0.8	1.6
Q 探 5	乌拉力克组	4650.5	页岩气	14.9	15.3	0.6	2.9	52.1	14.2				
Q 探 5	乌拉力克组	4652	页岩气	7.6	15.0	0.5	3.6	65.7	7.6				
Q 探 5	乌拉力克组	4654.4	页岩气	15.3	16.2	0.8	3.8	52.5	11.3				
R68	乌拉力克组	3689.4	页岩气	32.6	41.4	1.8	1.2	12.1	10.1				0.8
R68	乌拉力克组	3692.3	页岩气	23.5	64.0	1.6	1.1	4.7	4.2				1.0
R68	乌拉力克组	3706.1	页岩气	29.6	52.9	1.6	1.3	5.4	7.8				1.3
R68	乌拉力克组	3707.2	页岩气	29.5	58.3	1.5	1.9	4.3	2.5				1.9
R68	乌拉力克组	3708.2	页岩气	29.9	56.1	1.5	1.9	4.5	5.0				1.0
R26	乌拉力克组	4116.2	页岩气	17.1	16.4	1.2		55.3		9.6		0.4	
R26	乌拉力克组	4119.00	页岩气	19.4	17.7	1.4		56.7		4.6		0.2	
R26	乌拉力克组	4122.6	页岩气	26.6	24.6	2.5		36.7		8.6		0.9	
R26	乌拉力克组	4124.8	页岩气	16.6	18.5	1.6		53.0		10		0.3	
R100	乌拉力克组	3507.8	页岩气	14.9	10.4	0.5	0.6	70.5		3.0			
R100	乌拉力克组	3509.6	页岩气	18.4	12.8	0.5	0.5	55.9	5.8	6.1			
R91	乌拉力克组	3462.6	页岩气	23.0	47.3	1.3	1.1	15.2	11.2				0.9
R91	乌拉力克组	3464	页岩气	28.8	38.4	1.2	1.1	21.4	7.8				1.3
R102	乌拉力克组	3678.2	页岩气	16.2	55.0	1.3	0.9	7.8	17.3				1.4

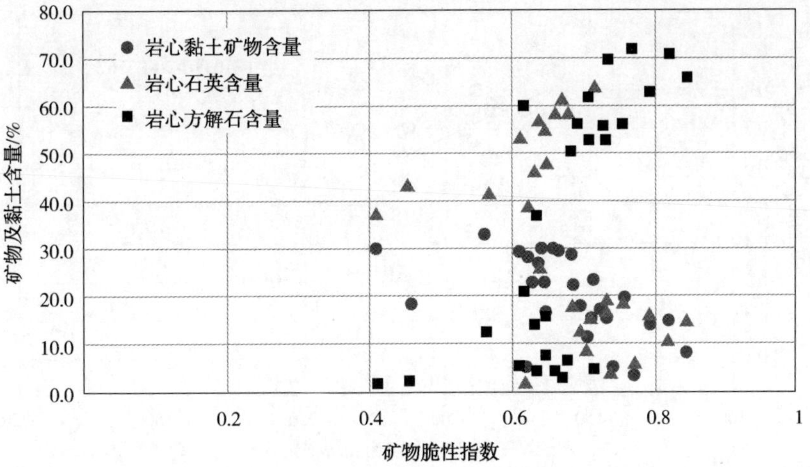

图 8-4-1 矿物脆性与石英、方解石、黏土含量关系

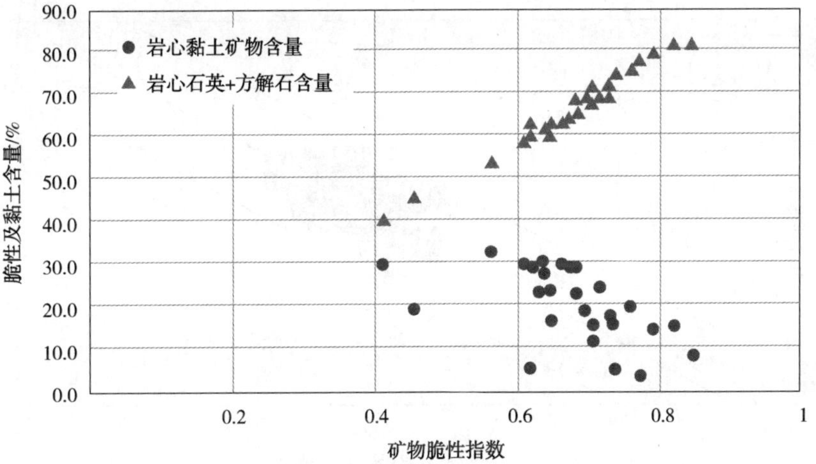

图 8-4-2 矿物脆性与脆性矿物、黏土含量关系图

(2) *矿物脆性指数与时差的关系*

图 8-4-3 是矿物脆性指数与岩心声波时差拟合关系图，它们之间具有较好的相关性。当声波时差增加时，矿物脆性指数降低；反之，当声波时差降低时，矿物脆性指数增加。矿物脆性与声波时差的拟合公式为：

$$y=-0.0034x+1.3567 \tag{8-4-1}$$

将上式与阵列声波计算的脆性指数刻度，公式变为：

$$y=-0.001666x+0.664783 \tag{8-4-2}$$

L50 井位于盆地西缘，乌拉力克组比较发育，该井加测阵列声波，利用声波计算的脆性指数与阵列声波计算的脆性指数基本吻合，83.5%的样品点误差小于5%，100%的样品点小于 10%(图 8-4-4、图 8-4-5)。

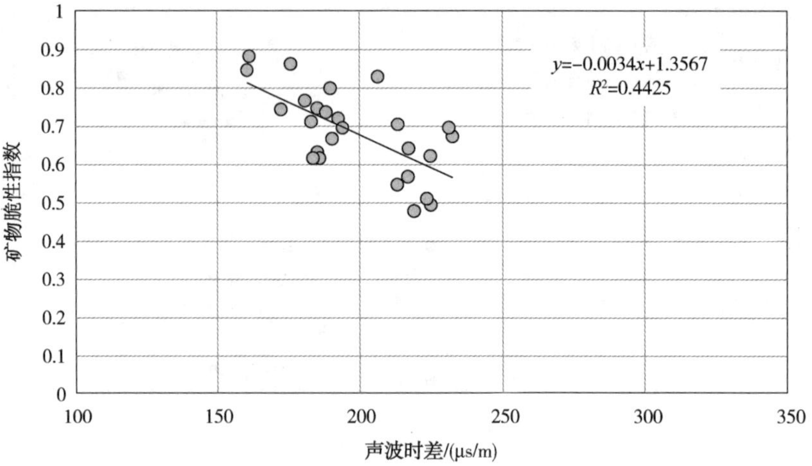

图 8-4-3　矿物脆性指数与声波时差关系图

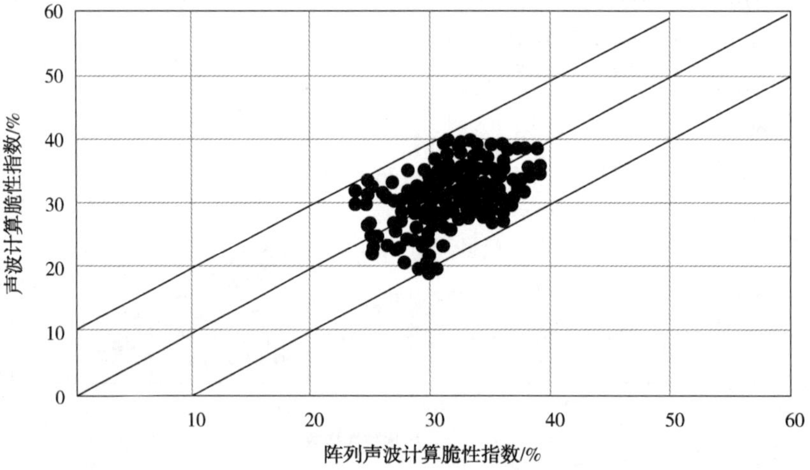

图 8-4-4　L50 井阵列声波与声波时差计算的脆性指数精度对比图

(3) 矿物脆性指数与体积密度的关系

图 8-4-6 是矿物脆性指数与岩心体积密度拟合关系图，随体积密度增加矿物脆性指数增加，体积密度降低矿物脆性指数降低，拟合公式为：

$$y=0.9977x-1.9941 \tag{8-4-3}$$

(4) 矿物脆性指数与黏土体积的关系

图 8-4-7 是矿物脆性指数与黏土体积关系，随黏土体积增加，矿物脆性指数减少。矿物脆性与黏土体积，它们具有较好的相关性。拟合公式为：

$$y=-0.0039x+0.8417 \tag{8-4-4}$$

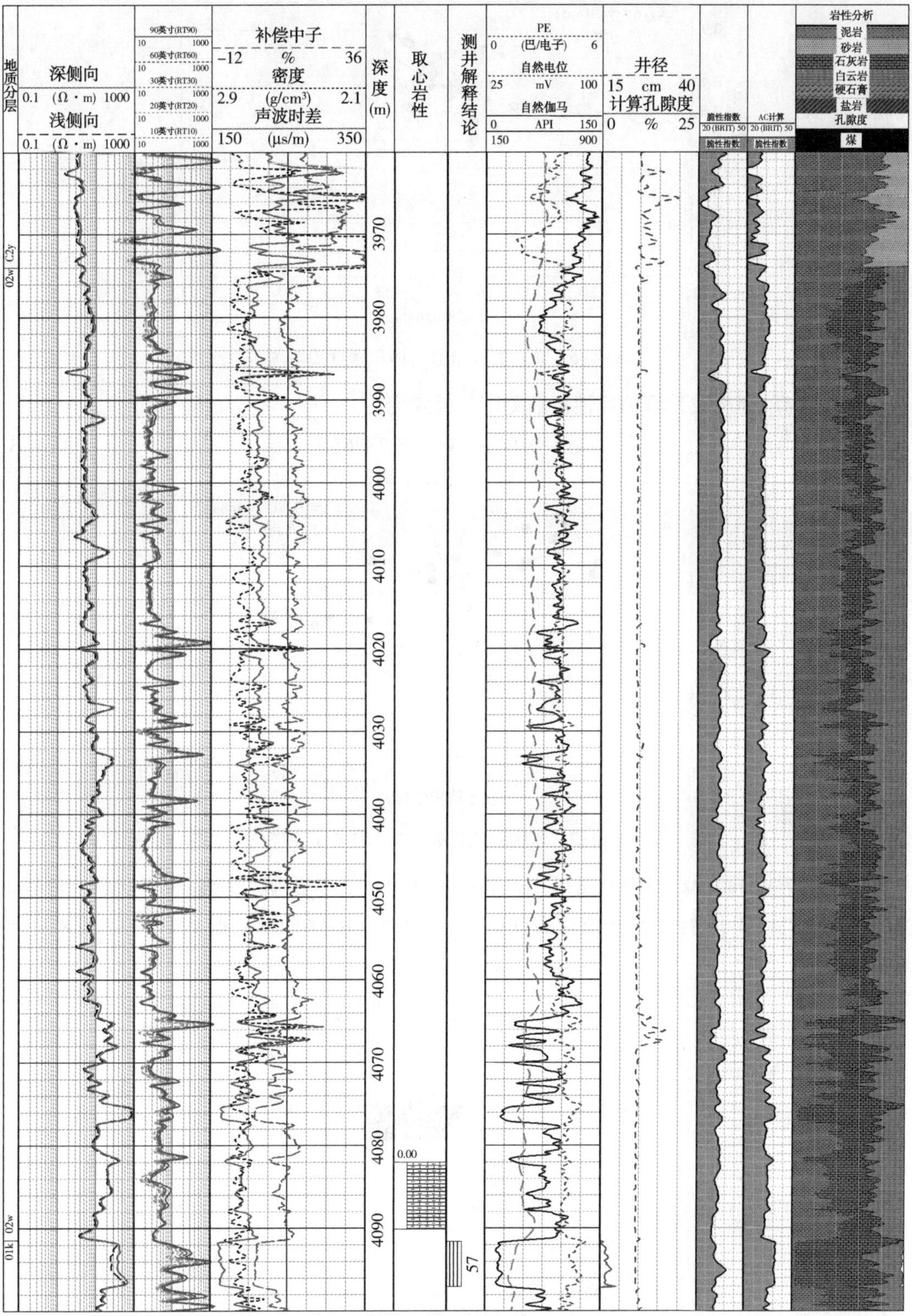

图 8-4-5　L50 井声波时差计算的脆性指数成果图

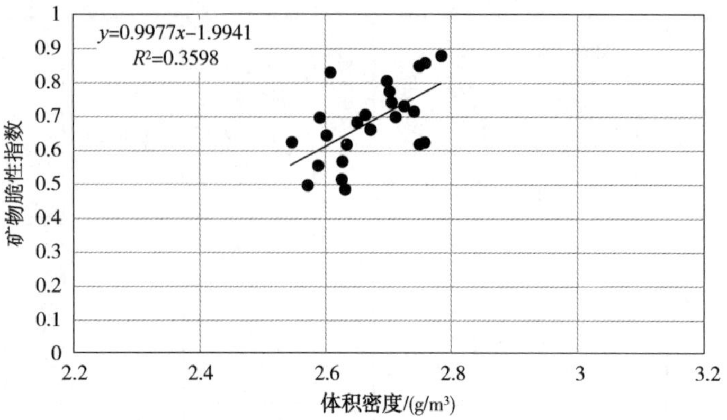

图 8-4-6　矿物脆性指数与体积密度关系图

将上式与阵列声波计算的脆性指数刻度，公式变为：

$$y=-0.001755x+0.378765 \tag{8-4-5}$$

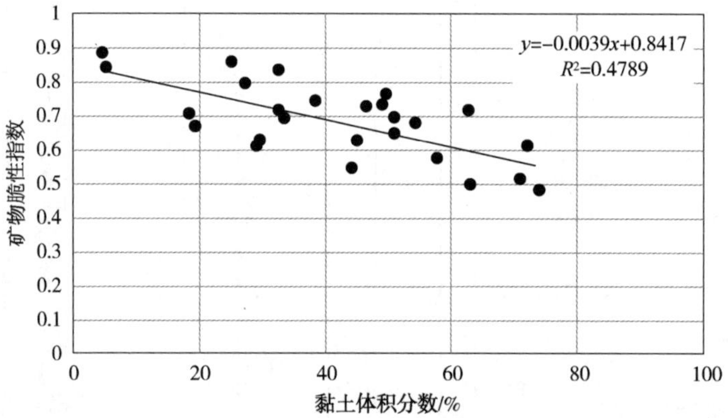

图 8-4-7　矿物脆性指数与黏土体积关系图

L64 在岩性剖面计算准确的基础上，利用泥质含量计算的脆性指数与阵列声波计算的脆性指数相比，基本吻合，90%的样品点误差小于 5%，100%的样品点小于 10%(图 8-4-8、图 8-4-9)。

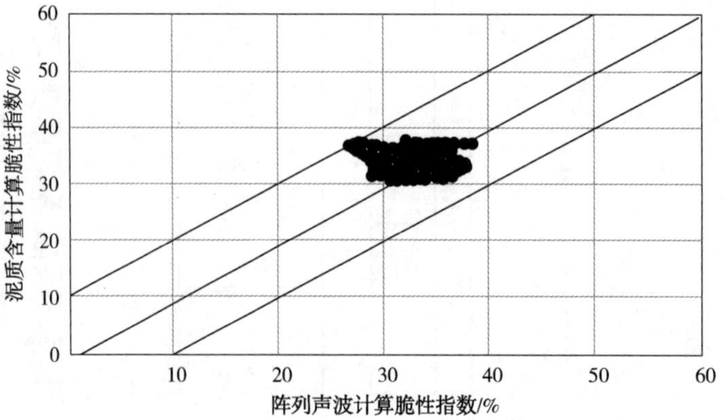

图 8-4-8　L64 井阵列声波与黏土体积计算的脆性指数精度对比图

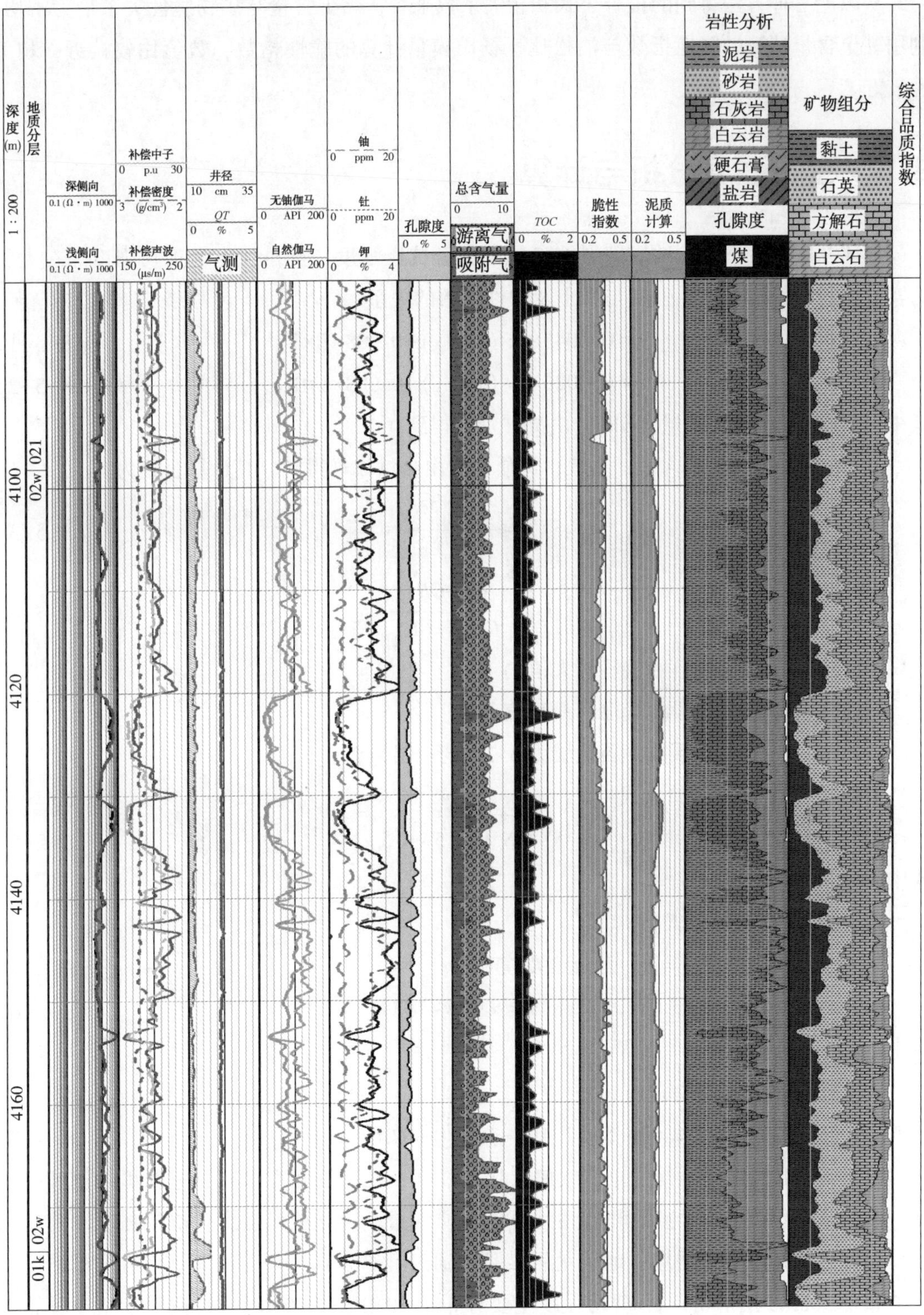

图 8-4-9 L64 泥质计算脆性指数成果图

从以上三种方法得到的拟合公式和相关系数来看，黏土含量与矿物脆性关系最为密切。利用黏土含量计算的脆性指数与泊松比、杨氏模量计算的脆性指数，数值比较接近，相关性较好。

8.5 岩石强度分析与计算

描述井眼是否坍塌、地层破裂的参数主要有抗压强度、抗拉强度和剪切强度。在大量的实验中总结了岩石抗压强度与黏土及弹性参数的关系。

砂岩：
$$S_c=0.0045\times E\times(1-V_{sh})+0.008\times E\times V_{sh} \tag{8-5-1}$$

碳酸盐岩：
$$S_c=0.0026\times E\times(1-V_{sh})+0.008\times E\times V_{sh} \tag{8-5-2}$$

式中 E——岩石弹性模量，GPa，由测井资料得到；

V_{sh}——孔隙内泥质含量，小数；泥质含量由自然伽马得到，其计算公式为：

$$V_{sh}=\frac{2^{GCUR\cdot I_{GR}}-1}{2^{GCUR}-1} \tag{8-5-3}$$

$$I_{GR}=\frac{GR-GR_{min}}{GR_{max}-GR_{min}} \tag{8-5-4}$$

式中 GR_{max}——泥岩段自然伽马最大值；

GR_{min}——砂岩层段自然伽马最小值；

$GCUR$——希尔奇系数，新地层为3.7，老地层为2.0。

剪切强度(Coates经验公式)：

$$SS_t=S_c/(3.5\sim6.5) \tag{8-5-5}$$

式中 SS_t——剪切强度。

抗拉强度(经验关系式)：

岩层有天然裂缝时 $S_t=0$，无天然裂缝时：

$$S_t=S_c/(8\sim15) \tag{8-5-6}$$

式中 S_t——抗拉强度。

内摩擦角 φ：

$$\varphi=26.5-37.4(1-\phi-V_{sh})+62.1(1-\phi-V_{sh})^2 \tag{8-5-7}$$

由于L50位于盆地西缘，页岩气储层比较发育，在乌拉力克组和克里摩里加测阵列声波，利用阵列声波的力学参数和岩性计算的泥质含量，计算抗压强度、抗拉强度和剪切强度，可以描述井眼是否坍塌、地层是否破裂。通过计算发现，L50乌拉力克组抗压强度主要分布于50MPa到130MPa，剪切强度主要分布于10MPa到30MPa，抗拉强度主要分布于5MPa到15MPa，与经验值基本符合。见图8-5-1和图8-5-2。

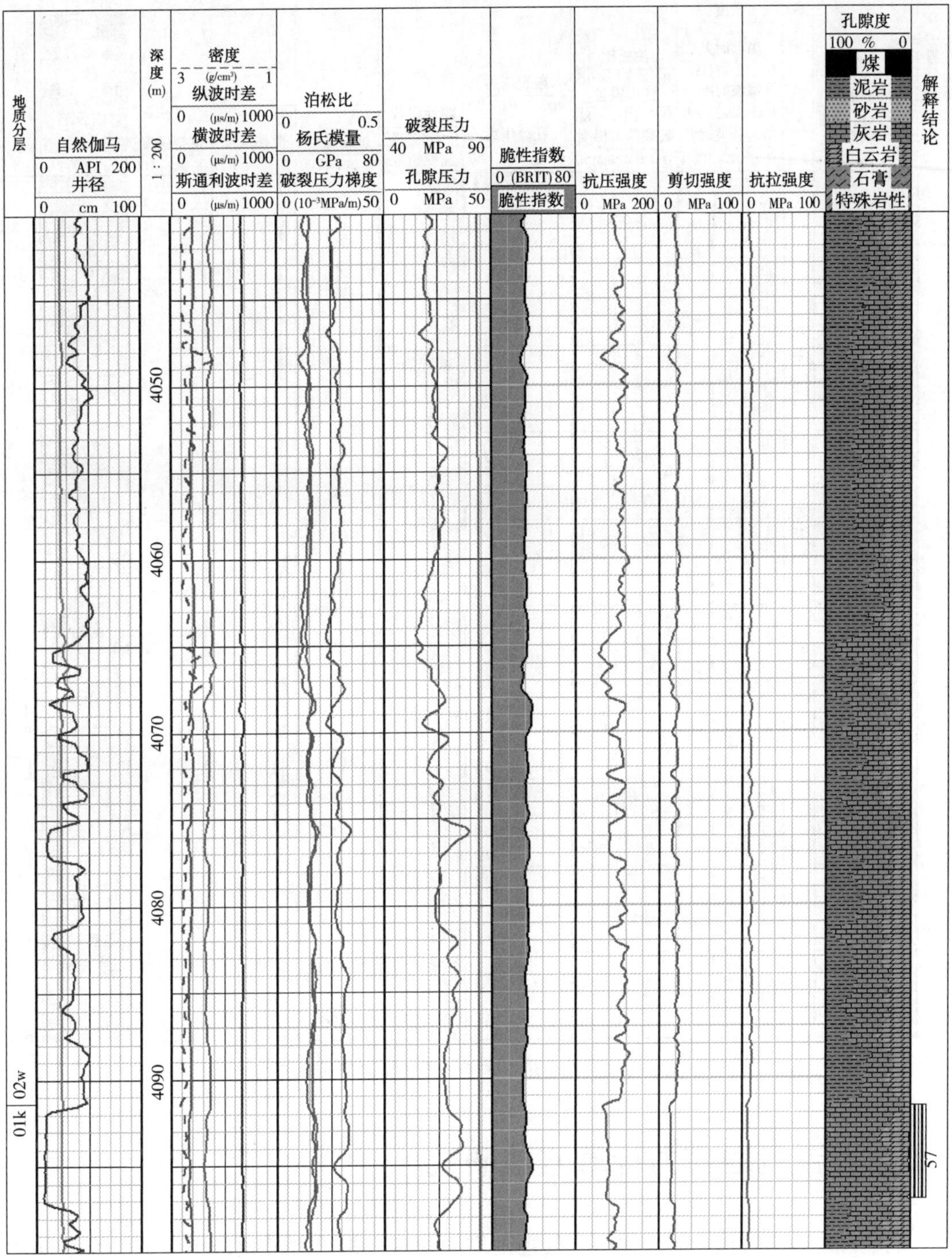

图 8-5-1　L50 井乌拉力克组强度计算成果图

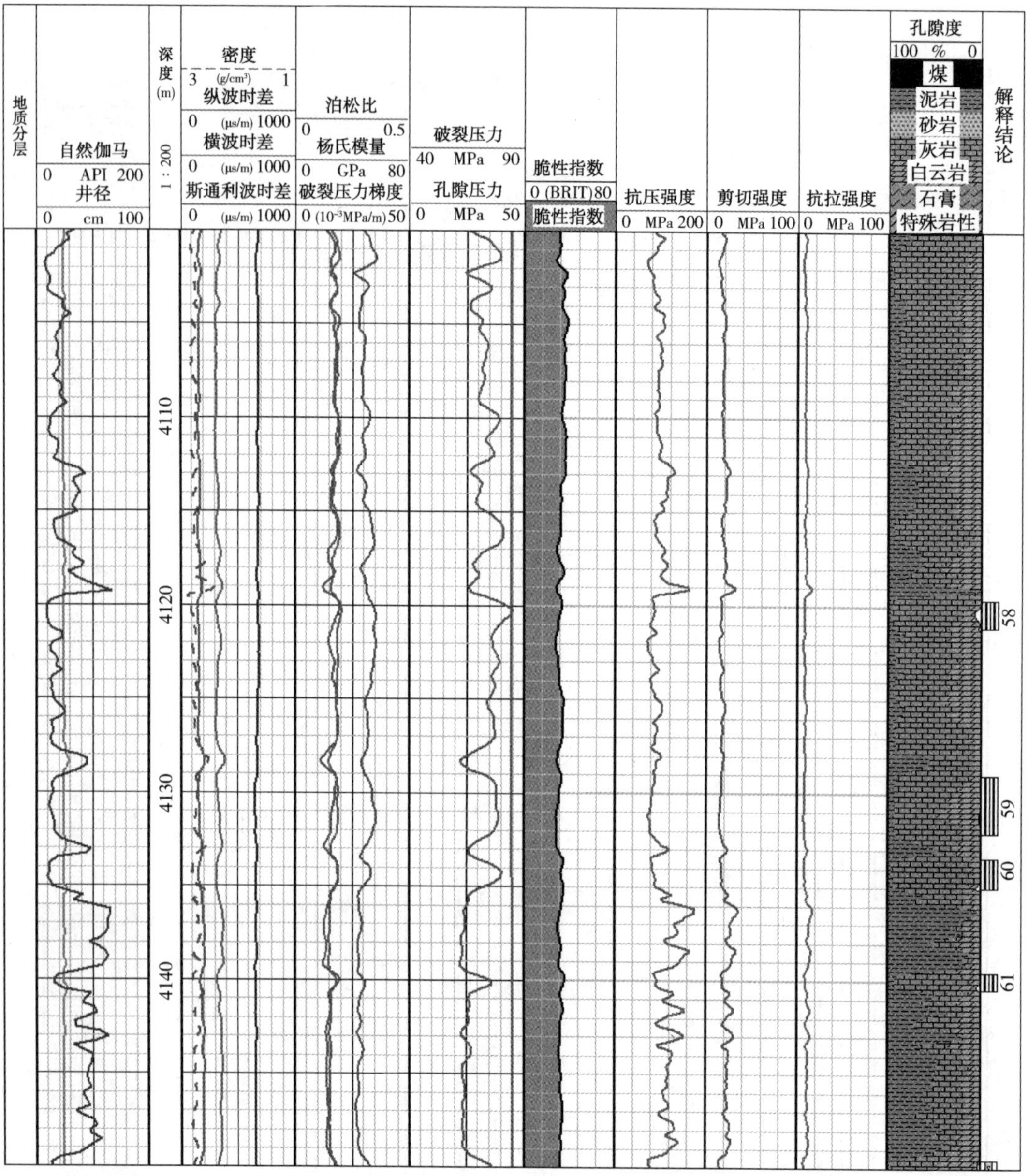

图 8-5-2 L50 井克里摩里组强度计算成果图

8.6 页岩气地应力计算方法研究

地应力是单位面积上的作用力，处理地质问题时，常采用最大最小水平应力来描述。地应力的获取有两条途径，第一条途径是在水力压裂过程中获取，由于所得到的资料有限，代表性较差，成本很高，一般不适用于生产；第二条途径就是利用测井资料，选择适当的模型进行计算，这种方式操作简便，数据覆盖面广，成本低，很适合生产。

页岩储集层与砂岩储集层不同，具有孔隙度小、渗透率低的特点，这类储集层在开发过程中，需要进行压裂改造，压裂后裂缝是否能形成，形成后的裂缝如何延伸，不仅取决于射孔层段及邻近围岩层的最小水平应力大小和分布，还与注入的压裂液流动特性有关。在压裂前对裂缝形成和延伸做一种预测，可以为压裂改造提供依据，最小水平应力控制了储集层压裂后裂缝形成和延伸。一般来讲，裂缝是否纵向和径向延伸，主要取决于射孔层与邻近层的最小水平应力差值，当射孔层的最小水平应力大于邻近层最小水平应力，裂缝沿纵向和径向延伸。地应力的大小对页岩储层压裂改造，裂缝网络形成是很重要的。根据计算的地应力可以寻找油气有利用圈闭和预测油气富集远景区。下列为三种不同模式下的地应力建模方法。

8.6.1　莫尔-库仑破坏模式

该模式以莫尔-库仑破坏准则为理论基础，在假设地层处于剪切破坏的临界状态的基础上，给出了最大主应力、最小主应力之间的计算关系：

$$\sigma_1-p_p=\sigma_c+N_\varphi(\sigma_3-p_p) \tag{8-6-1}$$

式中　σ_1——水平方向主应力；

σ_c——抗压强度；

p_p——孔隙压力；

N_φ——三轴应力系数，$N_\varphi=\tan^2(\pi/4+\varphi/2)$。

当忽略地层强度时(认为破裂沿原有裂缝或断层发生)，且垂向应力为最大主应力时，破坏模式变为：

$$\sigma_1-p_p=(\sigma_3-p_p)/N_\varphi \tag{8-6-2}$$

此模式有一定的物理基础，比较适合松软的泥页岩地层，但该模式假设地层处于剪切破坏的临界状态，不具有普遍的意义。

8.6.2　单轴应变模式

该模式假设地层无限大，沉积过程中只发生垂向变形，水平方向应变为0，水平方向的应力只由上覆岩层重量产生，且水平方向的应变相等，即有$\varepsilon_x=\varepsilon_y$，根据胡克定律有：

(1) 金尼克模型

$$\sigma_H=\sigma_h=\frac{\nu}{1-\nu}\sigma_v \tag{8-6-3}$$

式中　σ_H——地层最大水平主应力；

σ_h——地层最小水平主应力；

σ_v——地层垂向应力；

ν——地层岩石泊松比。

此模式是依据胡克定律得到的，模型针对均匀的、各向同性的、无孔隙的地层，没有考虑地层孔隙压力的影响。

（2）Matthews & Kelly 模型

1967 年，Matthews & Kelly 在 Hubber 和 Wilis 研究基础上，结合钻井过程中水力压裂提出了该模型：

$$\sigma_H = K_i(\sigma_v - p_p) + p_p \tag{8-6-4}$$

式中 K_i——骨架应力系数；

σ_v——垂向应力；

p_p——地层孔隙压力。

此模型虽然考虑了地层孔隙压力的影响，但它认为K_i是不随深度变化的常数，故不适合于实际情况。此外，K_i需要用邻井的压裂资料确定，所以此模式未被推广使用。

（3）Terzaghi 模型

$$\sigma_H - p_p = \sigma_h - p_p = \frac{\nu}{1-\nu}(\sigma_v - p_p) \tag{8-6-5}$$

Terzaghi 根据井壁处岩石应力分布及多孔弹性理论，假定地层为各向同性的线弹性孔隙介质，水平方向的应变为 0，即$\varepsilon_x = \varepsilon_y = 0$。此模型与 Matthews & Kelly 模型不同之处是垂向应力梯度随深度而变化，将K_i具有化为 $\nu/(1-\nu)$。

（4）Anderson 模型

1973 年，Anderson 等通过 Biot 多孔介质弹性变形理论导出：

$$\sigma_H = \frac{\nu}{1-\nu}(\sigma_v - \alpha p_p) + \alpha p_p \tag{8-6-6}$$

式中 α——Biot 弹性系数。

（5）Newberry 模型

1985 年，Newberry 针对低渗透性且有微裂缝的地层，修正了 Anderson 模型：

$$\sigma_h = \sigma_H = \frac{\nu}{1-\nu}(\sigma_v - \alpha p_p) + \alpha p_p \tag{8-6-7}$$

单轴应变模式即表明水平方向的两个地应力值大小相等，均小于垂直方向的地应力，这与大部分的地应力实测结果不符，其原因是没有考虑构造残余应力的影响。

8.6.3 各向异性地层模式

上述单轴应变模式主要特点是假设地层中最大水平主应力和最小水平主应力相等，且不考虑构造残余应力。此类模式通常只适用于构造运动不强的地区，如盆地腹部地层。除此之外，还有一类地应力计算模型，这类模型认为地层是各向异性的，地层在各个方向上有构造应力，并且是不相等的，这类模型有代表性的如下：

（1）黄氏模型

1983 年石油大学黄荣樽教授进行地层破裂压力预测新方法的研究中，提出了一个新的地应力计算模式，即：

$$\begin{cases}\sigma_h=\left(\dfrac{\nu}{1-\nu}+\beta_1\right)\times(\sigma_v-\alpha p_p)+\alpha p_p \\ \sigma_H=\left(\dfrac{\nu}{1-\nu}+\beta_2\right)\times(\sigma_v-\alpha p_p)+\alpha p_p\end{cases} \tag{8-6-8}$$

式中，β_1，β_2分别反映两个水平方向上构造应力大小的两个系数，对于给定的地区是一个定值。

该模式认为地下岩石的地应力主要是由上覆岩层压力和水平方向的构造残余应力叠加而成，且水平方向的构造残余应力与上覆岩层的有效应力成正比，在同一地区β_1和β_2一般为一常数。

该模式考虑了构造残余应力的影响，可以解释在我国更常见的三向地应力不等且水平最大地应力大于垂向地应力的现象。

(2) 组合弹簧模型

石油大学(1988)在分析黄氏模型存在不足的基础上，假定地层岩石为均质、各向同性的线弹性体，且地层在沉积和后期的地质构造运动过程中，地层和地层之间不发生相对位移，水平方向的应变均为常数，由广义胡克定律有：

$$\begin{cases}\sigma_h=\dfrac{\nu}{1-\nu}(\sigma_v-\alpha p_p)+\dfrac{E\varepsilon_h}{1-\nu^2}+\dfrac{\nu E\varepsilon_h}{1-\nu^2}+\alpha p_p \\ \sigma_H=\dfrac{\nu}{1-\nu}(\sigma_v-\alpha p_p)+\dfrac{E\varepsilon_H}{1-\nu^2}+\dfrac{\nu E\varepsilon_h}{1-\nu^2}+\alpha p_p\end{cases} \tag{8-6-9}$$

式中　ε_h，ε_H——岩层在最大和最小水平应力方向的应变；

E——地层岩石弹性模量。

该模式意味着地应力不但与泊松比有关，而且与地层的弹性模量成正比，其可以解释砂岩地层比相邻页岩地层具有更高的地应力现象。但其缺陷在于：各岩层水平方向应变相等的假设在构造运动剧烈地区受到一定的限制，并且使用该模式对具有非线性或大变形地层来说已没有意义。

(3) 葛氏模型

葛洪魁(1998)在考虑了上覆岩层重力、地层孔隙压力、地层岩石泊松比、弹性模量、地层温度、构造应力对水平地应力的影响等因素下，对水力压裂产生垂直裂缝和水平裂缝提出了各自的地应力计算模式：

① 适用于水力压裂裂缝为垂直裂缝的模式：

$$\begin{cases}\sigma_h=\dfrac{\nu}{1-\nu}(\sigma_v-\alpha p_p)+K_h\dfrac{E(\sigma_v-\alpha p_p)}{1+\nu}+\dfrac{\alpha^T E\Delta T}{1-\nu^2}+\alpha p_p \\ \sigma_H=\dfrac{\nu}{1-\nu}(\sigma_v-\alpha p_p)+K_H\dfrac{E(\sigma_v-\alpha p_p)}{1+\nu}+\dfrac{\alpha^T E\Delta T}{1-\nu^2}+\alpha p_p\end{cases} \tag{8-6-10}$$

② 适用于水力压裂裂缝为水平裂缝的模式：

$$\begin{cases}\sigma_{\mathrm{h}}=\dfrac{\nu}{1-\nu}(\sigma_{\mathrm{v}}-\alpha p_{\mathrm{p}})+K_{\mathrm{h}}\dfrac{E(\sigma_{\mathrm{v}}-\alpha p_{\mathrm{p}})}{1+\nu}+\dfrac{\alpha^{T}E\Delta T}{1-\nu^{2}}+\alpha p_{\mathrm{p}}+\Delta\sigma_{\mathrm{h}}\\ \sigma_{\mathrm{H}}=\dfrac{\nu}{1-\nu}(\sigma_{\mathrm{v}}-\alpha p_{\mathrm{p}})+K_{\mathrm{H}}\dfrac{E(\sigma_{\mathrm{v}}-\alpha p_{\mathrm{p}})}{1+\nu}+\dfrac{\alpha^{T}E\Delta T}{1-\nu^{2}}+\alpha p_{\mathrm{p}}+\Delta\sigma_{\mathrm{H}}\end{cases}\tag{8-6-11}$$

式中 α，α^{T}——地层岩石的有效应力系数，线膨胀系数；

ΔT——地层温度的改变量；

K_{h}，K_{H}——地层水平最小地应力、水平最大地应力的构造应力系数，在一个地区可视为常数；

$\Delta\sigma_{\mathrm{h}}$，$\Delta\sigma_{\mathrm{H}}$——考虑地层剥蚀的最小和最大水平方向地层应力附加量，在同一地区也可视为常数。

可将上述模式中的各参数分解为：水平应力的重力分量为$\dfrac{\nu}{1-\nu}\sigma_{\mathrm{v}}$、热应力分量为$\dfrac{\alpha^{T}E\Delta T}{1-\nu^{2}}$、构造应力分量为$K_{\mathrm{h}}\dfrac{E(\sigma_{\mathrm{v}}-\alpha p_{\mathrm{p}})}{1+\nu}$和$K_{\mathrm{H}}\dfrac{E(\sigma_{\mathrm{v}}-\alpha p_{\mathrm{p}})}{1+\nu}$、地层孔隙压力分量为$\dfrac{1-2\nu}{1-\nu}\alpha p_{\mathrm{p}}$、地层剥蚀所造成的附加应力为$\Delta\sigma_{\mathrm{h}}$和$\Delta\sigma_{\mathrm{H}}$。

葛氏模式有以下几个特点：

① 考虑地层因素比较全面：包括上覆岩层重力、地层孔隙压力、泊松比和杨氏模量、地层温度变化、构造残余应力对水平地应力的影响。

② 适用地层范围广：不仅适用于三向地应力不等的地区，而且分别适用于水力压裂缝为垂直裂缝、水平裂缝的情况。

③ 模式中各参数物理含义明确，而且有一定的理论基础。

④ 比较符合地应力分布规律：

a. 在地层倾角不大的地区，垂向应力与上覆岩层重力基本相等；

b. 在同一地区，岩性基本相同时，三向地应力均随深度线性增加；

c. 地层泊松比增大，其水平应力的重力分量增大；

d. 由于构造运动的方向性，大部分情况下两个水平方向的构造残余应力分量不等。在同样的构造载荷作用下，构造应力分量随杨氏模量的增大而增大，随泊松比的增大而减小。也就是说在软地层中产生的构造应力分量小，在硬地层中产生的构造应力分量大，而且在深度跨度不太大的情况下，相同岩性中的构造应力分量随深度线性增大。

（4）斯伦贝谢模型

$$\begin{cases}\sigma_{\mathrm{h}}=\dfrac{\nu}{1-\nu}\sigma_{\mathrm{v}}-2\eta p_{\mathrm{p}}+\left(\dfrac{E}{1-\nu^{2}}\right)\varepsilon_{\mathrm{H2}}+\left(\dfrac{E\nu}{1-\nu^{2}}\right)\varepsilon_{\mathrm{H1}}\\ \sigma_{\mathrm{H}}=\dfrac{\nu}{1-\nu}\sigma_{\mathrm{v}}-2\eta p_{\mathrm{p}}+\left(\dfrac{E}{1-\nu^{2}}\right)\varepsilon_{\mathrm{H1}}+\left(\dfrac{E\nu}{1-\nu^{2}}\right)\varepsilon_{\mathrm{H2}}\end{cases}\tag{8-6-12}$$

式中，$\eta=\dfrac{\alpha(1-\nu)}{2(1-\nu)}$。

$$\varepsilon_{H2}=\frac{\varepsilon_{H}-(A_1\sigma_v+2\eta p_p+A_2A_3)}{A_2A_6} \tag{8-6-13}$$

$$\varepsilon_{H1}=\frac{\sigma_H-\sigma_h}{A_5}+\varepsilon_{H2} \tag{8-6-14}$$

其中，$A_1=\frac{\nu}{1-\nu}$，$A_2=\frac{E}{1-\nu^2}$，$A_3=\frac{\sigma_H-\sigma_h}{A_5}$，$A_5=A_2-\frac{E\nu}{1-\nu^2}$，$A_6=\eta$。

(5) 多孔弹性水平应变模型

该模型以三维弹性理论为基础，是估算水平地应力常用的模型(马建海、孙建孟，2002)。

$$\begin{cases}\sigma_h=\frac{\nu}{1-\nu}\sigma_v-\frac{\nu}{1-\nu}\alpha_{vert}p_p+\alpha_{h\,or}p_p+\frac{E}{1-\nu^2}\zeta_h+\frac{E\nu}{1-\nu^2}\zeta_H \\ \sigma_H=\frac{\nu}{1-\nu}\sigma_v-\frac{\nu}{1-\nu}\alpha_{vert}p_p+\alpha_{h\,or}p_p+\frac{E}{1-\nu^2}\zeta_H+\frac{E\nu}{1-\nu^2}\zeta_h\end{cases} \tag{8-6-15}$$

式中 σ_h——最小水平主应力，MPa；

σ_H——最大水平主应力，MPa；

σ_v——垂直主应力，MPa；

α_{vert}——垂直方向的有效应力系数(Biot 系数)；

$\alpha_{h\,or}$——水平方向的有效应力系数(Biot 系数)；

ν——泊松比；

p_p——地层孔隙压力，MPa；

E——杨氏模量，MPa；

ζ_h——最小水平主应力方向的应变；

ζ_H——最大水平主应力方向的应变。

(6) 双轴应变模型

双轴应变模型是多孔弹性水平应变模型的一个特例，该特例以构造因子作输入参数，取代最大水平主应力方向的应变(ζ_H)(马建海、孙建孟，2002)。

$$\begin{cases}\sigma_h=\frac{\nu}{1-\nu K_h}\left[\frac{\nu}{1-\nu}(\sigma_v-\alpha_{vert}p_p+\alpha_{h\,or}p_p)\right]+\frac{E}{1-\nu K_h}\zeta_h \\ \sigma_H=K_h\sigma_h\end{cases} \tag{8-6-16}$$

式中 K_h——区域构造非平衡因子，反映构造应力作用下最大水平应力和最小水平应力的经验关系。

(7) ADS 法

利用常规测井声波时差及补偿密度测井资料计算出地层动态泊松比、上覆岩层重量等力学参数后，可以通过测井资料间接计算现今地应力值(即 ADS 法，周文，2008)，计算公式如下：

$$\begin{cases}\sigma_x=\mu_g\dfrac{\nu}{1-\nu}\sigma_v+\mu_g\dfrac{1-(1+\mu_g)\nu}{1-\nu}\left(1-\dfrac{C_{ma}}{C_b}\right)p_p\\ \sigma_y=\dfrac{\nu}{1-\nu}\sigma_v+\dfrac{1-2\nu}{1-\nu}\left(1-\dfrac{C_{ma}}{C_b}\right)p_p\end{cases} \tag{8-6-17}$$

式中 σ_x，σ_y——x、y 方向水平主应力，MPa；

σ_v——垂向主应力，MPa；

μ_g——地层水平骨架应力非平衡因子，无量纲；

ν——动态泊松比，无因次；

p_p——地层孔隙压力，MPa；

C_{ma}，C_b——岩石骨架压缩、岩石体积压缩系数。

其中，μ_g 可以通过双井径测井资料获取，即采用井眼的应力变化来反映构造残余应力的变化，计算公式为：

$$\mu_g=1+k\left[1-\left(\frac{d_{min}}{d_{max}}\right)^2\right]\frac{E_b}{E_{ma}} \tag{8-6-18}$$

式中 d_{min}，d_{max}——测点处井眼直径的最小值、最大值，cm；

E_b，E_{ma}——岩石、岩石骨架的杨氏模量，MPa；

k——刻度系数。

当然 μ_g 也可以利用实测地应力值进行反算。

8.6.4 地应力的测井计算

地应力大小和方向的确定是计算破裂压力的基础。地应力主要由地壳构造运动的动应力(古构造应力和现代构造应力)、上覆岩层压力和孔隙压力等组合而成，如图 8-6-1 所示。垂直应力由重力应力构成，水平应力由构造应力构成。对地应力大小和方向的定量表征，即为地应力的数值，包括最大水平主应力 δ_H、最小水平主应力 δ_h、垂直应力 δ_v 的大小和方向及最大剪切应力等。

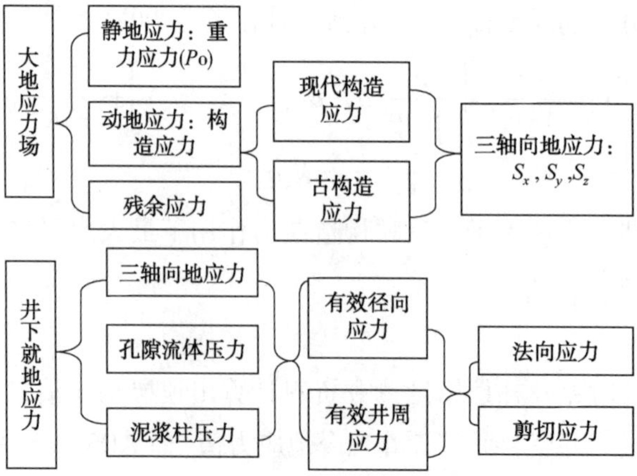

图 8-6-1 地应力的分类

这里采用石油大学黄荣樽教授提出的地应力计算模型(黄氏模型)，该模型认为地下岩层的地应力主要由上覆岩层压力和水平方向的构造应力产生，且水平方向的构造应力与上覆岩层的有效应力成正比，在同一断块系数 A、B 为常数(即构造应力与垂向有效应力成正比)。同时考虑到上覆岩层压力 σ_v 和构造运动的作用效应，得出最大和最小水平主地应力 σ_H 和 σ_h。

(1) 垂直地应力的计算

地壳中某一位置的地应力状态可以由三个主应力(垂直应力、最大水平主应力、最小水平主应力)的大小方向描述。

垂直应力是由地心引起的应力场，一般又称为重力应力场或者上覆岩应力。

$$S_z = g\int_{D_T}^{0}\rho(h)\,d_h + X \tag{8-6-19}$$

式中 S_z——垂直地应力；

g——重力加速度；

D_T——垂直深度；

X——偏移值。

(2) 水平地应力的计算

测量水平地应力大小的方法有水力压裂法、凯瑟效应实验法、差应变法等。地应力测试是获取地应力数据直接有效的手段，但测试成本高，测量数据有限，不能得到连续的地应力剖面。另一种切实可行的方法是用测井资料计算地应力，并用实测数据去检验与标定计算结果，可得到沿井深连续分布的分层地应力剖面。尤其是可利用测井资料提供的大量信息，方便、快速地得到沿井深连续分布的地应力剖面，对没有进行地应力实测的地层可计算得到较为准确的地应力数值。

(3) 地层孔隙压力 p_p

地层孔隙压力的有关概念：

地层孔隙压力又称地层压力，它是指由于沉积物的压实作用，地层中孔隙流体(油、气、水)所承受的压力。一些地层的孔隙是直接或间接与地面水源连通的，这些地层的压力就等于这一垂直深度的静水柱压力，此地层为正常压力地层。有些地层由于地质构造运动或特殊的沉积条件形成了封闭的压力系统，这些地层中流体压力不同于正常压力地层，如高于正常地层压力，则称为异常高压地层；反之则为异常低压地层。异常孔隙压力不仅在孔隙度、渗透率较高的砂层、砾岩层或有裂缝和孔洞的石灰岩地层存在，在泥页岩地层中也存在一定的异常孔隙压力。

① 地层静水柱压力(p_w)

地层静水柱压力可表示为

$$p_w = 10\rho_w \cdot H \tag{8-6-20}$$

式中　p_w，ρ_w，H——地层静水柱压力(kgf/cm²)、水的密度(g/cm³)和水柱垂直高度(m)。

静水柱压力随地层所处的垂直深度的增加而升高，垂直深度每增加1m时压力增加的数值称为压力梯度，通常以kgf/(cm²·m)或psi/ft作为单位。不同含盐量水柱的压力梯度数值为：淡水为0.1kgf/(cm²·m)，盐水为0.105kgf/(cm²·m)。如果压力梯度用G表示，则地层静水柱压力可表示为：

$$p_w = G \cdot H \tag{8-6-21}$$

② 上覆岩层压力p_0

上覆岩层压力是指覆盖在某一深度地层以上的地层基岩和岩石孔隙中流体的总质量所造成的对这个地层的压力。

$$p_0 = \int_0^H \rho_b(H) g \mathrm{d}H \tag{8-6-22}$$

式中　H——目的层深度，m；

$\rho_b(H)$——H深度岩层的体积密度，g/cm³。

由于岩性、孔隙度和地层中流体性质的不同，上覆岩层压力梯度相差很大，基岩承受的垂直压力，称为岩石基岩应力或颗粒应力，用σ表示。如基岩强度不足以支撑上覆岩层压力，则一部分上覆岩层压力将由岩石孔隙中的流体承受，这样就会使地层中的流体呈现异常高压。地层孔隙压力p_p与上覆岩层压力p_0和岩石颗粒应力(基岩应力)σ的关系可用下式表示：

$$p_0 = p_p + \sigma \tag{8-6-23}$$

可以看出，上覆岩层压力越高，岩石颗粒应力越低，则地层孔隙压力越高。

③ 异常孔隙压力的成因

一种异常孔隙压力现象可能是由多种因素共同作用的结果，其中包括地质的、物理的、地球化学的和动力学的因素。但就一个特定异常压力体而言，其成因可能是以某一种因素为主，其他因素为辅，可以归纳为三大类：压实不均衡和构造压缩引起的压力增加；由温度上升(水热作用)、矿物转化释放水、烃类生成以及石油裂解成天然气引起的流体体积增加；与渗流作用、水压头以及密度差引起的流体运动及烃类上浮等(郭金荣，2006)。

地层孔隙压力计算方法：

① 伊顿法

Eaton在1972年根据墨西哥湾等地区经验及在测井方法实验的基础上建立了计算地层孔隙压力梯度与测井参数之间的关系，其原理是压实观察参数的实际值和正常趋势值的比率与地层孔隙压力的关系是由上覆压力梯度的变化决定的。该方法综合考虑了除压实作用以外其他高压形成机制作用，并总结和参考了钻井实测压力与各种测井信息之间的关系。其压力估算公式的基本形式为：

$$p_p = p_0 - (p_0 - p_w) \times (V_n / V)^c \tag{8-6-24}$$

式中　p_0——上覆岩层压力；

V——观察点测井实测值；

V_n——同一深度正常压实趋势线上的对应值；

c——压实指数，对于不同的数据类型指数的变化范围差异较大。对于同一种数据，指数 c 的值可随岩性、成岩作用程度等变化。如对于声波时差数据，指数 c 的值一般取 3.0。Brower(1995)提出改进的伊顿方程，发现指数为 5.0 时，在美国墨西哥湾沿岸应用效果最好。

② 有效应力法预测地层压力

a. 沉积压实过程力学关系：研究沉积压实过程中的应力-应变关系，一方面是为了解释异常高压地层孔隙压力的形成机制，另一方面是为了更科学地确定地层孔隙压力。岩石的应力-应变关系分为两种：压实加载曲线关系、压实过后的卸载曲线关系。

b. 原始加载曲线：沉积过程中，随上覆岩层压力增加，沉积物逐渐压实，垂直有效应力增加，孔隙度减小。垂直有效应力与孔隙度的关系为原始加载曲线。平衡压实与不平衡压实过程中的力学关系符合原始加载曲线。图 8-6-2(a)为墨西哥湾地区一条原始压实加载曲线。反映的是泥岩垂直有效应力与声速的关系，而声波传播速度又主要反映孔隙度大小的变化。

c. 卸载曲线：压实过程中或压实后，若因某种原因孔隙压力升高或上覆压力减小，造成垂直有效应力减小而孔隙度增大，该过程称为卸载过程。因岩石并非完全弹性，卸载过程中垂直有效应力-孔隙度关系与原始加载曲线不同。图 8-6-2(b)是某地区所取泥岩在室内测得的声速-垂直有效应力关系，因岩样从地下取出后已经卸载，在模拟地下应力条件下测得的不同声速-垂直有效应力值必定在卸载曲线上。

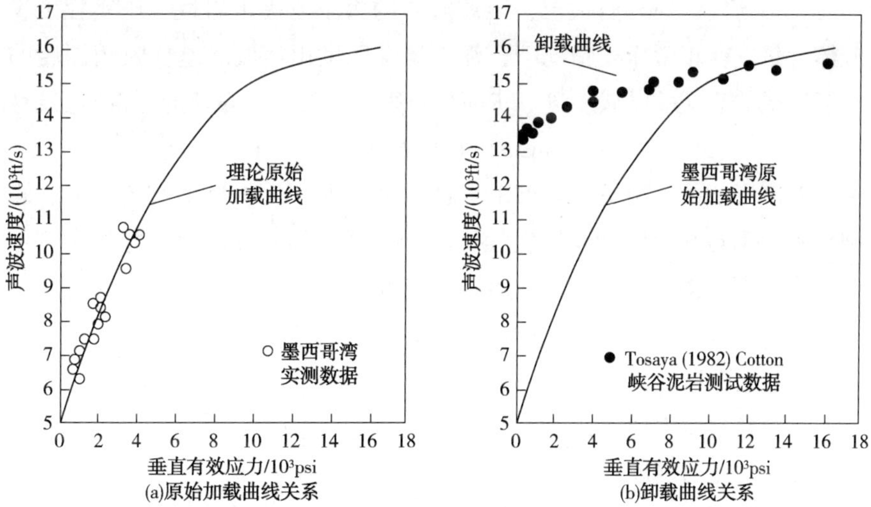

图 8-6-2 沉积压实过程岩石力学关系图(据童凯军，2009)

(4) 沉积压实力学关系的应用

若沉积物在压实过程中垂直有效应力一直保持增加的状态，压实及成岩以后仍保持着压实过程中的最大值，则应按加载情况确定垂直有效应力。如果由于像水热增压或地层剥蚀等原因发生垂直有效应力降低的卸载现象，且目前的垂直有效应力值仍低于原始压实过程中曾经有过的最大值，在进行地层孔隙压力检测时应该对卸载情况加以考虑。

(5) 考虑多因素的综合计算模型建立

传统的单点计算模型在利用声速计算时没有将岩性、孔隙度、孔隙流体类型等影响因素系统地考虑进来。声速低不一定意味着存在高压，低速也有可能是岩性较软或孔隙度较高引起的。影响声速的因素较多，Han 等对孔隙度、泥质含量对声波速度的影响规律进行了分析研究，发现影响砂泥岩中声波传播速度主要有三个因素：孔隙度、泥质含量和有效应力。此外发现，仅用泥质含量来表示岩性的影响还显得不是很充分，相同泥质含量的砂泥岩其矿物组成、颗粒粗细、胶结物等不一定相同。因此，还可以将地层密度考虑进来。进而建立综合考虑各影响因素的地层孔隙压力综合计算模型：

$$\begin{cases} V_p = A_0 + A_1\rho + A_2\phi + A_3\sqrt{V_{sh}} + A_4(p_e - e^{-A_5 p_e}) \\ p_p = p_0 - p_e \end{cases} \tag{8-6-25}$$

式中 A_0、A_1、A_2、A_3、A_4、A_5——方程中经验系数。

① 等效深度法

地层孔隙压力的预测方法较多，利用测井信息，能够较准确地对地层孔隙压力做出预测的应用最广的方法是等效深度法。

等效深度法是指在不同深度具有相同岩石物理性质的泥页岩的骨架所受到的有效应力相等。等效深度法适用于刚勘探的地区，在取得原始地层压力实测资料之前用来计算地层孔隙压力。对于不含气的纯岩石地层，声波时差的大小取决于岩性、压实程度、孔隙度及孔隙中的流体含量，在正常压实情况下，泥页岩孔隙度由声波时差反映随深度的增加而减小，且具有指数式的衰减关系式，进一步简化可得由声波时差表征的正常压实趋势方程：

$$\ln\Delta t = -C_p \cdot H + \ln\Delta t_0 \tag{8-6-26}$$

在不考虑温度影响的情况下，如果正常趋势线上某一点的 Δt 值与超压带上某一点的 Δt 值相同，则反映这两点孔隙结构和压实程度相同，两点具有等效性，与超压测值等值的正常趋势线上某点的深度即为等效深度。用公式表示为：

$$p_p = G_0 H + (G_n - G_0) H_e \tag{8-6-27}$$

式中 p_p——地层孔隙压力；

G_0——上覆岩层压力梯度；

G_n——静水柱压力梯度；

H——地层深度；

H_e——等效深度。

例如，淡水地层 $p_p = 0.231H - 0.131H_e$，盐水地层 $p_p = 0.231H - 0.126H_e$。

上覆岩层压力梯度 G_0 可以对密度测井曲线进行积分求取。实例计算表明，采用其理论值 0.231kgf/(cm^2·m)进行计算得到的结果与实测静压值相比较，误差在允许范围之内，所以实际应用中可取理论值。而静水柱压力梯度 G_n 主要与地层水矿化度有关，通过地层水分析资料获取，它随着矿化度的升高而增大。当地层水矿化度在 0~0.8kg/L 之间变化时，G_n 值为 0.1~0.107kgf/(cm^2·m)。求得 σ_H 和 σ_h 后，就可用下式来求地层破裂压力 p_f。

$$p_f = 3\sigma_h - \sigma_H - \Phi p_p + S_t \tag{8-6-28}$$

式中　S_t——岩石抗拉强度，MPa。

② 贡献系数 Φ 的确定

$$\Phi = 1 - \frac{\rho(3v_p^2 - 4v_s^2)}{\rho_m(3v_{mp}^2 - 4v_{ms}^2)} \tag{8-6-29}$$

式中　ρ_m，v_{mp} 和 v_{ms}——致密砂岩的密度，纵、横波波速。

计算的地应力如图 8-6-3 所示。

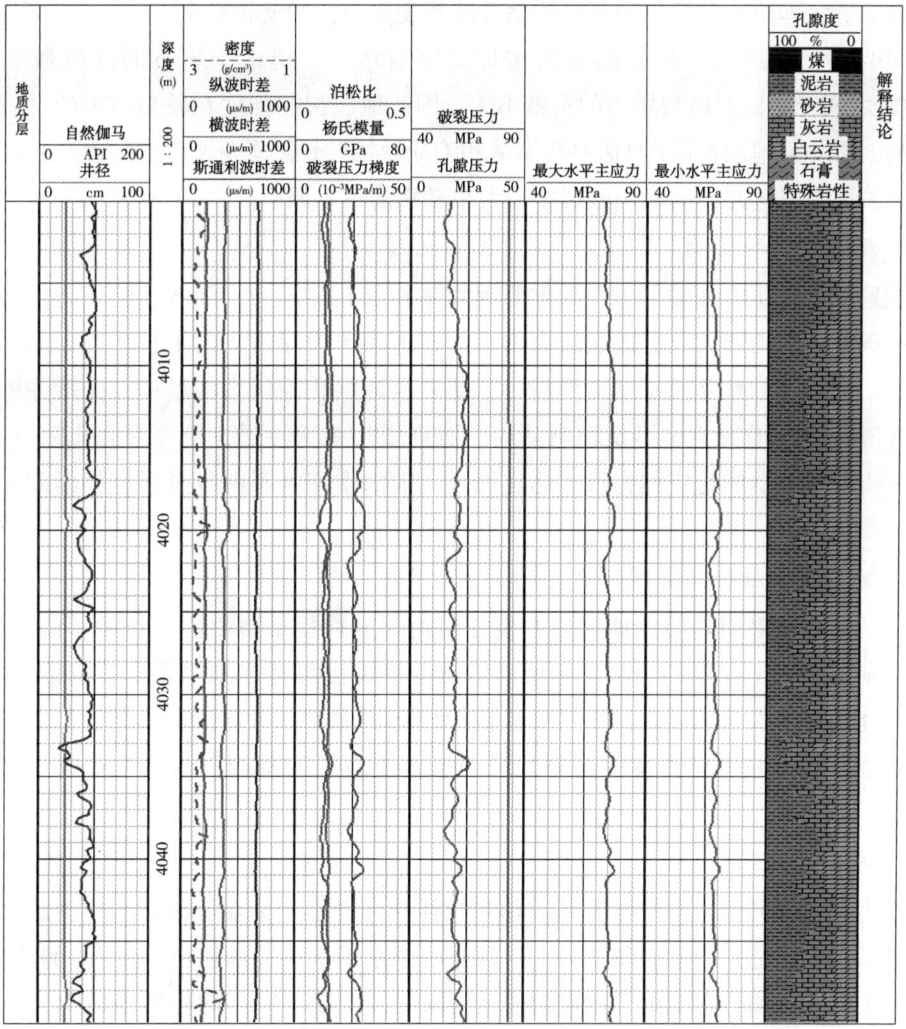

图 8-6-3　L50 井乌拉力克组地应力成果图

8.7 地层坍塌压力和破裂压力影响因素分析

(1) 地层渗透性的影响

若为渗透性地层，则钻井液向井壁渗透会产生渗透压力，并导致井眼周围的孔隙压力发生变化，从而影响到地层坍塌压力和破裂压力的计算。有实验表明，渗透作用的结果导致井壁更易坍塌和更易压裂，降低了井壁稳定性，因此，井壁上形成致密不渗透泥饼对保持井眼稳定是十分必要的。

(2) 地层强度的影响

地层坍塌是井壁岩石所受应力超过岩石的强度，使地层产生剪切破坏而造成的，因此，地层坍塌压力必然严重受到地层强度的制约。实验表明，随强度参数和内摩擦角的增大，坍塌压力降低，即防止井壁失稳所需的钻井液密度要小，井壁较稳定。

地层破裂压力随地层抗拉强度的增加而略有增大，但由于岩石的抗拉强度一般在2~10MPa之间变化，对破裂压力的贡献不大，因此地层抗拉强度在破裂压力的计算中不是主要影响因素，但地层性质(包括弹性模量和泊松比)严重影响到地应力的大小，因而严重影响到破裂压力，这是不同地层破裂压力大小悬殊的根本原因。

(3) 孔隙压力的影响

影响地层坍塌压力和破裂压力的重要因素是地层孔隙压力，随着孔隙压力的增加，坍塌压力和破裂压力均增大，但破裂压力增长的速度小于坍塌压力的增长速度。因此孔隙压力越大，安全钻进的钻井液密度范围越小，此外，地层孔隙压力的增加，保持井壁稳定所需的钻井液密度要增大，这不仅影响钻速，而且增加井壁渗透，使井周的孔隙压力增大，从而进一步降低井壁的稳定性，形成恶性循环，大大增加井眼的复杂程度，因此异常高压层属于不稳定地层。

(4) 地层坍塌压力与井径扩大率的关系

以上的计算结果均是假设地层不产生任何坍塌的前提下得出的，若实际钻井过程中，允许某些地层有一定程度的坍塌，则所需的钻井液密度可适当地降低。一般钻开井眼后，井壁不可能立即一次坍塌过多，而是先小范围破坏坍塌后，再逐步向纵深发展。当井壁坍塌至一定程度后，井壁应力集中减弱及坍塌层上下地层的制约，会最终形成一个稳定的井眼。

(5) 地应力的影响

地应力是造成井壁岩石产生剪切破坏和拉伸破坏的根本力源，因此地应力的大小将直接影响到地层的坍塌压力和破裂压力，而且与两个水平主应力的比值(地应力的非均匀性)也密切相关。在山前构造带由于地质构造运动剧烈，产生了较高的构造地应力，而地应力具有明显的方向性，地应力非均匀性也较大，此时井壁极易产生坍塌和破裂，而且坍塌压力和破裂压力值也更为接近，井壁稳定性极差且难于处理，这是山前构造带井壁不稳定、钻井复杂的根本原因所在。对于非构造应力地区，两个水平主应力相等，井壁最为稳定。

8.8 地层破裂压力计算

地层破裂压力定义为使地层产生水力裂缝或张开原有裂缝时的井底流体压力。地层破裂压力的获取主要有直接法和间接法，直接法指采用地漏实验或者岩石力学实验直接测定地层破裂压力，该方法获取的数据比较准确，但不具有连续性；间接法则是根据经验公式或数学模型等方法间接求取，能够获取连续的纵向破裂压力曲线，且经济可靠，因此应用较广(何雁兵等，2022)。有关地层破裂压力的预测模型已有较多报道。从形式上看可归纳为两大类。

$$\rho_f=\alpha\rho_p+\left(\frac{2\mu}{1-\mu}+\zeta\right)\cdot(p_0-\alpha\rho_p)+S_t \tag{8-8-1}$$

$$\begin{cases}\rho_{fu}=\dfrac{\mu}{1-\mu}\rho_0+u_b\left(\dfrac{1-2\mu}{1-\mu}\right)\cdot\left(1-\dfrac{C_{ma}}{C_b}\right)\rho_p\\[2ex]\rho_{fd}=\dfrac{\mu}{1-\mu}\rho_0+\left(\dfrac{1-2\mu}{1-\mu}\right)\cdot\left(1-\dfrac{C_{ma}}{C_b}\right)\rho_p\end{cases} \tag{8-8-2}$$

式中 S_t——岩石抗拉强度，MPa；

C_{ma}，C_b——地层骨架和地层体积压缩系数，1/MPa；

ζ——地质构造应力系数，无量纲；

u_b——地层水平骨架应力的非平衡因子，无量纲。

从三向地应力模型出发，经过一系列推导之后建立了适合于鄂尔多斯盆地地层特点的破裂压力预测模型。

$$\rho_f=\rho_p+u_b\frac{\mu}{1-\mu}(\rho_0-\alpha\rho_p)+C_1\cdot C_2\cdot S_t \tag{8-8-3}$$

其中第一项反映了地层孔隙压力对破裂压力的影响，第二项反映了由上覆地层压力和地层孔隙压力综合作用的垂直骨架应力对破裂压力的贡献，第三项反映了岩石抗张强度对破裂压力的影响，且ρ_p、$\rho_0-\alpha\rho_p$、S_t的系数项反映了它们对破裂压力所起作用的大小。式中，$C_1=1$表示非裂缝性储层或孔隙性储层，否则$C_1=0$；$C_2=1$表示压裂施工时计算的地层破裂压力，$C_2=0$表示用于钻井中为防止泥浆比重过大压漏地层而需要忽略地层抗张强度时计算的地层自然破裂压力(或漏失压力)。根据上式可得到钻井时地层发生张性破裂所对应的当量(等效)泥浆密度值ρ_{fmd}。

$$\rho_{fmd}=\frac{1000}{9.80665}\times\frac{\rho_f}{H} \tag{8-8-4}$$

式中　ρ_{fmd}——地层张性破裂压力的当量泥浆密度，g/cm³；

　　H——地层埋藏深度，m。

计算结果如图 8-8-1 所示。

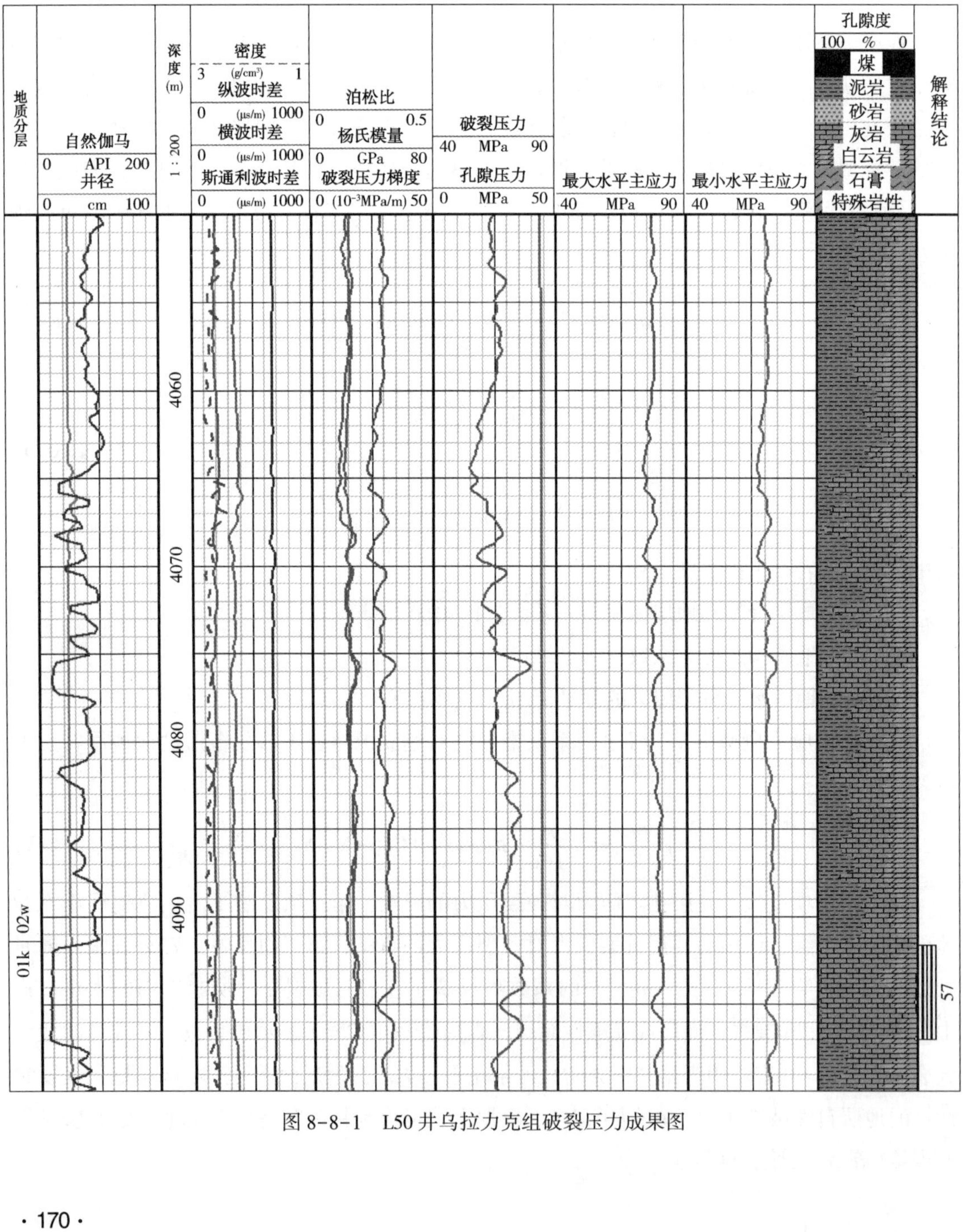

图 8-8-1　L50 井乌拉力克组破裂压力成果图

8.9 地层坍塌压力计算

当井壁失稳时，地层将坍塌，地层坍塌压力是指井壁产生剪切破坏时的临界井眼压力。从力学角度讲，井壁坍塌的原因主要是井内液柱压力较低，使得井壁周围岩石所受应力超过岩石本身的强度而产生剪切破坏，此时，对脆性地层会产生掉块、井径扩大和卡钻，而对于塑性地层，则向井眼内产生塑性变形，造成缩径。因此，钻井液密度值合理与否是衡量钻井过程中井壁是否稳定的关键因素，而地层坍塌压力也是确定合理钻井液密度值的依据之一。影响井壁不稳定的化学、物理因素以及工程因素很多。国内外的研究表明：地应力是决定井壁稳定的主要因素，井壁坍塌与否与井壁围岩的应力状态、围岩的强度特性等密切相关，储层孔隙、裂缝越发育，其剪切强度就越小，坍塌压力就越大；储层水平主应力差越大，其坍塌压力就越大。

8.9.1 地层坍塌应力的计算

8.9.1.1 井壁剪切破坏准则

(1) 纳维-库仑(Navier-Coulomb)准则

对于平面问题的剪切破坏通常采用纳维-库仑(Navier-Coulomb)准则判别，对三维空间的剪切破坏采用推广的 Misses 准则：

① 纳维-库仑(Navier-Coulomb)准则在井壁崩落问题中的应用

假设潜在破裂面的摩擦滑动系数和内聚力分别为μ、S_0，σ_θ 和 σ_r 是作用在潜在破裂面上的正应力和剪应力，则莫尔圆破裂包络线的斜率等于μ，截距等于 S_0，在极坐标系下的纳维-库仑准则表示式如下：

$$\sigma_r = S_0 - \mu\sigma_\theta \tag{8-9-1}$$

也就是说，将计算的井孔周围应力与式(8-9-1)中的应力对比，确定临界剪切破坏条件。借助莫尔圆的计算可以获得井眼周围的破裂位置和大小。当莫尔圆的半径$\{[(\sigma_\theta-\sigma_r)/2]^2+\tau_{r\theta}\}^{1/2}$大于或等于自圆的中心到破裂线的距离时，则会产生破坏。为了计算井周围破坏形状和大小，应用纳维-库仑准则(8-9-1)，在给定原地应力条件下，井壁岩石发生破坏的最大内聚力值由下式确定(Zoback 等，1985)：

$$S_0 = (1+\mu^2)^{1/2}\left[\left(\frac{\sigma_\theta-\sigma_r}{2}\right)^2+\tau_{r\theta}\right]^{1/2} - \mu\left(\frac{\sigma_\theta+\sigma_r}{2}\right) \tag{8-9-2}$$

根据 Byerlee 的实验结果，大多数岩石的μ在 0.6 和 1.0 之间取值(Byerlee，1978)，而S_0则从几个兆帕到几十个兆帕之间变化(Handin，1966)，所以选择变量S_0作为临界破坏条件。当把合适的井孔周围应力值和选定的μ值代入式(8-9-2)时，如果其右侧小于S_0，则是稳定的，如果等于或大于S_0，破坏可能发生。

② 推广的 Misses 准则在井孔崩落问题中的应用

中间主应力对岩石的压缩破坏起重要作用(Mogi K, 1972),可以用应力偏量不变量 J_2 和有效平均应力表示中间主应力σ_2对岩石破坏的影响,其表达式为:

$$J_2^{1/2}=\left\{\frac{1}{6}(\sigma_1-\sigma_2)^2+(\sigma_2-\sigma_3)^2+(\sigma_3-\sigma_1)^2\right\}^{1/2} \tag{8-9-3}$$

$$S-p_{\mathrm{p}}=\frac{\sigma_1+\sigma_2+\sigma_3}{3}-p_{\mathrm{p}} \tag{8-9-4}$$

式中 $J_2^{1/2}$——应力偏量二阶不变量的平方根,称为均方根剪应力,也称为 Misses 有效剪应力;

$S-p_{\mathrm{p}}$——有效平均应力,MPa;

p_{p}——孔隙压力,MPa。

Bradley(1979)进行了几种不同围压的岩石破裂强度实验研究,得到了$J_2^{1/2}\sim(S-p_{\mathrm{p}})$平面内的破裂曲线,也称为推广的 Misses 破裂模型。由此,Bradley 定义一个有效崩落应力作为判断井眼崩落的量度:

$$(J_2^{1/2})_{\mathrm{ef}}=(J_2^{1/2})_{\mathrm{rf}}-(J_2^{1/2})_{\mathrm{bh}} \tag{8-9-5}$$

式中 $(J_2^{1/2})_{\mathrm{ef}}$——有效崩落应力,MPa;

$(J_2^{1/2})_{\mathrm{rf}}$——井壁上与$(S-p_{\mathrm{p}})$值对应点上的平均岩石抗剪强度,MPa;

$(J_2^{1/2})_{\mathrm{bh}}$——井壁上与$(S-p_{\mathrm{p}})$值对应点上的平均剪应力,MPa。

(2) 摩尔-库仑准则

根据摩尔-库仑的研究,岩石破坏时剪切面的剪切应力必须克服岩石固有剪切强度 C 值(称为黏聚力)加上作用于剪切面上的摩擦阻力 $\mu\sigma$:

$$\tau\geqslant\sigma\mu+C \tag{8-9-6}$$

式中 μ——岩石的内摩擦系数,$\mu=\tan\varphi$,φ 为岩石的内摩擦角,(°);

σ——法向正应力,MPa。

式(8-9-6)称为摩尔-库仑准则,可用两个以上不同围压的三轴压缩强度试验进行确定。

此外,式(8-9-6)亦可用σ_1和σ_3坐标图(图 8-9-1)上的直线来表示,因此,式(8-9-1)可根据主应力σ_1和σ_3改写成:

$$\sigma_1=m\sigma_3+\sigma_{\mathrm{c}} \tag{8-9-7}$$

$$m=\tan\propto=\cot\left(45°-\frac{\varphi}{2}\right) \tag{8-9-8}$$

式中 σ_{c}——单轴抗压强度,$\sigma_{\mathrm{c}}=\dfrac{2C\cos\varphi}{1-\sin\varphi}$

或

$$\sigma_1=\sigma_3\cot\left(45°-\frac{\varphi}{2}\right)+2C\cot\left(45°-\frac{\varphi}{2}\right) \tag{8-9-9}$$

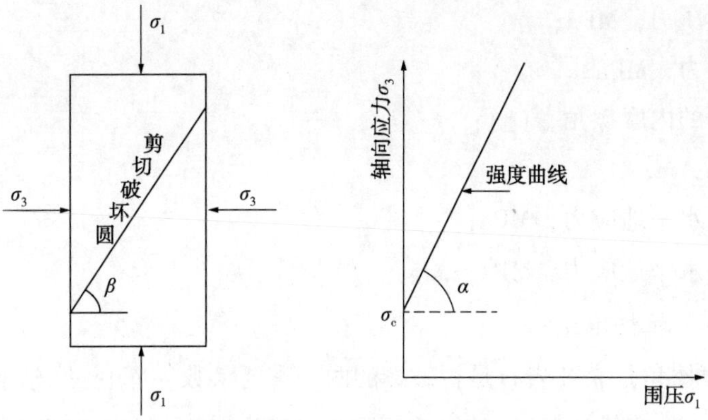

图 8-9-1　岩石剪切破坏和用主应力表示的强度曲线(据周文等，2007)

当岩石中存在孔隙压力 p_p时，摩尔-库仑准则用有效应力可表示为：

$$(\sigma_1-\alpha p_p)=(\sigma_3-\alpha p_p)\cot^2(45^\circ-\tfrac{\varphi}{2})+2C\cot(45^\circ-\tfrac{\varphi}{2}) \tag{8-9-10}$$

式中　σ_1，σ_3——井壁处最大和最小主应力，MPa；

α——Biot 弹性系数；

C——岩石固有剪切强度。

从式(8-9-10)可以看出，岩石发生剪切破坏受到最大主应力和最小主应力的影响，σ_1 和 σ_3 的差值越大，井壁越容易发生坍塌失稳。从井壁围岩应力状态分析可知，岩石的最大、最小主应力分别对应井周地层的周向应力、径向应力，所以 σ_θ 与 σ_r 的差值大小决定了井壁稳定与否，σ_θ 与 σ_r 的差值越大，井壁越容易发生坍塌失稳。水平主应力并不是均匀分布的，σ_θ 值随 θ 而变化，并且在 $\theta=90°$和 $\theta=270°$处有最大值，所以 σ_θ 与 σ_r 差值在该处也最大(σ_r 在井壁上各处为常数，与 θ 值无关)，那么该处最早发生坍塌失稳。

当 $\theta=90°$和 $\theta=270°$时，井壁处应力状态为：

$$\begin{aligned}\sigma_r&=p_i-\alpha p_p\sigma\\ \sigma_\theta&=\eta(3\sigma_H-\sigma_h-p_i)-\alpha p_p\\ \tau_{r\theta}&=0\end{aligned} \tag{8-9-11}$$

式中　η——应力非线性修正系数，无量纲。

将式(8-9-11)代入式(8-9-12)，整理得：

$$p_i=\frac{\eta(3\sigma_H-\sigma_h)-2CK+\alpha p_p(K^2-1)}{K^2-\eta} \tag{8-9-12}$$

当量钻井液密度为：

$$\rho_m=\frac{\eta(3\sigma_H-\sigma_h)-2CK+\alpha p_p(K^2-1)}{(K^2-\eta)H} \tag{8-9-13}$$

其中

$$K=\cot\left(45°-\frac{\varphi}{2}\right) \tag{8-9-14}$$

式中 p_i——液柱压力，MPa；

C——内聚力，MPa；

φ——岩石的内摩擦角，(°)；

H——井深，m；

σ_H——最大水平地应力，MPa；

σ_h——最小水平地应力，MPa。

(3) 德鲁克-普拉格准则

黏聚力和内摩擦角是表征岩石是否破坏的两个重要参数。库仑-摩尔准则中没有考虑中间主应力 σ_2 的影响。如果计入 σ_2 的影响，有三维库仑-摩尔强度准则可资利用，不过公式十分复杂不便应用。两者所得结果相差不大，所以三维准则极少使用。这时可采用德鲁克-普拉格准则，其表达式如下：

$$J_2^{1/2}-RI_1-K_f=0 \tag{8-9-15}$$

$$I_1=\sigma_1+\sigma_2+\sigma_3$$

当存在地层孔隙压力时，采用$I_1'=(\sigma_1+\sigma_2+\sigma_3)-3\alpha p_p$ 代替上式中的 I_1，则，

$$J_2^{1/2}=\left\{\frac{1}{6}(\sigma_1-\sigma_2)^2+(\sigma_2-\sigma_3)^2+(\sigma_3-\sigma_1)^2\right\}^{1/2} \tag{8-9-16}$$

对于德鲁克-普拉格准则来说，存在三种状态：

① 内圆准则

$$K_f=\frac{\sqrt{6}C\cos\varphi}{\sqrt{9+3\sin^2\varphi}} \tag{8-9-17}$$

$$R^2=\frac{6\sin^2\varphi}{9+3\sin^2\varphi}$$

② 中圆准则

$$K_f=\frac{2\sqrt{2}C\cos\varphi}{3+\sin^2\varphi} \tag{8-9-18}$$

$$R^2=\frac{8\sin^2\varphi}{3+\sin^2\varphi}$$

③ 外圆准则

$$K_f=\frac{2\sqrt{2}C\cos\varphi}{3-\sin^2\varphi} \tag{8-9-19}$$

$$R^2=\frac{8\sin^2\varphi}{(3+\sin^2\varphi)^2}$$

在平面应变条件下，德鲁克-普拉格准则中的参数 R 和 K_f 可由下式给出：

$$K_f = \frac{\sqrt{3}\,C\cos\varphi}{\sqrt{3+\sin^2\varphi}} \tag{8-9-20}$$

$$R^2 = \frac{3\sin^2\varphi}{9+\sin^2\varphi}$$

如果获取了钻开地层的井内应力状态，还可以简单地应用井壁上径向应力 σ_r 与切向应力 σ_θ 应满足的下述关系来判断井壁发生剪切崩落的条件：

$$\frac{\sigma_\theta-\sigma_r}{2} \geqslant \tau_0 \cdot \cos\varphi + \frac{\sigma_\theta+\sigma_r}{2} \cdot \sin\varphi \tag{8-9-21}$$

式中　τ_0——黏滞力，MPa。

对于某一地层来讲，岩石剪切破坏与否主要受岩石周向应力和径向应力制约，导致井壁失稳的关键是井壁岩石所受的周向应力 σ_θ 和径向应力 σ_r 的差值，差值越大，越易产生剪切破裂，井壁越易坍塌，从而在井壁上最大切向应力方向，即最小主应力方向上产生剪切崩落。崩落的宽度与深度和岩石的内摩擦系数、黏滞力、地应力大小、钻井液柱与地层的压差等有关，且只在最小主应力方向形成长井径。

8.9.1.2　破裂准则优选

选择剪切破坏准则的目的是确定出适合地层钻进的最小安全钻井液密度。目前，较为常用的是摩尔-库仑准则和德鲁克-普拉格准则。

摩尔-库仑准则只考虑了最大和最小主应力，忽略了中间主应力。德鲁克-普拉格准则考虑了中间应力，同时考虑了静水压力的影响，能够反映剪切引起的岩石材料的弹塑性特征，对于垂直井来说，内圆准则和中圆准则比较一致，随着井斜角的增加，这两个准则预测的钻井液密度比摩尔-库仑准则预测的偏高。对于水平井，外圆准则与摩尔-库仑准则预测结果较一致，但是在直井时表现出不正常的高稳定性。由于德鲁克-普拉格准则考虑了中间主应力，从理论上来讲更趋完善，但在岩石力学实验和实际应用中发现，该准则的岩石强度计算值比真实三轴实验值大得多，计算的最小钻井液密度偏低，导致不能维持井壁稳定。已有研究发现，对于水平井和大斜度井，内圆准则和中圆准则所预测的最小钻井液密度与防止井壁崩落的安全钻井液密度基本相同，内圆准则由于假设岩石强度相对较弱，所以其预测的安全钻井液密度值稍高一些，而摩尔-库仑准则预测值则偏高。对于直井，这两个准则所预测的结果与摩尔-库仑准则基本一致。当井斜角增大时，这两个准则所预测的钻井液密度相比摩尔-库仑准则预测的更高一些。

这里采用摩尔-库仑准则对研究区乌拉力克组地层坍塌压力进行计算。利用式(8-9-12)计算出相应的坍塌压力如图 8-9-2 所示。

基于相关文献数据，用地球物理测井资料方法计算 X 区块的地层坍塌压力，X 区块相关的地质参数如表 8-9-1 所示：

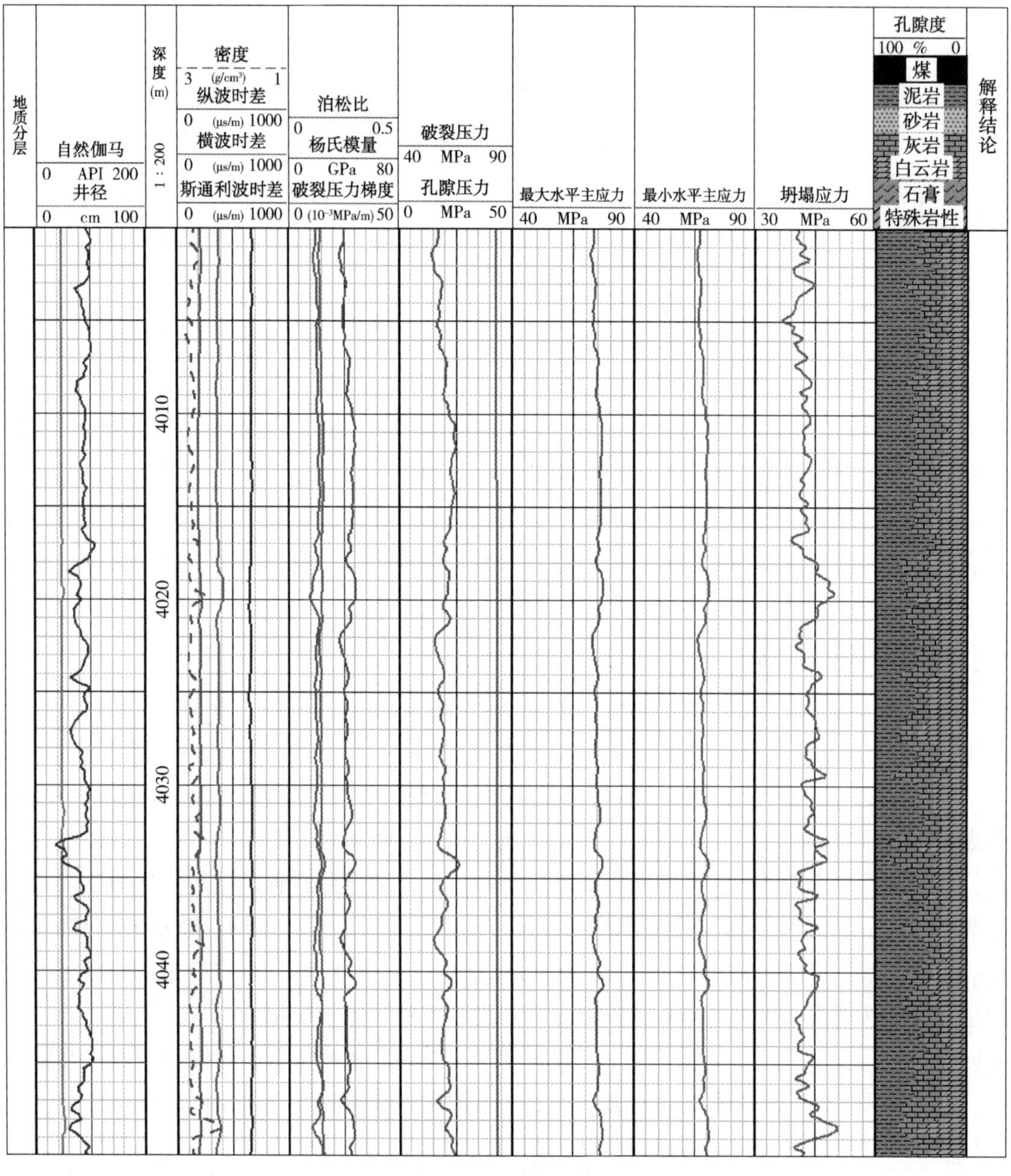

图 8-9-2　L50 井乌拉力克组坍塌压力成果图

表 8-9-1　X 区块相关的地质参数

σ_H/(MPa/100m)	σ_h/(MPa/100m)	p/(MPa/100m)	C/MPa	φ/(°)	α	η
2.18	1.63	1.00	9.12	30	0.5	0.957

将表 8-9-1 中的数据代入公式(8-9-13)中，计算了三个不同井深下的当量钻井液密度，并且与该井实际钻井液密度进行了对比分析，得到如表 8-9-2 所示的结果。

表 8-9-2　X 区实际钻井液密度与当量钻井液密度对比结果

井深/m	实际钻井液密度/(g/cm³)	钻井液当量密度(g/cm³)	钻头外径/mm	井径/mm	井径扩大率/%
1400	1.25	1.32	216	318	47.2
2320	1.28	1.28	216	220	1.85
2400	1.22	1.21	216	218	0.93

计算结果表明：当实际钻井液密度大于当量钻井液密度时，地层稳定，井径扩大率很小；当实际钻井液密度接近当量钻井液密度时，地层轻微剥落，井径扩大率较小；当实际钻井液密度小于当量钻井液密度时，地层不稳定，井径扩大率极大。

8.10　可压性效果评价

L82 井 52 层为乌拉力克组页岩气储层，破裂压力、脆性指数、坍塌压力相对围岩较低，抗压强度、剪切强度、抗拉强度较高，加大压力改造规模，才能取得较好的效果。

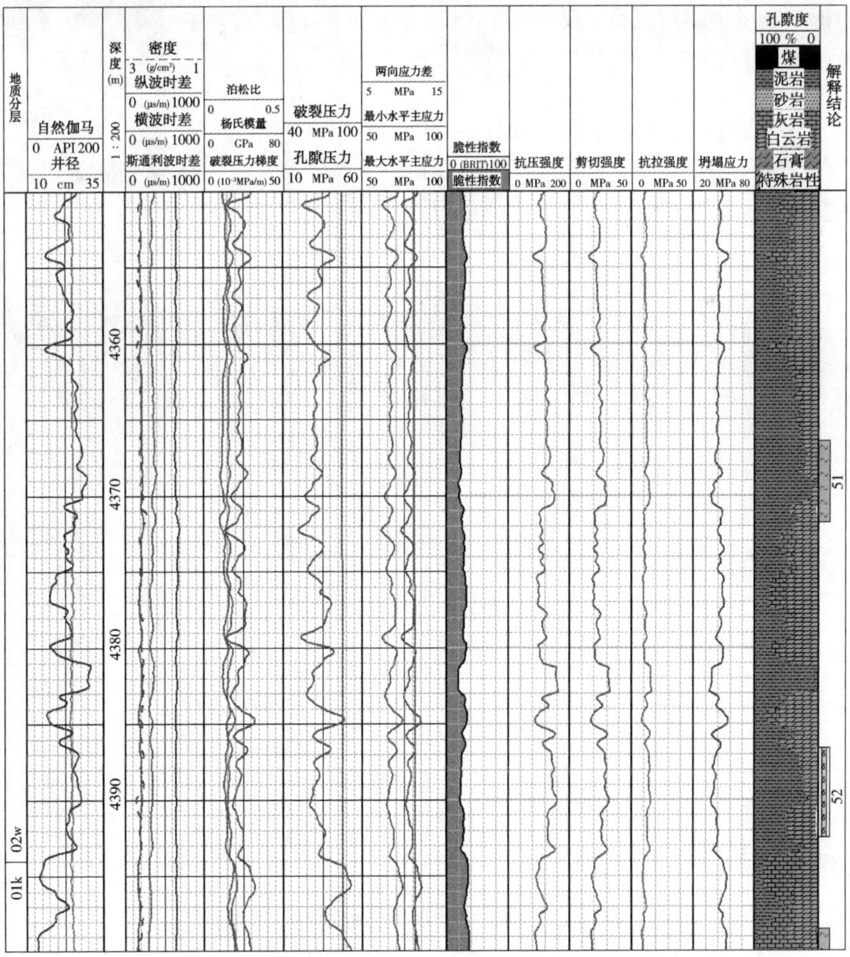

图 8-10-1　L82 井乌拉力克组岩石力学成果图

R102X 井乌拉力克组水平段脆性成果显示，页岩气储层脆性指数较小，压力改造规模较大，灰岩储层脆性指数较高，压力改造规模较小。见图 8-10-2。

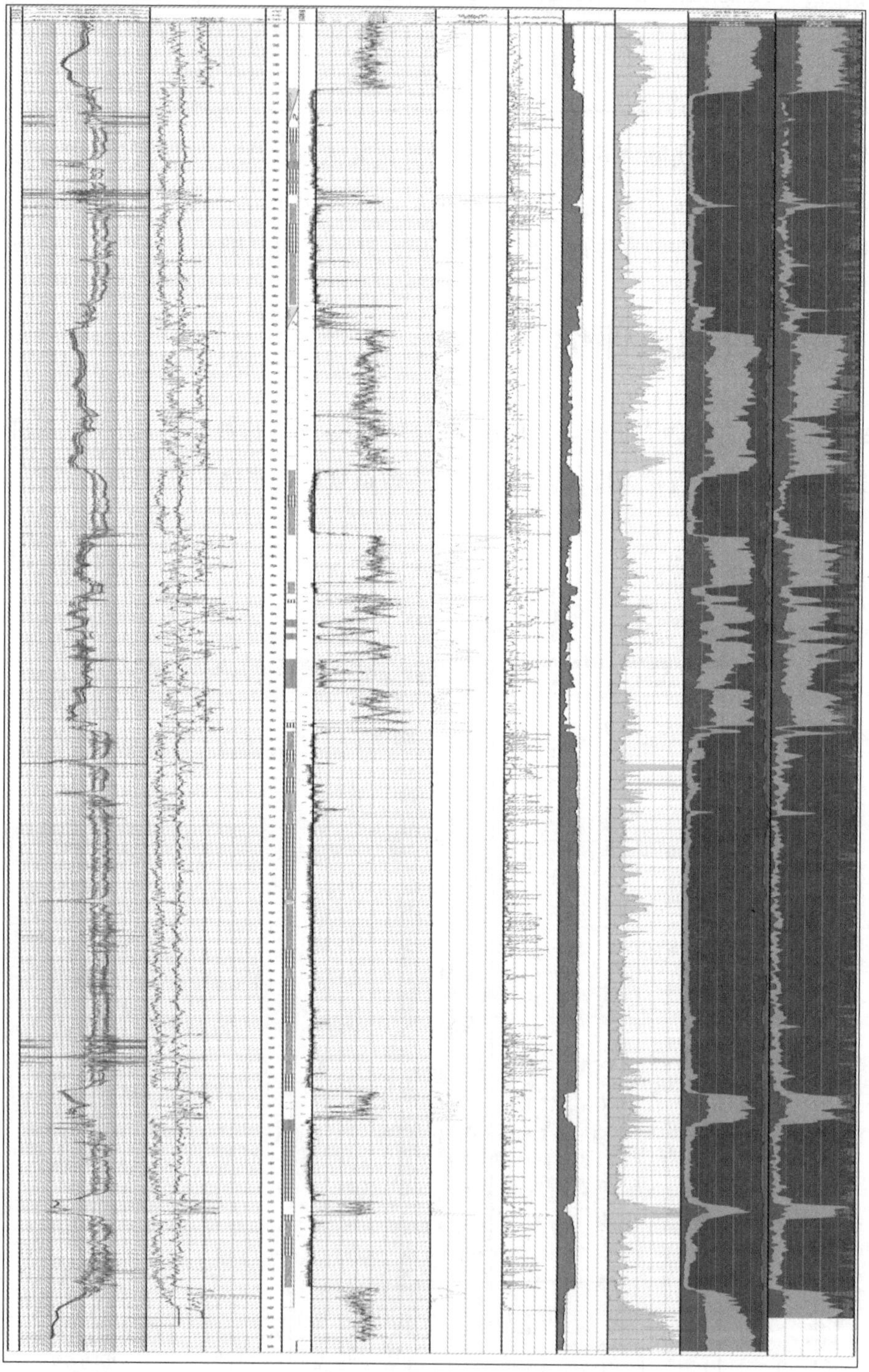

图 8-10-2　R102X 井乌拉力克组脆性成果图

第 9 章　水平井测井环境影响因素及环境校正方法

9.1　水平井测井环境影响因素

相比于竖直井，水平井是水平穿越地层的，且水平井周边介质的分布缺乏均匀性、井内的流体性质也较为特殊。这些情况会对水平井测井仪器造成影响，导致测井仪器出现性能指标下降、响应机理变化等问题。在垂直井中地层模型可以假定为各向同性的均质体，测井仪器轴垂直或近似垂直于地层水平面，无论是地层、井眼还是泥浆侵入形状均认为是绕仪器轴旋转对称的。在水平井中，与仪器轴垂直方向的地层不再是各向同性的均质体了，井眼和泥浆侵入形状等的对称性也不存在了(图 9-1-1)，此外，在重力作用下，水平井中单极板测井仪倾向于测量井眼下方地层值，其他测井仪也可能因仪器靠近井眼下方，而使上方有较厚的泥浆屏蔽，偏心影响显得严重。因此，应用于垂直井中的测井仪器再用于水平井测井时，需要面对许多不利因素影响，这不仅会严重干扰数据采集过程，也会加大测井解释难度。水平井的环境不同于垂直井，主要表现在空间位置(即井眼轨迹与地层关系)、仪器偏心、井眼、泥浆侵入、地层非均质性以及各向异性等方面。

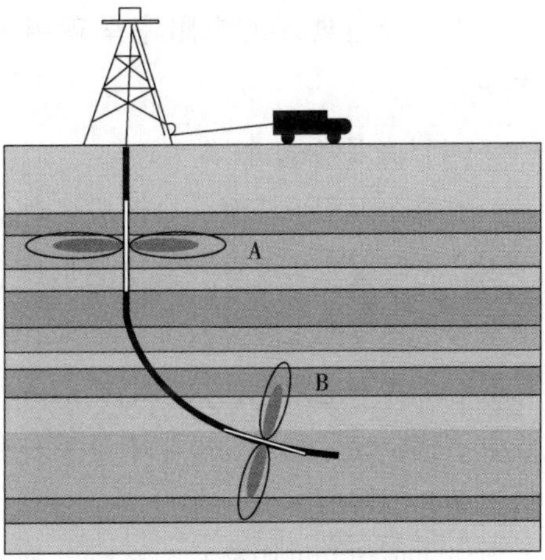

图 9-1-1　直井和大斜度井/水平井测井示意图

(1) 仪器偏心

在水平井中，由于重力作用，单极板测井仪倾向于测量井眼下方地层值，其他测井仪也可能因仪器靠近井眼下方，而使上方有较厚的泥浆屏蔽，从而使偏心影响显得严重。在井眼轨迹弯曲大的水平井中，由于支撑位置的变化，测井仪器会发生倾斜。

(2) 井眼条件

由于重力作用，钻井岩屑往往沉积在水平井井眼的下方，泥浆流作用使岩屑跳跃式运送。当泥浆流速不大时，岩屑将聚集成丘，会影响仪器平稳行进。静止后的泥浆也会因重力分异，在井眼下方呈淤泥状、上方呈轻质或清水状，从而影响测量结果。

受地应力的影响，在水平井中会出现不对称性的垮塌，此外，由于上覆地层压力影响，井眼顶面比底边和侧边凹凸不平要严重得多，在井眼条件差的情况下，带有极板的测井仪器测量数值会受到严重影响。补偿声波测井对井眼有很强的补偿能力，声波测井一般认为在三孔隙度测井中受井眼影响程度最小，当存在井眼扩径、井眼不规则时，井内泥浆对测井结果影响很大，使声波测井读数增大。

(3) 侵入剖面差异

由于井眼条件的差异，水平井泥浆侵入剖面不会像垂直井那样径向均匀，原始侵入剖面可能是关于井轴对称的椭圆，而井眼周围地层非均质性、层界面渗透率的变化、重力作用等因素将会造成复杂的侵入剖面。井眼下方地层侵入会更严重。侵入形状及其泥浆滤液的特性将对定向聚焦测井仪器测量产生较大影响。浅探测的探测深度比深探测的深，纵向分辨率较低，两者不同的分辨率常带来多解性，在厚层中，两者的分离可能反映泥浆侵入的存在，而在薄层处，两者分辨率的差异可能掩盖侵入的存在，事实上，深探测电阻率和浅探测电阻率的垂向分辨率随地层电阻率的增大而变差，即在电阻率变化的井中未经过处理的电阻率呈现出不同的垂向分辨率，这就是测井解释较困难的原因之一。

(4) 地层各向异性

地层在沉积形成时，会形成各种韵律和层理，在形成岩层以后，如果受后期地质构造作用，岩层会发生变形，甚至会形成裂缝。平行于层理、裂缝面的电阻率、声波时差等物理量与垂直方向上差异较大。例如，当地层为薄互层或发育水平层理时，直井中感应仪器测量的是水平电阻率，仪器电流的环路与薄互层平行，电流沿着层理方向流动。但在水平井中，感应仪器测量的电阻率是垂直和水平电阻率的综合反映。相对夹角在小于40°时对电阻率测井的影响不大，而大于40°时，对电阻率测井的影响较大，各向异性影响在很大程度上取决于地层和井眼的相对角度，如忽略各向异性的影响，则在大斜度井测量中，电阻率测井曲线的分离可能导致错误的侵入剖面解释，这是因为电阻率仪器的两条测量曲线在各向异性地层中的表现是不同的，在倾角大于40°时，深探测更多地反映垂向电阻率，从而导致两条曲线的分离，但是，当井眼垂直于地层时，即使各向异性系数很大，电阻率测井不受各向异性的影响，而且当相对夹角变大时，即使各向异性系数不变深探测电阻率测井和浅探测电阻率测井两曲线仍可出现明显的分离，尤其是在电导性地层中，曲线分离差异更明显。电流环路将穿过薄互层或层理面(测量垂直电阻率 R_v)，然后沿着薄互层流动(测量水平电阻率 R_h)，结果将是不一样的，这将对储层含气饱和度计算、气水层识别产生重要的影响。

9.2 水平井与直井测井曲线数值校正

当前大多数技术人员都是通过自然伽马、声波时差以及电阻率测井等方式获取测井资料，但补偿声波与电阻率测井仪器的适应性都比较差，所以在准确解释评价水平井前需要对曲线环境进行校正，从而增强解释评价的准确性与客观性(黄登旺，2023年)。为了分析直井与水平井中曲线的差异特征，在本项目的研究过程中，采用同一块岩心进行垂直和水平方向各取一个样品的方法，通过岩心测试，得到测井数据之间的校正关系，从而在水平井的解释中进行曲线的井眼环境校正，并借用同一区块直井的模型进行解释。由于受到现场取心条件的限制，有的深度段同一点可以有垂直与水平岩样为一组，但有个别深度段只有一个岩样，下面的分析主要针对声波时差、电阻率以及岩石密度进行各向异性分析及校正。

通过对Z2井5个水平方向岩样、5个垂直方向岩样的声波速度实验测试，得到同一口井同一深度一组岩样的声波数据，建立垂直方向-水平方向声波的校正值。通过实验分析得到泥质灰岩纵波时差水平井中较直井数值低25.2μs/m。具体情况见图9-2-1。

通过对Z2井8个水平方向岩样、8个垂直方向岩样的电阻率实验测试，得到同一口井同一深度一组岩样的电阻率数据，建立垂直方向—水平方向电阻率的校正值。通过实验分析得到页岩气储层电阻率水平井较直井数值略高。具体情况见图9-2-2。

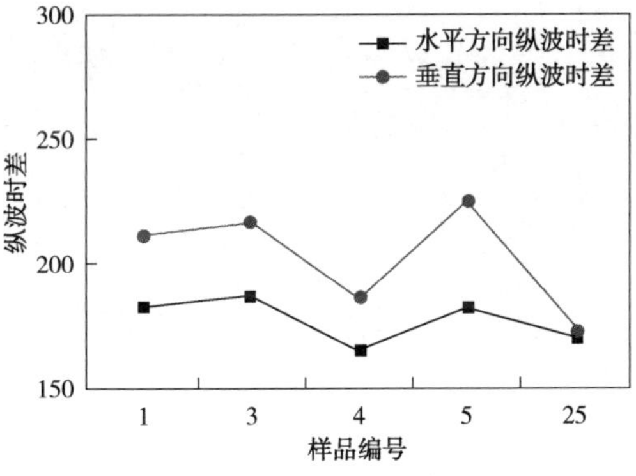

图9-2-1 页岩气储层纵波时差差异分析图

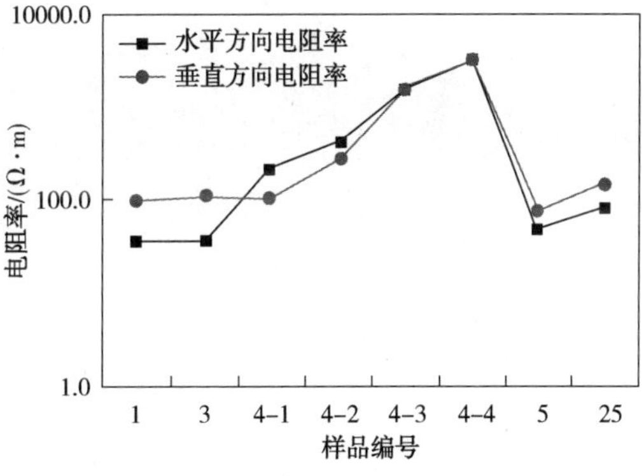

图9-2-2 页岩气储层电阻率差异分析图

通过对Z2井4个水平方向岩样、4个垂直方向岩样的密度实验测试，得到同一口井同一深度一组岩样的密度数据，建立垂直方向—水平方向密度的校正值。通过实验分析得到密度水平井中较直井测量值略低，平均为0.02g/cm^3。具体情况见图9-2-3和图9-2-4。

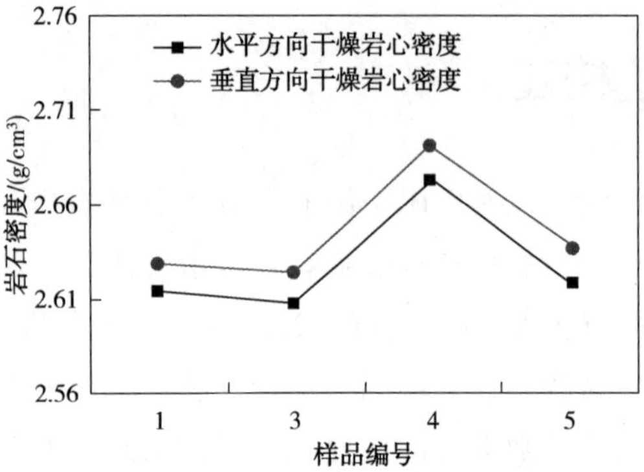

图 9-2-3　页岩气储层密度差异分析图

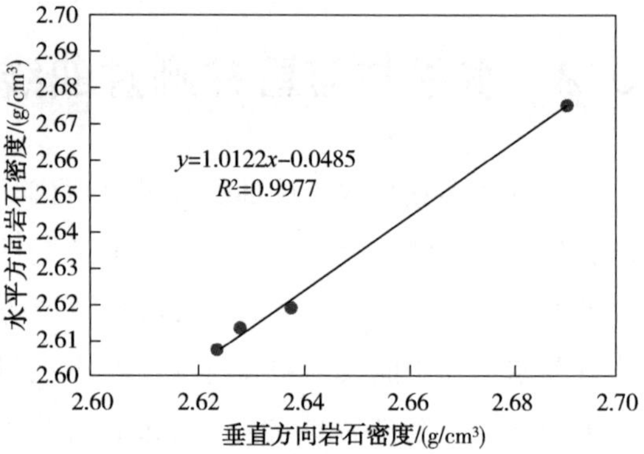

图 9-2-4　页岩气储层密度差异散点图

第 10 章 研究区储集层分段分级评价

通过对乌拉力克组海相页岩气储层有机碳含量及孔隙度等储层参数的分析得出，研究区页岩气储层普遍含气，但是由于沉积特征、岩性、孔隙结构、脆性指数等特征不同，导致不同层段和不同井区含气量和产能差异很大，因此，需要进行储层综合评价，本项目研究过程中，借鉴其他油田页岩气研究思路，利用计算的参数，建立了储层分段分级评价标准。在分段分级评价的基础上，进行储层参数优选，建立了储层综合品质指数计算模型，结合试气成果和沉积相研究结果，形成了优质储层划分标准。

10.1 乌拉力克组页岩气单参数分段分级标准的建立

在分级评价过程中，借鉴页岩气储层评价方法。

页岩气有利储集段划分原则：

Ⅰ类页岩气有利储集段：在现有试采工艺条件下能够获得商业气流；

Ⅱ类页岩气有利储集段：在现有试采工艺条件下能够获得低产气流；

Ⅲ类页岩气有利储集段：在现有试采工艺条件下只产少量气。

依据盆地区域地质情况，通过调研前人研究成果，结合盆地西缘内直井与含气性相关的测井、试气及分析化验等资料分析，认为有机碳含量、测井解释含气量、孔隙度、脆性指数为页岩气含气性的主要评价参数。根据处理得到的表征岩层储集质量的脆性指数、孔隙度、含气量、总有机碳含量等指标，建立乌拉力克组页岩气分段分级标准。

有机碳含量：区域整体值较低，>1.5%划为Ⅰ类，1.0%~1.5%为Ⅱ类，<1.0%为Ⅲ类

有效孔隙度：乌拉力克页岩气整体孔隙度较低，对于孔隙型储层，>5%为Ⅰ类，3%~5%为Ⅱ类，<3%为Ⅲ类。裂缝型储层：裂缝发育能有效改善储层品质，>4%为Ⅰ类，3%~4%为Ⅱ类，<3%为Ⅲ类。

含气量：区域整体值较低，>4m^3/t 划为Ⅰ类，2~4m^3/t 为Ⅱ类，<2m^3/t 为Ⅲ类。但是，由于该区地质特殊性，脆性矿物含量高，所以主要含气类型为游离气，所以，研究中引入了游吸比的概念，并用以进行储层分类。

脆性指数：脆性是地层可钻性分析、压裂选层及施工参数优选的重要指标。>55%划为

Ⅰ类，35%~55%为Ⅱ类，<35%为Ⅲ类。

具体的单项指标分类标准见表 10-1-1。

表 10-1-1　页岩气水平井单项指标分级评价标准

	评价参数		分类			备注
	指　标	单位	Ⅰ	Ⅱ	Ⅲ	
烃源岩	总有机碳含量	%	>1.5	1~1.5	<1	
物性特征	孔隙度	%	>5	3~5	<3	孔隙型
			>4	3~4	<3	裂缝型
含气性	总含气量	m^3/t	>4，且 2.8<游吸比≤4	>4 且 2.0<游吸比≤2.8 或 2~4 且游吸比>2.8	<2 或游吸比<2.8	
岩石力学	脆性指数	%	>55	35~55	<35	

10.2　乌拉力克组页岩气综合品质指数计算模型及分段分级评价

10.2.1　权系数的确定

权系数是指某一评价因素在决定总体特性时所占有的重要性程度。计算综合评价参数时各指标的权系数，实际上是反映事物内部各种影响因素，确定各项指标的权系数是储层综合评价中所要解决的关键问题。通过分析研究区目的层位的含气情况，结合录井资料，利用优选出的页岩气开发过程中评价含气性较为关键的 4 项指标，分别确定权系数。

(1) 孔隙度权系数确定

按照区域特点得知，该区有效孔隙度小，基本上都小于 1.0%，所以除数值本身较小以外，计算误差大，所以在综合指标评价时给较小的权系数，数值为 0.15。

(2) 脆性指数权系数的确定

由于该区脆性矿物含量高，依据实验数据得出，该区硅质、碳酸盐岩等脆性矿物含量高，泥质含量在 10%~45%之间，加之该区处于断裂构造发育区，水平方向地应力差异大，储层裂缝发育，因此整体而言储层脆性指数较高，所以脆性指数对储层改造结果的影响相对较小，最终确定脆性指数的权系数为 0.15。

(3) 有机碳含量权系数确定

虽然该区域有机质含量较低，但是它是页岩气储层极为重要的参数之一，且在有机碳含量计算过程中也充分结合了沉积特征和反映储层储集能力的各条测井曲线的变化，因此，把有机碳含量的权系数确定为 0.3。

(4) 含气量权系数的确定

含气量的评价无疑是页岩气储层产气能力最为重要且直观的参数，本项目研究过程中，对含气性的评价不仅应用了总含气量这一参数，而且从储层产能的角度考虑，引入了游离气和吸附气比值(游吸比)这一概念，对于含气性的评价更为准确，因此含气性给较高的权系数，数值定为 0.4。

10.2.2 综合品质指数计算模型的建立和储层分段分级评价标准

通过以上的分析和权系数的确定，在单项参数分类的基础上，经过大量的资料分析，给出了单项分类权重系数，并依据对具体资料的分析，最终确定了单项分类权重系数分别为一类权系数为 1，二类权系数为 0.7，三类权系数为 0.4，最终建立了如下的综合品质评价指数模型。

$$FLEI = \sum_{i=1}^{4} a_i \cdot b_i \cdot X_i$$

式中 $FLEI$——储层综合品质指数，指标；

i——储层评价参数的个数；

a_i——单项参数权系数；

b_i——单项分类权重系数；

X_i——储层评价参数。

按照综合品质指数对储层进行分类，具体分类标准见表 10-2-1。

表 10-2-1 综合分级评价标准

项目	单项参数	单项分类权重系数			分类		
储层评价参数	单项权重	Ⅰ权重	Ⅱ权重	Ⅲ权重	Ⅰ	Ⅱ	Ⅲ
总有机碳含量(X_1)	0.3	1	0.7	0.4	$FLEI$ ≥2	$FLEI$ 1~2 (不含)	$FLEI$ ≤1
孔隙度(X_2)	0.15	1	0.7	0.4			
含气性(X_3)	0.4	1	0.7	0.4			
脆性指数(X_4)	0.15	1	0.7	0.4			

10.3 分段分级评价结果的应用

通过对 2020 年 6 月至今所得的 10 口井(ZH7、L48、ZH11、L60 等)奥陶系中统测井资料的处理和解释，其中 L48 井、Q 探 9 井、R102 井底部均解释了优势“甜点”段，如图 10-3-1、图 10-3-2 所示。

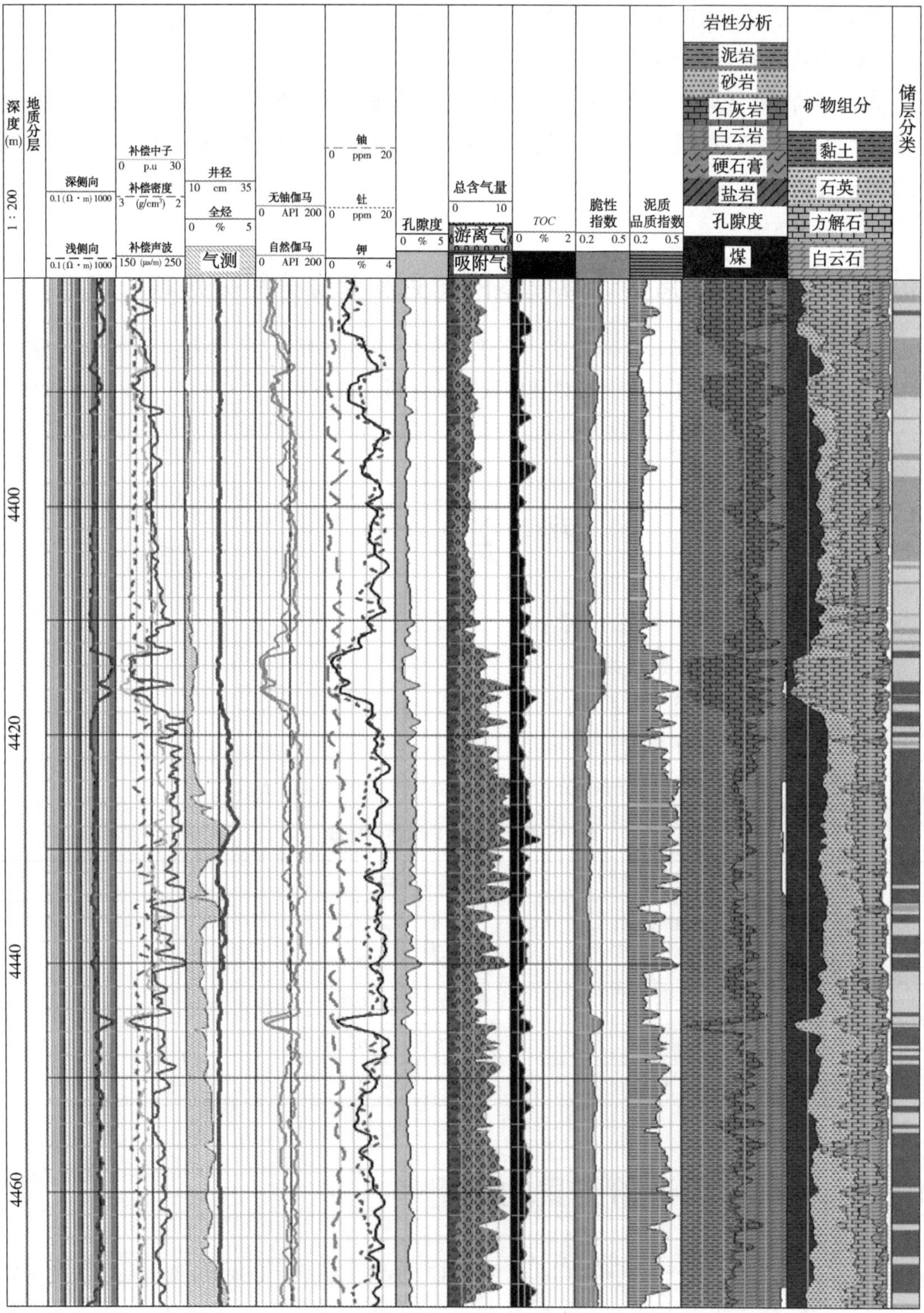

图 10-3-1 L48 井乌拉力克组 4380~4470m 页岩气分段分级成果图

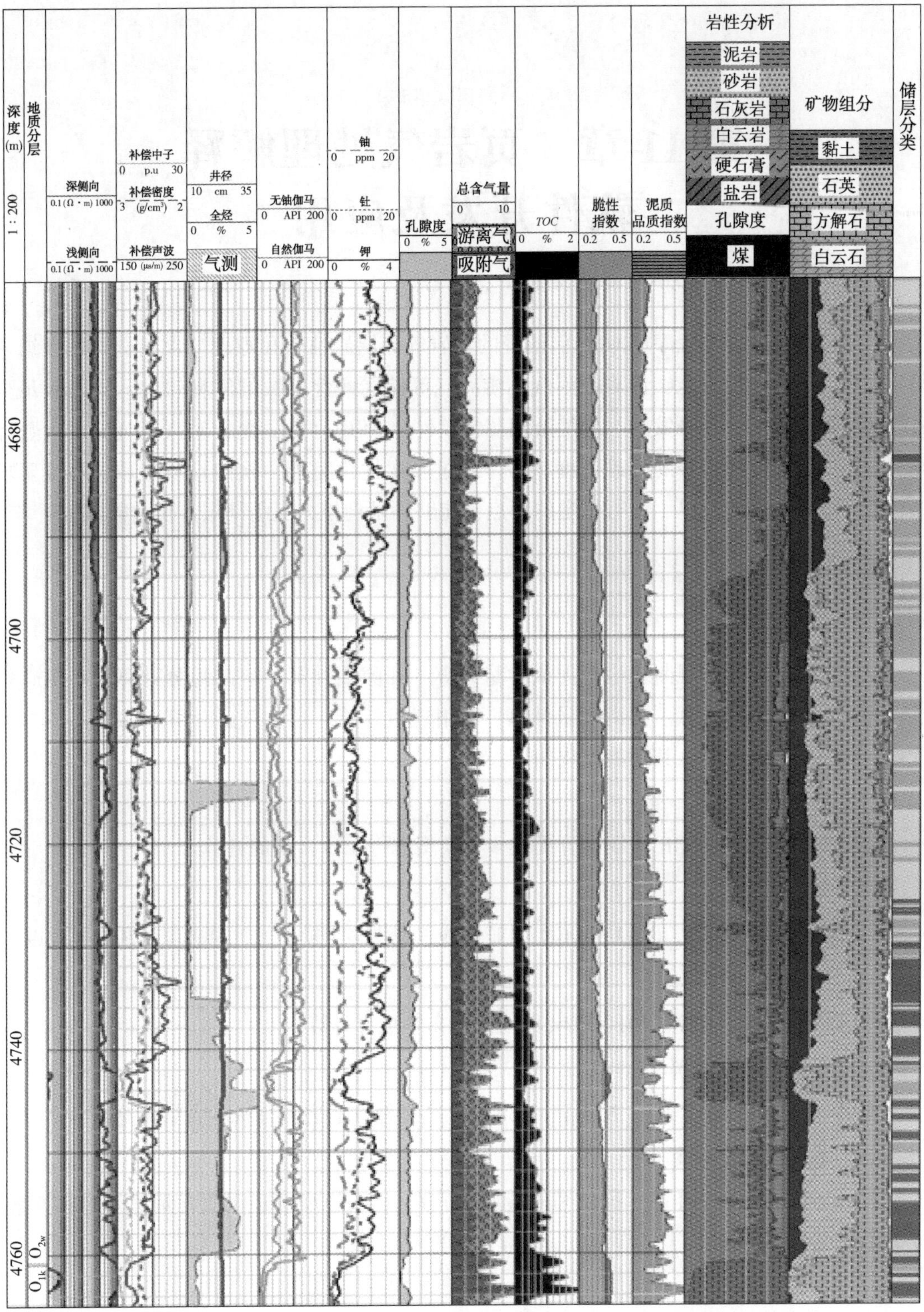

图 10-3-2 Q 探 9 井乌拉力克组 4665~4765m 页岩气分段分级成果图

第11章 页岩气处理解释软件开发及应用

由于使用复杂岩性程序(CQCRA)解释的页岩气储层岩性、孔隙度、含气量等处理结果很不理想，另外也没有能够计算吸附气、游离气等储层评价参数的解释软件，不能满足页岩气储层评价需求。新开发的页岩气处理解释软件(CQSHG)是一套针对页岩气储层参数计算和页岩气综合评价解释的处理解释软件。经过多次优化完善，软件具有对系统环境要求低、安装方便、操作简单、运行稳定的特点，能够满足乌拉力克组储层评价的需求。

11.1 软件功能

该软件能够利用常规曲线进行泥质含量计算、孔隙度计算、矿物组分计算、有机碳含量计算、含水饱和度计算、游离气量计算、吸附气量计算、总含气量计算、综合品质指数计算、储层分析分类等，其功能模块如下。

(1) 泥质含量计算

利用TH、CNL和CGR曲线计算提供多种模型进行泥质含量的计算。

(2) 孔隙度计算

利用AC、GR、DEN、RLLD、CGR、PE曲线，提供多个模型，计算孔隙度和总孔隙度。

(3) 矿物成分计算

利用PE、CAL、DEN、SH、POR曲线进行矿物成分计算。

(4) 有机碳含量计算

利用U、CGR、TH、RT、NEUT、DEN，提供多种方案进行有机碳含量计算。

(5) 含水饱和度计算

利用RW、POR、SH等，提供Simandoux方程、体积模型法、泥质含量法等多种方案，计算出含水饱和度。

(6) 含气量计算

利用地层压力、地层温度、DEN、POR等计算出游离气量、吸附气量、总含气量和游吸比。

(7) 综合品质指数计算

利用有机碳含量、孔隙度、含气量、脆性指数及其权重进行综合品质指数计算。

(8) 储层分析分类

根据综合品质指数进行储层分类。

11.2 程序设计流程图

流程图详见图 11-2-1。

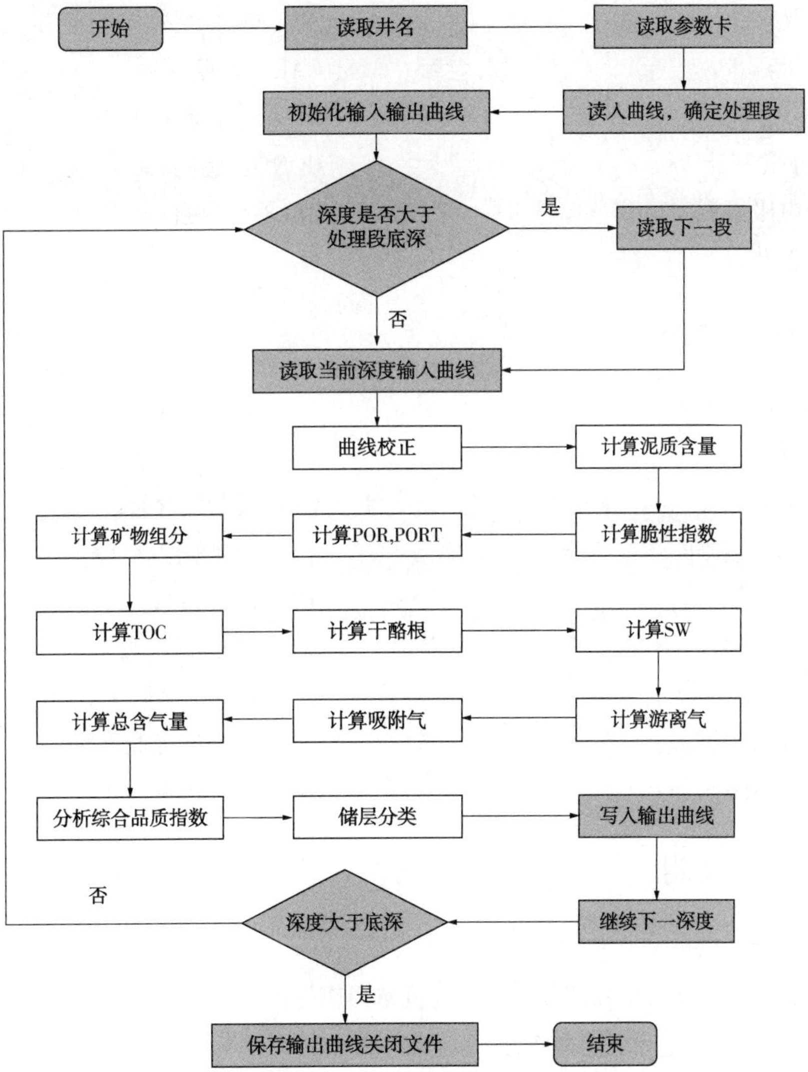

图 11-2-1　程序设计流程图

11.3 软件输入、输出曲线及参数说明

页岩气处理解释软件输入、输出曲线及参数说明如下。

11.3.1 输入曲线

RLLD：深感应电阻
RLLS：浅测向
MSFL：微球
RXO：微球
AC：声波
DEN：密度
CNL：补偿中子
PE：光电吸收截面指数
GR：自然伽马
CGR：去铀伽马
TH：钍
K：钾
SP：自然电位
CAL：井径
RILD：深感应电阻
COND：感应
RLL8：八侧向

11.3.2 输出曲线

SW2：含水饱和度
SH2：泥质含量
POR2：孔隙度
PORT2：总孔隙度
SAND2：砂岩
LIME2：石灰岩
DOLO2：白云岩
TOC：有机碳含量
KGVL：干酪根
VT：总含气量
VF：游离气含量
VA：吸附气含量
FAP：游吸比
BI2：脆性指数
Q：综合品质指数
QFL1：综合品质Ⅰ类
QFL2：综合品质Ⅱ类
QFL3：综合品质Ⅲ类

11.3.3 参数说明

TX：处理选择旗标
PFG、PTFG：计算有效孔隙度、总孔隙度选择旗标
SWFG：计算含水饱和度选择旗标
TFG：计算 TOC 选择旗标
DFG：用 DltaLogR 方法计算 TOC 的选择旗标

C：RT 选择旗标

SHFG：求泥质含量选择旗标

CCLX：用于评价综合品质指数中孔隙度的储层类型选择旗标

SAND、LIME、DOLO、ANHY：分别为砂岩、石灰岩、白云岩、硬石膏计算旗标

AAC、TFM：流体的 AC 值、AC 加法因子、储层 AC 最大值

DSH、DF：泥岩、流体的 DEN 值

DFM、ADEN：储层 DEN 最小值和 DEN 加法因子

ART、ACON：RT 的加法因子、COND 的加法因子

APE、PFM：PE 加法因子、储层 PE 最小值

ACAL：CAL 加法因子

BITS：钻头直径

USH、UF：泥质、流体的体积截面值

SMA、SMB：用 DEN 计算 TOC 的乘法，加法因子

RTBL、ACBL、DENB、CNLB：DltaLogR 方法计算 TOC 时 RT、AC、DEN、CNL 的基值

VR：实验室镜质体反射系数

DG：骨架 DEN 值

AA、BB：用 U 计算 TOC 的乘法因子和加法因子

CONV、RHOK：分别为计算干酪根转换系数和颗粒密度

RW、RSH：地层水电阻率、纯泥岩的岩石电阻率

Z：天然气压缩因子

T：地层温度

A1、A2、B1、B2：分别为吸附气含量计算系数和指数

TOCI：等温吸附实验所采用的页岩总有机碳含量

TOCP、PORP、VTP、BIP：分别为计算综合品质时有机碳含量、孔隙度、含气量、脆性指数权重

FL1、FL2：分别为Ⅰ类、Ⅱ类储层分类的综合品质指数最小值

11.4 软件安装及操作说明

11.4.1 软件安装环境

操作系统环境：windows xp、windows7、windows10。

软件平台需要安装 LEAD3.0、LEAD3.5。

11.4.2 安装步骤

（1）软件安装需要的文件 cqshg. exe、cqshg. ini、cqshg. xml、cqshg. ptt。将这 4 个文件拷贝到 Lead3. 0\System\CQ\Bin\Process\Normal 下。

（2）在 Lead3. 0\System\CQ\Settings\Lead. xml 文件中添加如下字段：

```
<item>
<name>页岩气</name>
<menu>常规处理/页岩气(长庆)(&Q)</menu>
<module>Module. Fortran</module>
<config>%leadpath：leadsystembin%/Process/Normal/cqshg. xml</config>
</item>
```

11.4.3 软件操作

打开 LEAD 处理平台，加载井数据文件后，点击处理解释—常规处理—页岩气(长庆)，即可打开页岩气处理界面，然后编辑处理参数卡处理。

11.5 软件应用效果

使用页岩气处理软件可以对乌拉力克组页岩气储层进行泥质含量、含水饱和度、有机碳含量、孔隙度、游离气量、吸附气量、总含气量、脆性指数、工程综合品质进行计算，详见图 11-5-1 和图 11-5-2。已经处理页岩气井 34 井次。

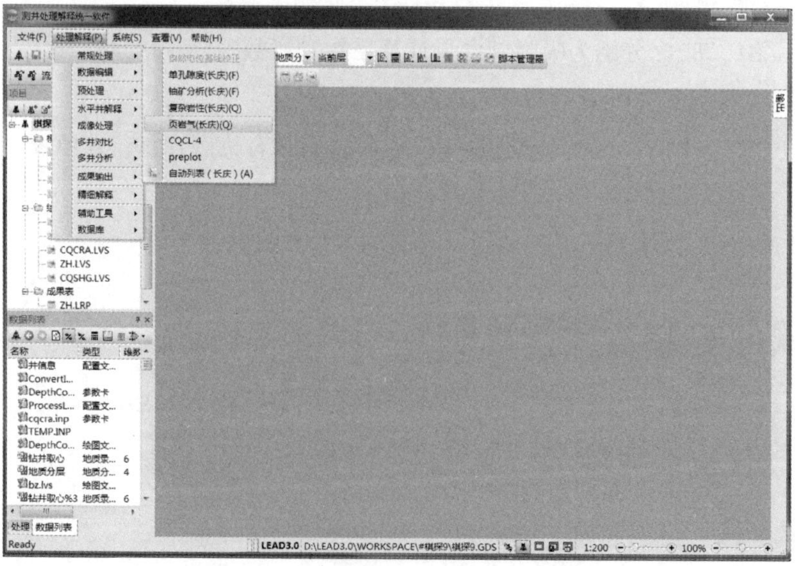

图 11-5-1　LEAD 打开页岩气处理菜单

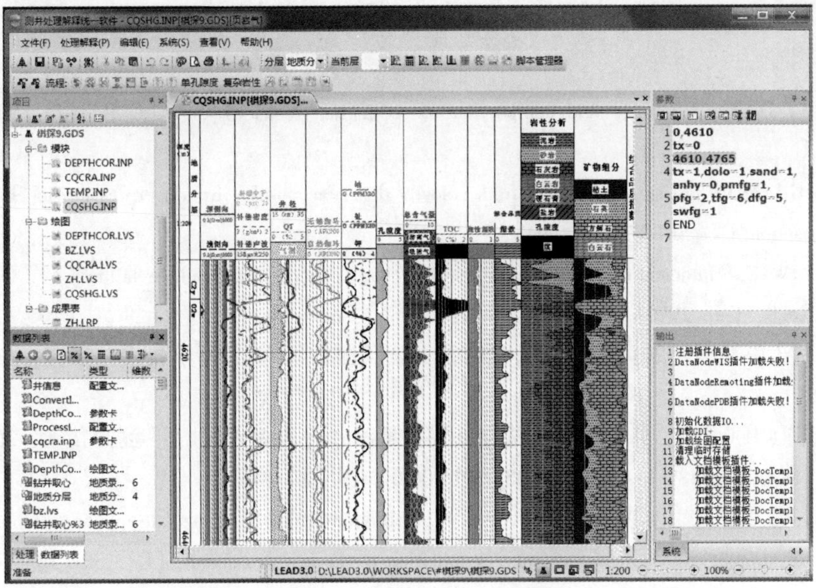

图 11-5-2　页岩气处理界面

参 考 文 献

[1] ATHY L F. Density, porosity and compaction of sedimentaryrockJ[J]. AAPG Bulletin, 1930, 14(1): 1-24.

[2] BOWERS G L. Pore pressure estimation from velocity data: accounting from overpressure mechanisms besides undercompaction[C]. SPE27488, 1994.

[3] BRADLEY W B. Mathematical stress cloud-strain cloud can predict borehole failure[J]. Oil and Gas J, Vol.77, No.8, Feb. 1979: 92-102.

[4] 毕臣臣. 基于深度学习的页岩储层总有机碳含量预测方法[J]. 科学技术与工程, 2023, 23(2): 494-501.

[5] 别凡, 万宇, 聂昕, 等. 页岩气储层总有机碳含量测井评价新方法[J]. 测井技术, 2016, 40(6): 736-738. DOI:10.16489/j.issn.1004-1338.2016.06.015.

[6] CHONG K K, GRIESER W V, PASSMAN A. A completions guide book to shale-play development: a review of successful approaches towards shale-play stimulation in the last two decades[C]. SPE 133874, 2010.

[7] CIPOLLA C L, WARPINSKI N R, MAYERHOFER M J, et al. The relationship between fracture complexity, reservoir properties, and fracture-treatment design[R]. SPE 115769, 2008.

[8] CRAIN E R, Eng P. UNICORNS IN THE GARDEN OF GOOD AND EVIL: Part 4-Shale Gas. 2011.

[9] 蔡泽训. 储层古构造应力场模拟预测裂缝技术及其应用[J]. 科学技术与工程, 2013, 13(2): 446-449+456.

[10] 曹成, 郭浩, 张亮. 考虑有机质和无机质差异的多因素耦合页岩渗透率计算模型[J]. 大庆石油地质与开发, 2022, 41(5): 160-167.

[11] 陈康, 张金川, 唐玄. 湘鄂西下志留统龙马溪组页岩含气性测井评价[J]. 特种油气藏, 2016, 23(1): 16-20+151-152.

[12] 陈文安, 李纲, 郭正权, 等. 风西湖相复杂混积岩储层矿物组分及孔隙度计算方法[J]. 测井技术, 2022, 46(1): 52-57.

[13] 陈亚琳, 郁飞, 罗兵, 等. 四川盆地涪陵地区页岩储层压力预测及高压形成机制分析[J]. 石油实验地质, 2018, 40(1): 110-117.

[14] 陈义国. 裂缝的测井识别与评价方法研究[D]. 青岛: 中国石油大学, 2010.

[15] 程鹏, 肖贤明. 很高成熟度富有机质页岩的含气性问题[J]. 煤炭学报, 2013, 38(5): 737-741.

[16] 崔春兰, 董振国, 吴德山. 湖南保靖区块龙马溪组岩石力学特征及可压性评价[J]. 天然气地科学, 2019, 30(5): 626-634.

[17] 单敬福, 纪友亮, 史榕, 等. 基于神经网络和开窗技术的储层渗透率的预测方法: 以大庆萨尔图油田葡萄花油层组PⅠ1—PⅠ4小层砂岩为例[J]. 地质科学, 2007(2): 395-402.

[18] 丁娱娇, 郭保华, 燕兴荣, 等. 页岩储层有效性识别及物性参数定量评价方法[J]. 测井技术, 2014, 38(3): 297-303.

[19] 杜卫平. 薄层多层压裂应力剖面与压裂裂缝形态研究[D]. 成都: 西南石油学院, 2006.

[20] EATON B A. The effect of overburden stress on geopressure prediction from well logs[J]. Journal of Petroleum Technology, 1972, 24(8): 929-934.

[21] EATON B A. The equation for geopressure prediction from well logs[C]. SPE5544, 1975.

[22] FERTL W H, CHILINGAR G V. Total organic carbon content determined from well logs. 1988, 407-419.

[23] 樊洪海. 适于检测砂泥岩地层孔隙压力的综合解释方法[J]. 石油勘探与开发, 2002, 29(2): 90-93.

[24] 冯俊贵. 页岩气储层测井综合评价技术研究[D]. 青岛: 中国石油大学, 2015.

[25] 冯弋秦. 鄂尔多斯盆地西北缘乌拉力克组泥页岩储层特征及成藏模式研究[D]. 成都: 成都理工大学, 2020. DOI: 10.26986/d.cnki.gcdlc.2020.000499.

[26] GALE, W J F, HOLDER. Natural fractures in the Barnett Shale and their important for hydraulic[J]. Natural Fractures in the Barnett Shale, 2007: 603-622.

[27] GARDNER G H F, GARDNER L W, GREGORY A R. Formation velocity and density-the diagnostic basics for stratigraphic traps[J]. Geophysics, 2012, 39(6): 770-780.

[28] 甘玉青, 王超, 方栋梁, 等. 四川盆地焦石坝地区五峰—龙马溪组页岩元素地球化学特征及对页岩气开发的意义[J]. 石油实验地质, 2018, 40(1): 78-89.

[29] 高丽军, 吴鹏, 石雪峰, 等. 海陆过渡相不同源储类型页岩储层关键参数测井识别及分类方法[J]. 天然气地球科学, 2022, 33(07): 1132-1143.

[30] 葛洪魁, 林英松, 王顺昌. 地应力测试及其在勘探开发中的应用[J]. 石油大学学报(自然科学版), 1998, 22(1): 94-99.

[31] 龚劲松, 杨鸣宇, 王静, 等. ECS元素测井技术在非常规储层评价中的应用[J]. 油气藏评价与开发, 2014, 4(2): 76-80.

[32] 郭海萱, 郭天魁. 胜利油田罗家地区页岩储层可压性实验评价[J]. 石油实验地质, 2013, 35(3): 339-346.

[33] 郭洪志. WY地区页岩气藏测井精细评价[D]. 成都: 西南石油大学, 2014, 50-55.

[34] 郭金荣. 他拉哈地区地层孔隙压力及破裂压力预测技术研究[D]. 大庆: 大庆石油学院, 2006.

[35] 郭秋麟, 陈晓明, 宋焕琪, 等. 泥页岩埋藏过程孔隙度演化与预测模型探讨[J]. 天然气地球科学, 2013, 24(3): 439-449.

[36] 郭天魁, 张士诚, 葛洪魁. 评价页岩压裂形成缝网能力的新方法[J]. 岩土力学, 2013, 34(4): 947-954.

[37] 郭同政. 利用测井资料预测地层破裂压力方法及应用[D]. 青岛: 中国石油大学, 2014.

[38] 郭为, 熊伟, 高树生, 等. 温度对页岩等温吸附/解吸特征影响[J]. 石油勘探与开发, 2013, 40(4): 481-485.

[39] HONGYU Y, HOUCHUN M. Study on the crack propagation to ground stress in the process of tight oil lamination[J]. AIP Conference Proceedings, 2019, 2122(1).

[40] HOTTMANN C E, JOHNSON R K. Estimation of formation pressures from log-derived shale properties[J]. Journal of Petroleum Technology, 1965, 17(6): 717-722.

[41] HU Y, LI X, ZHANG Z, et al. Numerical investigation on the hydraulic stimulation of naturally fractured Longmaxi shale reservoirs using an extended discontinuous deformation analysis (DDA) method [J]. Geomechanics and Geophysics for Geo Energy and Geo-Resources, 2020, 6(4).

[42] 韩双彪, 杜欣, 白松涛, 等. 松辽盆地深层陆相页岩储层测井评价: 以国际大陆科学钻探为例[J]. 中南大学学报(自然科学版), 2022, 53(9): 3271-3286.

[43] 何新兵, 宋宜树, 王邦, 等. 鄂尔多斯盆地红河油田水平井录井评价与测井解释差异性研究[J]. 天然气地球科学, 2013, 24(4): 842-852.

[44] 何雁兵, 郑金云, 张明. 白云深水区地层破裂压力计算方法及应用[J]. 海洋地质前沿, 2022, 38

(5)：41-50.

[45] 胡曦，王兴志，李宜真，等. 利用测井信息计算页岩有机质丰度：以川南长宁地区龙马溪组为例[J]. 岩性油气藏，2016，28(5)：107-112.

[46] 淮银超，曲良超，张铭，等. 加拿大西加盆地页岩气储层测井评价研究[J]. 中国矿业，2018，27(3)：169-174.

[47] 黄新，胡守志，李水福，等. 泌阳凹陷深凹区核三上段页岩层脆性矿物预测及分布[J]. 石油实验地质，2016，38(1)：48-55.

[48] 贾佳佳. 鄂尔多斯盆地西缘奥陶系乌拉力克组沉积相特征及演化[D]. 北京：中国石油大学(北京)，2023.

[49] 蒋健美. 川西 DY 地区须家河组裂缝识别方法研究[D]. 成都：成都理工大学，2013.

[50] 金吉能. 页岩气地球物理建模分析：以焦石坝龙马溪组为例[D]. 荆州：长江大学，2015.

[51] 金衍，陈勉，张旭东. 天然裂缝地层斜井水力裂缝起裂压力模型研究[J]. 石油学报，2006，27(5)：124-126.

[52] Khan Q J，Eric R，Tom B，et al. 澳大利亚库珀盆地二叠系 Roseneath 组与 Murteree 组页岩矿物模拟及岩石物性参数[J]. 石油勘探与开发，2016，43(2)：253-260.

[53] KHOSHNOODKIA M，MOHSENI H，RAHMANI O，et al. TOC determination of Gadvan Formation in South Pars Gas field，using artificial intelligent systems and geochemical data. 2011，119-130.

[54] LEWIS R，INGRAHAM D，PEARCY M，et al. New evaluation techniques for gas shale reservoirs. 2004.

[55] 赖富强，李仕超，王敏，等. 济阳坳陷页岩油储层矿物组分最优化反演方法[J]. 特种油气藏，2022，29(2)：16-23.

[56] 李军，路菁，李争，等. 页岩气储层“四孔隙”模型建立及测井定量表征方法[J]. 石油与天然气地质，2014，35(2)：266-271.

[57] 李宁，徐彬森，武宏亮，等. 人工智能在测井地层评价中的应用现状及前景[J]. 石油学报，2021，42(4)：15.

[58] 李亚男. 页岩气储层测井评价及其应用[D]. 北京：中国矿业大学(北京)，2014.

[59] 李宜浓. 鄂尔多斯盆地西缘乌拉力克组页岩气含气量计算方法研究[D]. 西安：西安石油大学，2022.

[60] 李志明，张金珠. 地应力与油气勘探开发[M]. 北京：石油工业出版社，1997.

[61] 李治平，李智锋. 页岩气纳米级孔隙渗流动态特征[J]. 天然气工业，2012，32(4)：50-53+123.

[62] 李忠伟. 平桥地区龙马溪组页岩气测井综合评价方法研究[D]. 青岛：中国石油大学(华东)，2018.

[63] 廉萃豪，李菊花. 基于多重分形谱识别页岩气优质储层测井综合评价方法研究：以涪陵页岩气藏为例[J/OL]. 地球物理学进展.

[64] 廖东良. 页岩地层 ECS 测井资料解释新方法及其应用[J]. 石油钻探技术，2015，43(4)：102-107.

[65] 刘超，卢双舫，薛海涛. 变系数 ΔlogR 方法及其在泥页岩有机质评价中的应用[J]. 地球物理学进展，2014，29(1)：312-317.

[66] 刘高波. 地应力对气藏产能控制作用研究[D]. 成都：成都理工大学，2007.

[67] 刘璐. 威远—长宁构造页岩气储层测井精细评价[D]. 成都：西南石油大学，2017.

[68] 刘战君. 青西油田裂缝特征及其对开发过程的影响[D]. 成都：西南石油学院，2003.

[69] 刘之的. 碳酸盐岩地层井壁稳定性测井评价方法研究[D]. 成都：西南石油学院，2004.

[70] 柳筠，张梦吟. 页岩气田储层含气性测井评价：以四川盆地涪陵页岩气田 J 区块为例[J]. 石油实验地质，2021，43(1)：128-135.

[71] 吕超. 页岩气储层含气量影响因素及测井评价方法研究[D]. 北京：中国石油大学(北京)，2019.
[72] 罗蓉，李青. 页岩气测井评价及地震预测、监测技术探讨[J]. 天然气工业，2011，31(4)：34-39.
[73] 罗意淳，张超谟，张占松，等. 基于改进 ΔlogR 方法的陆相页岩气储层应用：以四川盆地 D 地区 X 组为例[J]. 东北石油大学学报，2021，45(6)：80-89+10.
[74] Mogi. K，Fracture and Flow of Rock into the Upper Mantle，tectnophysics，ed.，A. R. Ritsema，Vol. 13 (1-4)，1972：541-568
[75] MULLEN M，ENDERLIN M. Fracability Index - More than Just Calculating Rock Properties[C]. SPE 159755，2012.
[76] 马建海，孙建孟. 用测井资料计算地层应力[J]. 测井技术，2002，26(4)：347-351.
[77] 毛志强，张冲，肖亮. 一种基于核磁共振测井计算低孔低渗气层孔隙度的新方法[J]. 石油地球物理勘探，2010，45(1)：105-109+164+173.
[78] 么勃卫. 华庆地区低孔低渗储层地应力计算及分布规律研究[D]. 成都：西南石油大学，2019.
[79] 孟召平，郭彦省，刘尉. 页岩气储层有机碳含量与测井参数的关系及预测模型[J]. 煤炭学报，2015，40(2)：247-253.
[80] NIE X，ZOUCC，LIZH H，et al. Numerical Simula - tion of the Electrical Properties of Shale Gas ReservoirRock Based on Digital Core[J]. Journal of Geophysicsand Engineering，2016，13(4)：481-490.
[81] 聂海宽，张金川. 页岩气聚集条件及含气量计算：以四川盆地及其周缘下古生界为例[J]. 地质学报，2012，86(2)：349-361.
[82] PASSEY Q R，CREANEY S，KULLA J B，et al. A practical model for organic richness from porosity and resistivity logs. 1990，1777-1794.
[83] P. L P W，H. K. Hydraulic Fracture Propagation under Varying In-situ Stress Conditions of Reservoirs[J]. Procedia Engineering，2017，191.
[84] 蒲泊伶，蒋有录，王毅，等. 四川盆地下志留统龙马溪组页岩气成藏条件及有利地区分析[J]. 石油学报，2010，31(2)：225-260.
[85] 齐宝权，杨小兵，张树东，等. 应用测井资料评价四川盆地南部页岩气储层[J]. 天然气工业，2011，31(4)：44-47.
[86] 秦晓艳. 鄂尔多斯盆地中南部长 7 陆相页岩气评价中的关键参数研究[D]. 西安：西北大学，2016.
[87] 秦晓艳，王震亮，于红岩，等. 基于岩石物理与矿物组成的页岩脆性评价新方法[J]. 天然气地球科学，2016，27(10)：1924-1932+1941.
[88] RAMIREZ T R，KLEIN J D，BONNIE R，et al. Comparative study of formation evaluation methods for unconventional shale gas reservoirs：Application to the Haynesville shale(Texas). 2011.
[89] 任纪舜. 新一代中国大地构造图：中国及邻区大地构造图(1∶5000000)附简要说明：从全球看中国大地构造[J]. 地球学报，2003，(1)：1-2.
[90] Schmoker. Determination of organic-matter content of Appalachian Devonian shales from gamma-ray logs. 1981，1285-1298.
[91] SCHMOKER J W. Determination of organic content of appalachian devonian shales from formation-density logs：GEOLOGIC NOTES. 1979，1504-1509.
[92] SELLEY R C. Porosity gradients in North Sea oil bearing sand-stones[J]. Journal of theGeological Society of London，1978，135：119-132.
[93] 沈骋，谢军，赵金洲，等. 泸州—渝西区块海相页岩可压性演化差异[J]. 中国矿业大学学报，2020，

49(4)：742-754.
[94] 石萍，唐俊. 遗传算法在致密砂岩储层渗透率计算公式优化中的应用：以鄂尔多斯盆地环县地区延长组长8段为例[J]. 内蒙古大学学报(自然科学版)，2014，45(4)：365-371.
[95] 石文睿，张超谟，张占松，等. 涪陵页岩气田焦石坝页岩气储层含气量测井评价[J]. 测井技术，2015，39(3)：357-362.
[96] 史鹏宇，王春燕，闫伟林，等. 用元素测井资料计算变质岩矿物含量方法[J]. 测井技术，2019，43(6)：597-600.
[97] 苏宝同. 页岩气储层岩石力学与可压性测井评价[D]. 北京：中国石油大学，2018.
[98] 谭锋奇，黎宪坤，高阳，等. 吉木萨尔凹陷陆相页岩油储层测井定量解释[J/OL]. 西南石油大学学报(自然科学版).
[99] 唐颖，邢云，李乐忠，等. 页岩储层可压裂性影响因素及评价方法[J]. 地学前缘，2012，19(5)：356-363.
[100] 陶小锋，潘仁芳. 长宁地区龙马溪组页岩气储层测井解释评价[J]. 重庆科技学院学报(自然科学版)，2016，18(2)：22-26.
[101] 陶祖文，李钦，徐力群，等. 四川盆地永川区块五峰组—龙马溪组深层页岩可压性评价[J]. 天然气技术与经济，2020，14(5)：7-12+27.
[102] 童凯军. 川西坳陷深层须家河组地应力场特征研究及应用[D]. 成都：成都理工大学，2009.
[103] WANG S B，SONG Z G，CAO T T，et al. The methane sorption capacity of paleozoic shales from The Sichuan Basin，China[J]. Marine and Petroleum Geology，2013，44：112-119.
[104] WEI Y，LINGZHAN Z，HONG L，et al. Investigation of casing deformation during hydraulic fracturing in high geo-stress shale gas play[J]. Journal of Petroleum Science and Engineering，2016，150.
[105] 汪明锐. 川西坳陷须二段致密砂岩储层测井流体性质判别与裂缝识别方法研究[D]. 荆州：长江大学，2023.
[106] 汪中浩，罗少成，陈冬，等. 水平井地层电阻率各向异性研究及应用[J]. 石油物探，2006(5)：546-552+18.
[107] 王迪，陈敏，王健伟，等. 基于T2和毛管压力分类转换的渗透率计算新方法[J]. 地球物理学进展，2019，34(5)：1900-1909.
[108] 王恩博，徐春碧，肖晖，等. 龙马溪组页岩可压性实验评价[J]. 重庆科技学院学报(自然科学版)，2017，19(6)：5-7.
[109] 王宏伟. 海拉尔油田不同区块地应力综合解释方法研究[D]. 大庆：大庆石油学院，2007.
[110] 王玥天，毛志强，胡琮，等. 基于深度卷积神经网络的岩石矿物组分含量测井评价方法研究[J/OL]. 地球物理学进展.
[111] 温康，闫建平，钟光海，等. 川南长宁地区五峰组—龙马溪组页岩气评价新方法[J]. 岩性油气藏，2022，34(1)：95-105.
[112] XIAOMING N，QIFENG J，YANBIN W，et al. The relationship between current ground stress and permeability of coal in superimposed zones of multistage tectonic movement[J]. Geofluids，2019.
[113] 谢灏辰，于炳松，曾秋楠，等. 鄂尔多斯盆地延长组页岩有机碳测井解释方法与应用[J]. 石油与天然气地质，2013，34(6)：731-736.
[114] 谢慧卓. 页岩矿物组分与脆性的测井处理方法研究[D]. 青岛：中国石油大学(华东)，2019.
[115] 谢菁，陈建洲，徐永锋，等. 青藏高原北部东昆仑地区三叠系八宝山组页岩储层测井评价[J]. 天然

气地球科学，2021，32(9)：1285-1296.
[116] 谢润成. 川西坳陷须家河组探井地应力解释与井壁稳定性评价[D]. 成都：成都理工大学，2009.
[117] 熊镭，张超谟，张冲，等. A 地区页岩气储层总有机碳含量测井评价方法研究[J]. 岩性油气藏，2014，26(3)：74-78+83.
[118] 徐春碧，肖晖，杨德普，等. 利用综合甜点对 YDN 地区龙马溪组页岩储层进行可压性评价[J]. 重庆科技学院学报(自然科学版)，2017，19(6)：1-4.
[119] 闫萍. 利用测井资料计算地应力及其在山前构造带的应用研究[D]. 青岛：中国石油大学，2007.
[120] 闫萍，徐子健，鲍迎春，等. 四川盆地自贡区块页岩气储层测井综合评价[C]//西安石油大学，陕西省石油学会，北京振威展览有限公司. 2022 国际石油石化技术会议暨新能源及节能技术国际会议论文集. [出版者不详]，2022：7.
[121] 杨斌，鲁洪江，昌伦杰，等. HD 油田水平井测井储层参数解释研究[J]. 物探化探计算技术，2011，(2)：195-201+108-109.
[122] 杨术刚，张坤峰，刘双星，等. 页岩渗透率测定方法及影响因素研究进展[J/OL]. 油气地质与采收率.
[123] 姚艳斌，刘大锰. 基于核磁共振弛豫谱技术的页岩储层物性与流体特征研究[J]. 煤炭学报，2018，43(1)：181-189.
[124] 余鸿飞. 塔里木盆地储层测井识别方法研究[D]. 成都：成都理工大学，2012.
[125] 余涛，王年明，田文涛，等. 基于常规测井的致密储层弹性参数预测[J]. 断块油气田，2019，26(1)：48-52.
[126] ZHANG J，STANDIFIRD W B，LENAMOND C. Casing ultradeep，ultralong salt sections in deepwater：a case study for failure diagnosis and risk mitigation in record-depth well[C]. SPE114273，2008.
[127] ZHANG L，MA L，ZHUO X，et al. Mesozoic-Cenozoic stress field magnitude in Sichuan Basin，China and its adjacent areas and the implication on shale gas reservoir：Determination by acoustic emission in rocks[J]. China Geology，2020，3(4).
[128] ZHENGYU X，XING L，HUILI L，et al. Structural deformation characteristics and shale gas preservation conditions in the Zhaotong National Shale Gas Demonstration Area along the southern margin of the Sichuan Basin[J]. Natural Gas Industry B，2020，7(3).
[129] ZOBACK M D，et al. Well Bore Breakouts and in Situ Stress[J]. Journal of Geophysical Research，1985，90(B7)：5523-5530.
[130] 曾维特，张金川，丁文龙，等. 延长组陆相页岩含气量及其主控因素：以鄂尔多斯盆地柳坪 171 井为例[J]. 天然气地球科学，2014，25(2)：291-301.
[131] 张宝莹. 页岩储层参数测井表征方法研究[D]. 北京：中国地质大学(北京)，2017.
[132] 张冲，郭聪，朱林奇，等. 考虑有机质校正的页岩气储层总孔隙度测井评价方法[J]. 煤炭学报，2017，42(6)：1527-1534.
[133] 张金才，亓原昌. 地应力对页岩储层开发的影响与对策[J]. 石油与天然气地质，2020，41(4)：776-783.
[134] 张晋言，孙建孟. 利用测井资料评价泥页岩油气“五性”指标[J]. 测井技术，2012，36(2)：146-153.
[135] 张利萍，潘仁芳. 页岩气的主要成藏要素与气储改造[J]. 中国石油勘探，2009，14(3)：20-23.
[136] 张娜，王若晨，张婧雯，等. 基于 NMR 的煤系泥页岩储层渗透率预测及影响因素分析[J]. 煤炭技

术，2023，42(3)：148-154.

[137] 张鹏，樊云峰. 鄂尔多斯盆地低孔低渗储层渗透率测井建模研究[J]. 科学技术与工程，2017，17(17)：172-177.

[138] 张琴，刘畅，梅啸寒，等. 页岩气储层微观储集空间研究现状及展望[J]. 石油与天然气地质，2015，36(4)：666-674.

[139] 张少龙，闫建平，郭伟，等. 基于岩石物理相的深层页岩气地质—工程甜点参数测井评价方法：以四川盆地LZ区块五峰组—龙马溪组为例[J]. 石油地球物理勘探，2023，58(1)：214-227.

[140] 张炎. 都沃内页岩气测井解释方法研究[D]. 北京：中国石油大学(北京)，2016.

[141] 张作清，孙建孟，龚劲松，等. 页岩气储层含气量计算模型研究[J]. 岩性油气藏，2015，27(6)：5-14.

[142] 赵金洲，沈骋，任岚，等. 页岩储层不同赋存状态气体含气量定量预测：以四川盆地焦石坝页岩气田为例[J]. 天然气工业，2017，37(4)：27-33.

[143] 赵金洲，许文俊，李勇明，等. 页岩气储层可压性评价新方法[J]. 天然气地球科学，2015，26(6)：1165-1172.

[144] 赵军，杨阳，陈伟中，等. 基于ECS测井的岩性识别方法[J]. 地球物理学进展，2015，30(5)：2342-2348.

[145] 赵铭海，傅爱兵，关丽，等. 罗家地区页岩油气测井评价方法[J]. 油气地质与采收率，2012，19(6)：20-24+112.

[146] 赵培强，毛志强. 页岩气储层Ramirez体积物理模型的改进[J]. 石油学报，2014，35(3)：480-485.

[147] 赵晓宇. 基于测录井资料的页岩储层可压性评价方法与应用[J]. 复杂油气藏，2021，14(2)：32-35.

[148] 郑有成. 川东北部飞仙关组探井地层压力测井预测方法与工程应用研究[D]. 成都：西南石油学院，2004.

[149] 周灿灿，王昌学. 水平井测井解释技术综述[J]. 地球物理学进展，2006(1)：152-160.

[150] 朱光有，金强，张林晔. 用测井信息获取烃源岩的地球化学参数研究[J]. 测井技术，2003，5(2)：104-109.

[151] 邹才能，董大忠，王社教，等. 中国页岩气形成机理、地质特征与资源前景[J]. 石油勘探与开发，2010，37(6)：641-653.